森林資源管理の社会化

堺　正紘 ［編著］

Socialization Of Forest Resources Management

九州大学出版会

放置されたスギ人工林皆伐跡地(大分県南部流域・直川村)(撮影・佐藤宣子)

伐採跡地における低木広葉樹の更新(静岡県天竜流域・水窪町)(撮影・佐藤宣子)

造林未済みのカラマツ人工林皆伐跡地（北海道十勝流域）（撮影・佐藤宣子）

皆伐後放置された入会共有林（東京都奥多摩地域）（撮影・堺　正紘）

目　　次

序　章　森林資源管理の社会化について …………………………… 1
　　第1節　3つの社会化 …………………………………………… 1
　　第2節　森林資源管理をめぐる主な論点 ……………………… 4
　　第3節　本書の構成について ……………………………………12

第1編　再造林放棄の実態

第1章　再造林放棄と森林資源管理問題 ……………………………18
　　はじめに ……………………………………………………………18
　　第1節　人工林資源の成熟と循環型社会 ………………………19
　　第2節　再造林放棄の全国化 ……………………………………21
　　第3節　再造林放棄の何が問題か ………………………………22
　　むすび ………………………………………………………………24

第2章　木材価格の動向分析 …………………………………………26
　　はじめに ……………………………………………………………26
　　第1節　1990年代前期 ……………………………………………27
　　第2節　1990年代後期 ……………………………………………33
　　むすび ………………………………………………………………44

第3章　再造林放棄地の立地条件と植生の回復状況 ………………46
　　はじめに ……………………………………………………………46
　　第1節　大分県の放棄地調査 ……………………………………46
　　第2節　対象地域と調査方法 ……………………………………47

第3節　使用システム，データおよび解析方法 ……………50
　　第4節　立地条件の把握における集計・比較方法 …………51
　　第5節　解 析 結 果 ………………………………………………52
　　お わ り に ……………………………………………………………58

第4章　森林組合アンケートにみる人工林施業放棄の実態 ……62
　　──「人工林における森林施業の放棄に関する
　　　　アンケート調査（1999年）」より──

　　は じ め に ……………………………………………………………62
　　第1節　森林組合の認識と定量的把握 …………………………63
　　第2節　人工林施業放棄が目立つケース ………………………66
　　第3節　発現形態の地域性 ………………………………………72
　　第4節　まとめと考察 ……………………………………………74

第5章　再造林放棄問題の諸相 ………………………………………76
　　第1節　大分県南部流域 …………………………………………76
　　　　──森林施業担い手の存在と再造林放棄の併存──
　　第2節　高知県嶺北流域──目立つ地込み立木取引── ………88
　　第3節　東京都多摩流域──市民との連携による森林管理── ……103
　　第4節　北海道十勝流域──捉えにくい再造林問題── …………111

　　　　　　第2編　森林資源所有の社会化

第6章　森林所有の構造変化と地域特性 ……………………………124
　　第1節　本章の課題と方法 ………………………………………124
　　第2節　森林所有構造の変化 ……………………………………125
　　第3節　森林所有構造の地域特性 ………………………………128
　　第4節　不在村所有化の実態と「地元管理可能森林」 …………130
　　第5節　まとめにかえて …………………………………………132

第7章 市場と森林 ……………………………………………135
 はじめに ………………………………………………………135
 第1節 市場の評価 ……………………………………………136
 第2節 市場とセーフティーネット …………………………139
 第3節 森林・林業・木材産業におけるセーフティーネット ………142
 むすび …………………………………………………………145

第8章 素材生産業 ……………………………………………148
 はじめに──問題の所在と課題の設定── ………………………148
 第1節 森林経営(森林所有)の性格 ………………………150
 第2節 森林資源管理の担い手としての素材生産業者の評価 ……152
 第3節 地域森林資源管理の担い手としての素材生産業者の可能性 155
 第4節 森林・林業基本法の林業構造論 ……………………157
 むすび …………………………………………………………161

第9章 自伐林家の展開局面と森林所有 ……………………163
 第1節 本章の課題と分析視点 ………………………………163
 第2節 自伐林家像の変容と成立条件(第一期,第二期) ……165
 第3節 現段階における自伐林家の成立条件と展開方向 ………167
 第4節 まとめにかえて ………………………………………174
   ──森林資源管理における自伐林家と森林所有──

第10章 製材加工の産地システム …………………………179
 はじめに ………………………………………………………179
 第1節 外材輸入と国産材 ……………………………………180
 第2節 製品輸入と国産材産地の再編 ………………………182
 第3節 産地加工システムの理論と製材展開の諸相 ………186
 第4節 若干の総括 ……………………………………………192

第3編　森林資源整備費用負担の社会化

第11章　森林整備費用負担の諸形態 …………………198
- 第1章　課題の設定 …………………198
- 第2節　森林整備の費用負担の現状と課題 …………………199
- 第3節　国民参加による森林整備の現状 …………………204
- 第4節　森林整備における新たな財源措置をめぐる動向 …………………206

第12章　日本の人工林と造林補助金 …………………210
- 第1節　日本における人工造林の展開 …………………210
- 第2節　林業予算の中の造林補助金 …………………212
- 第3節　造林補助金をめぐる理念と現実 …………………215
- 第4節　造林補助金の機能 …………………219
- 第5節　資源管理の社会化 …………………225

第13章　地方財政措置と地方自治体の森林資源政策 …………………228
- 第1節　本章の課題と地方財政措置の仕組み …………………228
- 第2節　都道府県段階における間伐促進施策の展開と特徴 …………………229
- 第3節　熊本県における間伐促進対策事業の成果と課題 …………………232
- 第4節　地方財政措置による森林・林業施策の意義と限界 …………………238

第14章　山村対策とデカップリング制度の導入 …………………241
- はじめに …………………241
- 第1節　林業のデカップリングの意味 …………………242
- 第2節　ドイツのBW州の林地平衡給付金制度の背景と意義 …………………245
- 第3節　日本における林地への直接支払制度導入の意義と課題 …………………247
- おわりに …………………251

第15章　森林バイオマス利用 ……………………………………253
　　──炭素固定とエネルギーとしての商品化──
　　はじめに ………………………………………………………253
　　第1節　京都議定書批准の意味 ………………………………253
　　第2節　木質バイオマスエネルギー利用への期待 …………259
　　おわりに ………………………………………………………265

第4編　森林資源に関する合意形成の社会化

第16章　求められる森林・林業のすがたと合意形成 …………268
　　第1節　森林・林業の未来 ……………………………………268
　　第2節　合意形成の社会化 ……………………………………274

第17章　持続可能な育林技術──帯状複層林の可能性── ………282
　　はじめに ………………………………………………………282
　　第1節　一斉皆伐から帯状・群状伐採へ ……………………283
　　第2節　宮崎県諸塚村における帯状複層林での調査事例 …284
　　おわりに ………………………………………………………293

第18章　産直運動 …………………………………………………295
　　──林・住リンケージによる森林資源管理の合意形成の芽生え──
　　第1節　「川下」からの森林資源管理運動へ ………………295
　　第2節　「川上」主導型産直住宅供給方式 …………………297
　　第3節　「川下」からの「家づくり」 ………………………298
　　第4節　森と住まいの会の運動 ………………………………298
　　第5節　林住・リンケージの可能性 …………………………302

第19章　地域文化と環境財としての森林管理 ……………………304
　　　　　──沖縄県を事例として──
　　第1節　問題意識と課題の設定 ……………………………………304
　　第2節　沖縄の集落機能と森林資源管理の社会化 ………………305
　　第3節　合意形成のコンセプトとしての山林風水の意義 ………308
　　第4節　結　　言 ……………………………………………………318
第20章　辺境社会におけるコミュニティと合意形成 ……………322
　　第1節　憂鬱な未来 …………………………………………………322
　　第2節　辺境に生きるコミュニティ ………………………………324
　　第3節　コミュニティを問いなおす ………………………………329
　　第4節　ジェンダー的視点で合意形成 ……………………………332

第5編　森林資源管理の社会化と林業経営主体

終　章　「社会化」の受け皿としての
　　　　長期伐採権制度の構造と法的性格 …………………………340
　　はじめに ………………………………………………………………340
　　第1節　木材利用の公共性と森林資源管理問題 …………………341
　　第2節　森林資源管理の社会化 ……………………………………344
　　第3節　長期伐採権制度の構造 ……………………………………347
　　第4節　長期伐採権の法的性格と問題点 …………………………352
　　むすび …………………………………………………………………353

あとがき …………………………………………………………………355

序章　森林資源管理の社会化について

第1節　3つの社会化

　わが国の森林資源政策は，林家等の森林所有・経営者への造林補助金の交付によって造林意欲を喚起し，人工林資源を整備するという形で進められてきた。森林・林業政策では，伝統的に森林整備の長期性や森林の公益的機能に着目し，森林資源を良好な状態に維持するために，森林計画制度や保安林制度等の公的規制あるいは造林補助制度や優遇税制等の公的支援が行われてきた。このような公的規制や公的支援を通して森林所有者等との合意を図りつつ，森林における私的所有権の制限や経営等の誘導が行われてきたのである。

　一方，森林資源利用はいわゆる森林所有・経営の家産維持的伐採性向に基づく木材供給の非弾力性という「所有と利用の矛盾」という深刻な問題を内包しつつも，もっぱら市場原理に委ねられてきた。そして，そのような矛盾を部分的に克服しつつ，1960年代後半以降の国産材産地再編の過程で発展してきたのが原木市売市場であった。原木市売市場は，林家等からの多種目少量分散供給を周密な仕分・選別・配給作業で均質大量一括供給に転換することによって，製材工場の専門化，大型化を下支えしてきた[1]。原木市売市場は，資源所有の制約の中で資源利用の拡大・発展を担ったのであり，そういう意味で森林資源管理の社会化の一端に位置していたと言えよう。

　しかし，本書の第1編でも検証するように，近年，木材価格の長期的な低落によって立木収入はほとんどゼロに近い（立木収入を再造林経費に充てると手元にいかほども残らない）状況（「立木代ゼロ」）にある[2]。また，台風による風倒木の発生や新植地におけるシカの食害で造林木の成林が見込めないなど，気象災害や鳥獣虫害の発生も頻発している。このような状況の中で，林家等の森林経営マインドは著しく後退し，間伐遅れや皆伐跡地の再造林放

棄など管理の不十分な森林が増加する傾向にある。また，原木市売市場も木材価格の著しい低下の中で経営危機に陥り，その機能を果たせなくなっている。所有と利用とのミスマッチが拡大し，森林資源が存在するにもかかわらず利用されないという状況が強まっている。要するに，伝統的なあるいは従来型の森林資源政策が窮地に陥っているのである。

　国民の森林に対する関心が高まっているが，森林の木材生産機能への期待は極端に低く，災害防止や水資源涵養の機能などいわゆる多面的機能への期待が高い[3]。今日，森林資源管理には，単なる木材資源の整備でなく，森林の多面的機能の高度発揮に向けて森林の構造と配置を最適の形に誘導し，かつそれを長期に維持することが求められており，この面でも伝統的な森林資源管理の見直しが必要になっているのである。

　本書では，このような森林資源管理の問題を「社会化」という視点から多角的に検討しようとしている。ところで，「社会化」とは「私的な形態から社会的・共同的な形態に変えること。……特に，国家または公的機関による産業ないし生産手段の統制・管理・所有をいい……」[4]と定義されており，「公的」所有をもって社会化と理解する傾向が強かった。同様に，森林資源管理の社会化という場合も，「国，都道府県，市町村等による森林の買い入れや公有林化，公的機関による分収方式による森林整備などを指し，所有形態や管理主体の属性が『公的』機関であるかどうかという観点から『公的管理の推進』が論じられ」ることが多かったのである[5]。

　しかし，問題は「国有」や「公有」であるか否かではない。それらが公共性を担保しているかどうかである。事業やサービスの公共性の尺度として，「①生活・生産の一般的・共同社会的条件であること，②すべての国民に平等，公平に運営されること，③住民の基本的人権を侵害せず，福祉を増進すること，④住民の同意，民主的手続き，住民参加・自主的管理を要すること，という4つの基準を満たすこと」[6]とされるが，国有林等の「公的」森林所有・経営がこのような公共性を担保していたとは言えない。「公的」所有といえどもその内実は「私的」所有の一形態に過ぎないと言わざるを得ないのである。

　そこで，われわれは森林資源管理の社会化を，①森林資源所有の社会化，

②森林の造成整備費用負担の社会化，③森林資源管理に向けての合意形成の社会化，という3つの局面から検討しようとしている。3つの社会化の概要は次のとおりである。

(1) 資源所有の社会化

私有財産制度の下にある森林資源の利用に対して一定の社会的制約を加えることであり，「所有と経営の分離」と言われることもある。法的に規制する場合と契約によって権限を委譲する場合とが考えられ，前者には，森林法の森林計画制度や保安林制度，自然公園法や自然環境保全法の地域指定による利用制限，後者としては分収林制度等がある。

しかし，保安林等の地域指定による利用制限はともかく，団地共同森林施業計画等はごく一部の例を除いて実質的に機能しているとは思えない。また，分収林制度については，「立木代ゼロ」あるいは「マイナスの造林利回り」によって，すでに存在理由を失っているように思う。「所有と経営の分離」という形で，新たな担い手の創出の必要性が問題にされる所以である。「森林・林業基本法」では，伝統的に森林所有者（すでに経営マインドの後退が著しい）や森林組合とされてきた担い手像を，新たに意欲的な林業事業体や素材生産業者等をも加える形に大きく方針転換しており，「所有の社会化」の展開の可能性が広がった。

(2) 費用負担の社会化

上・下流域の提携や企業の社会貢献等によって社会的負担を拡大し，森林所有者の負担を大幅に軽減することである。伝統的には造林補助金制度があり，造林投資の長期性や公益的機能の確保の観点から造林利回りの郵便貯金利子との均衡化を図ってきたが，間伐等の採算性悪化に伴って森林整備の放棄が拡大し，森林の多面的な機能の高度発揮への懸念が拡大している。こうした森林の荒廃という現象を前にして，水源林造成のための分収造林をはじめ，水源の森基金等による間伐助成や伐期延伸，森林整備資金の水道料金への上乗せ徴収，市町村独自の間伐促進対策，漁民の森（森は海の恋人）運動，企業の林業支援（メセナ活動）等の多様な取り組みが行われるようになった。

人工林を健全に整備し，伐跡地の確実な更新を確保することによって森林資源の循環的利用を確保するためには，これらの取り組みを充実，発展させ，

「所有の社会化」と連動させながら造林補助金制度の改善を含め，森林造成維持費用の社会的負担制度の抜本的改革を行うべきであろう。

(3) 合意形成の社会化

「森林管理への住民参加」と同義である。森林法では全国森林計画及び地域森林計画の策定に当たっては森林審議会等に諮問することになっているし，さらに縦覧制度を設けるなど，一応，住民参加の形式をとっている。しかし，こうした手続きを経ているにもかかわらず，林道計画や森林開発等に対して多くの異議申し立てが行われているのが現実である。現行の制度では森林への要請の多様化に対処することができず，住民の意思を的確に把握できていないと言わざるを得ない。

第2節 森林資源管理をめぐる主な論点

1．経済林と非経済林

森林資源管理問題は，林業経済学会のシンポジウムでもたびたび論じられてきた。統一テーマに「森林（資源）管理」または「森林経営」を冠しているもの，あるいは内容的に関連のあるものだけでもかなりある[7]。また，森林計画学会でも合意形成をめぐって活発な議論が行われている[8]し，森林資源管理問題を主題にした著書もかなりある[9]。

これらの内容は多岐にわたり，それぞれの論考自体いくつもの論点を持っているが，その取り上げ方を大雑把に括ると，①森林資源の活用による地域の社会経済的な振興（経済林としての機能）に着目しているものと，②森林による環境保全的，文化的サービスの提供（非経済林としての機能）に着目しているもの，との2つに分けることが出来る。近年，前者の視点からの議論は少なく，後者の視点からの議論が圧倒的に多くなっている。

しかし，森林・林業基本法でも基本理念として，①森林の有する多面的な機能の発揮と，②林業の持続的かつ健全な発展，とを並列しており，経済林としての役割は現在でも決して小さいわけではない。本書では，むしろ経済林としての役割を中心に森林資源管理のあり方を，人工林皆伐跡地の再造林放棄問題を通して検討することに主眼を置いている。

2．森林の機能区分（ゾーニング）

　森林資源管理にかかわる第1の論点は，森林の機能区分あるいは利用目的によるゾーニングの問題である。森林の機能は，森林の伐採によって実現される地域資源としての機能（経済林）の側面と，森林の存在自体によって実現される環境保全的，文化的機能（非経済林）の側面とがある。しかし，後者はほとんどの場合，その受益者から対価を徴収するすべがないため，森林経営者は前者を優先し，後者を軽視しがちである。これらの非経済的機能を確保するためには，森林を整備すべき機能に応じて区分し，それらの機能の発揮される森林に誘導することが必要であると考えられているのである。

　森林の機能区分の展開を概観すると，保安林制度がもっとも古く，その原型は奈良時代に遡ることができるとされる[10]。期待される機能によって水源涵養，土砂流出防備，保健など17種の保安林があり，それぞれ伐採等の規制が定められている。また，鳥獣保護法における鳥獣保護区や禁猟区等の狩猟規制，自然公園法の特別保護地域，あるいは自然環境保全法における原生自然環境保全及び自然環境保全地域等も，森林の機能区分の一種であり，いずれも法律に基づいて私的所有権を制限しているという共通性がある。

　しかし，今日のゾーニングは，森林の機能を高度に発揮させるために適切な森林整備を法的規制によってでなく，森林経営者等との合意の下に行うことが特徴となっている。

　1976年の「森林資源に関する基本計画」では，全国の森林を，木材生産（56％），水源涵養（洪水防止を含む）（58％），山地災害防止（23％），生活環境保全（17％）及び保健文化（23％）の5機能に区分していた。しかし，機能の重複指定（同一林分に2つ以上の機能を指定）があるため，その合計面積はわが国の森林面積を大幅に上回っていた。1987年の四全総では森林地域内の人口密度を基準に，奥地天然林（37％），人工林（37％），里山林（17％）及び都市近郊林（9％）の4タイプに区分し，タイプごとの森林管理の方向が例示されていた。また，国有林では，1999年の国有林改革の前は，国土保全林（19％），自然維持林（19％），森林空間利用林（8％）及び木材生産林（54％）に4区分し，水源涵養機能についてはすべての森林で発揮されるとされた。こうした国レベルでの森林機能区分の他に，

神奈川県をはじめいくつかの県では独自の機能区分が行われてきた[11]。

2001年の森林・林業基本法の改正を受けて策定された「森林・林業基本計画」では，森林を重視すべき機能ごとに3つに区分し，重複指定を廃している。国有林野での先行実施の後，民有林では全国の市町村において森林所有者の合意を得て林分ごとに区分が行われている。しかし，前提となるべきゾーンごとの助成措置等が明らかにされないまま区分が行われたため，今後，それが明確になると「こんなはずではなかった」との声が出て，混乱が生じるのではないかと懸念されている。各ゾーンごとの望ましい森林の姿と誘導の考え方，並びに2010年の用材供給量（目標）は次のとおりである。

○水土保全林：水源涵養機能または山地災害防止機能の重視。高齢級の森林及び広葉樹導入を含めた複層林への誘導。1,300万ha（52％），1,200万m^3（0.92 m^3/ha）。

○森林と人との共生林：生活環境保全機能または保健文化機能の重視。自然環境等の保全及び森林環境教育や健康づくりの場の創出。550万ha（22％），400万m^3（0.73 m^3/ha）。

○資源循環利用林：木材等生産機能の重視。適切な施業の選択及び効率的・安定的な木材資源の活用。660万ha（26％），900万m^3（1.36 m^3/ha）。

このようなゾーニングについては，同一林分では同時にいくつもの機能が発揮されるという問題をどのように考えるかという問題がある。多くの場合，重複指定が行われてきたが，今回のゾーニングでは重複指定は行われていない。しかし，森林・林業基本計画では木材供給量は水土保全林からが量的に

表序-1　森林の機能区分と機能区分別木材供給見通し

区　分	2000年		2010年		m^3/ha
	面　積 1,000 ha	木材供給 1,000 m^3	面　積 1,000 ha	木材供給 1,000 m^3	
総　　数	2,510	2,000	2,510	2,500	1.00
水土保全林	1,300		1,300	1,200	0.92
共　生　林	550		540	400	0.73
循環利用林	660		670	900	1.36

資料：「森林・林業基本計画」（2001年）により作成

もっとも大きくなっており，実質的に重複指定と変わらない。第2は，木材生産機能を天然林あるいは地力や地形的に問題のある人工林にも求めるべきかという問題である。木材生産機能は単なる量の問題でなく，生産費や材質さらには供給ロットを含む競争力の確保が重要であり，これが実現できるかどうかという視点からのゾーニングが求められているというべきであろう。

3．所有と利用の矛盾

　第2の論点は，森林の所有と利用の矛盾にかかわる問題である。その場合の最大の論点は森林資源が十分に利用されているか否かであるが，残念ながらわが国では著しく不十分と言わざるを得ない。表序-2によって森林1ha当たり素材生産量をみると，ドイツ（3.39 m^3）やフランス（2.18 m^3）などの西欧諸国はいずれも2.00 m^3 を上回っているのに，わが国では0.77 m^3 とこれらを大幅に下回っている。また，針葉樹素材生産量を人工林1ha当たりにみても1.50 m^3 にすぎない（1999年）。

　わが国の人工林資源の一部はすでに利用可能な林齢に達しており，その活用を求める人々も少なくない。「森林資源が存在し，それを利用することを渇望している山村住民が居る」（社会的合理性）にもかかわらず，「今の立木価格では伐れないという所有者の判断」（個別経営の合理性）で，人工林を利用しないまま放置するという状況が普遍的に存在している[12]。「社会的合理性と個別経営の合理性の不一致」という形で「所有と利用の矛盾」が顕在化しているのである。このことについて，筆者も「立木代がゼロに等しい」状況でも，木材生産やレクリエーション利用が行われれば，当該の地域において雇用が発生し，地域経済に寄与することを明らかにした[13]。森林資源の社会経済的機能を発揮させ，地域社会の活性化を図るためには，森林資源所有に対する社会的規制や誘導（所有の社会化）が避けられないのである[14]。

　また，上述のゾーニングとの関連でも「所有と利用の矛盾」が問題になる。森林の多面的機能の高度発揮のために機能区分あるいはゾーニングが行われるが，それが有効に機能するためには伐採制限などの施業制限や利用規制が伴うものである。私的権利の制限が避けられないのである。こうした私的所有権の制限は，保安林や自然環境保全地域等のように森林法や自然環境保護

表序-2　世界の主要国の森林面積と木材生産量

国　　名	森林面積 (万ha)	森林率 (%)	用材生産量 (万m³)	人口当森林面積 (ha/人)	1ha当用材生産量 (m³/ha)
日　　　　本	2,515	67	1,932	0.2	0.77
フィンランド	2,003	66	4,954	3.9	2.47
スウェーデン	2,443	59	5,470	2.8	2.24
フ ラ ン ス	1,503	27	3,272	0.3	2.18
ド　イ　ツ	1,074	31	3,644	0.1	3.39
カ ナ ダ	24,457	27	18,098	8.3	0.74
米　　　　国	21,252	23	42,203	0.8	1.99
ブ ラ ジ ル	55,113	65	5,306	3.4	0.10
チ　　リ	789	11	2,131	0.6	2.70
インドネシア	10,979	61	3,620	0.6	0.33
マ レ ー シ ア	1,547	47	2,174	0.8	1.41
パプアニューギニア	3,694	82	306	8.6	0.08
オーストラリア	4,091	5	2,118	2.3	0.52
ニュージーランド	788	29	1,532	2.2	1.94
ロ シ ア 連 邦	76,350	45	7,740	5.2	0.10
中　　　　国	13,332	14	10,092	0.1	0.76
韓　　　　国	763	77	143	0.2	0.19

出所：2001年度林業手帳（原典はFAO資料，1998）
注：1）森林率は国土面積に対する森林の比率
　　2）1ha当用材生産量＝用材生産量/森林面積

法等でその内容や代償措置が法的に担保されておれば問題ない。しかし，森林計画制度の中で行われているゾーニングにはそのような法的裏付けは存在しない。ゾーニングをしてもその機能を担保する法的根拠がないために，地図の上に機能別の色を塗っただけということになりかねない。森林所有の論理を森林利用の論理でコントロールする仕組みの創設が望まれるのである。

4．費用負担問題

第3の論点は，森林管理費用の社会的負担の問題である。造林への投下資本の回収の困難性についてはすでに長い議論の歴史があり，この文脈の中で公共事業としての造林補助制度や政府系金融機関による低利融資等の必然性

が議論されてきた。すなわち,林家等の森林経営活動を促進し,森林資源を整備するためには,仮に相当の立木代収入があったとしても,造林・保育活動への補助金の交付あるいは低利資金の融資等が不可欠であることが国民的に合意されていたのである。

ところが,スギ立木価格は1980年を100とすると1990年に64.3, 2000年には34.3に低下しており[15],立木収入を再造林に投じると手元には何も残らないという状態(このような状態を「立木代ゼロ」という)が恒常化した。こうした木材価格の低下,さらにはシカの食害や台風災害等の影響もあって,全国で間伐等の保育放棄や皆伐跡地の再造林放棄が頻発し,森林の公益的機能への支障が懸念されるに至った。つまり,造林補助金や低利融資という既存の助成措置だけでは森林資源を健全に維持し,その多面的機能を高度に発揮させることが難しいということから,「公益的機能の源泉としての森林の維持管理に応分の負担といった考え方がある程度一般化」[16]しているのである。

そのような中で,多様な主体による様々な取り組みが行われるようになり,関連する議論も,第三セクター方式[17]による林業労働及び地域材販売対策,地方自治体単独の間伐や路網整備等の森林・林業支援策[18],山村地域におけるデカップリング[19],水源税の創設等,多岐にわたっている。

また,2001年度林業白書は,このような取り組みとしてつぎのような事例を挙げている[20]。①基金の造成:水資源の安定確保,水質の保全,自然環境の保全あるいは洪水の緩和等のために基金を造成し,運用益を森林整備費用の助成,分収造林,水源林の取得等に充当。②漁業関係者による植林:漁場の環境の保全・形成のために漁業関係者等が漁場に流れ込む河川の上流域で植林や下刈りを行う取り組み。③森林ボランティア:環境改善を図るために森林の整備・保全に自発的にかかわろうとする活動で,その数は急激に増加。④林業メセナ:メセナ活動の一環として企業自らがあるいは市民団体と共同で森林整備に取り組む事例も増加。

これらの中には,基金のように森林整備費用の直接的な支援につながるものもあるが,大半は精神的な支援に止まる。したがって,その意義は「森林,林業,山村に対する都市住民等の理解を深める上で大きな役割を果たし」て

いるものの,「その促進を通じ,森林の整備や保全を社会全体で支えるという国民意識の醸成に資する」[21]にとどまり,現在の深刻な状況の打開につながるとは言い難い。現在の困難な状況を克服し得るような実践的な対応策が求められているのである。

5. 市民参加と合意形成

第4の論点は,森林資源管理における市民参加あるいは合意形成の問題である。

森林資源管理への市民参加の問題は,原生林の伐採や林道開設による自然破壊に対する異議申し立てなどという形で始まった。これらは,原則的には地域森林計画の変更として都道府県森林審議会等で審議され,市町村長の意見の聴取や一般市民への縦覧等を行うことが森林法において義務づけられている。しかし,こうした手続きだけでは,自然生態系の保全や生物多様性の保全等の森林に対する多様な市民の意識や異議申し立てに対処できなくなっているのである[22]。

一方,林業政策の分野では,施策の受け入れや実施に関する関係者間の利害の調整という問題が生じた。古典的には林道開設事業における受益者間の利害調整があるが,林業構造改善事業に向けた林業構造改善推進協議会や地域林業政策における地域材の販路拡大策等を検討する地域林業推進協議会等,という形でより普遍化,定式化された。

しかし,この問題が新しい段階を迎えるのは流域林業政策においてであった。同政策では,「水と緑の源泉としての森林の整備」と「国産材時代の招来」に向けて流域が一体となって取り組むために,川上と川下の合意の場として流域内の関連団体や自治体等によって流域森林・林業活性化センターが設置されることになったからである。同センターの構成メンバーには,市町村等の自治体や森林・林業・林産業の関連団体の他に,家具,木工業関係者や林業労働者が加わり,さらには一般消費者や婦人団体等の代表者が加わったところもあり,従来の林業構造改善協議会等とは大きく異なっている。

また,川下での加工・流通施設の整備を川上での素材生産機能と調整しながら行うという点も,「川上と川下」の調整・合意形成のための新しい形態と

して注目された。国産材加工施設の整備では，それが必要とする原木の安定的供給が常に隘路であった。しかも，それは林家の伐採活動の家計充足的・家産維持的性格によるものであり，わが国林業の根源的な弱点である。これを克服しない限り林業問題の解決は難しいのであり，原木の安定供給を確保し，林業の発展と国産材製品の販路を拡大するためには，このような林家の伐採性向に対する社会的コントロールが必要であり，これを森林資源所有者が容認することが条件となるのである。

　近年，森林・林業，環境等に対する市民の関心の高まりに伴って，森林認証制度，近くの山の木で家を建てる運動あるいは自然景観や生物多様性の保全など，市民が森林に係わる接点が急速に広がっている。森林施業のあり方が多様な視点から点検され，森林所有・経営を制約する場面が拡大しているのである。一方，森林・林業における市民参加・合意形成の問題は，森林の整備や利用，施設の整備等に関する議論の過程を，森林経営者や林産業者等と市民・下流域住民等とが，どのように共有するかという根源的な問題を含んでいる。森林所有者の私的権利の制限を内包せざるを得ないし，その意味で，森林所有の社会性の再確認と言うことも出来よう。

　だが，森林所有者と市民との間での合意形成は容易なことではない。利害が対立し，あるいは異なる自然観を持つものが話し合いで合意に達することができるか，という疑問はぬぐえない。しかし，森林への関心の高まりによって，市民が森林と係わる局面はますます拡大し，深化するであろう。とすれば，「市民参加は，問題を掘り起こしつつ相互理解を進める過程」[22]と認識し，過大な期待は慎むべきかもしれない。

6．林業構造論と担い手問題

　第5の論点は，林家等の森林所有・経営の評価の問題であり，林業構造論における森林資源の位置づけに係わる問題と言い換えることも出来る。

　林業生産の担い手については，森林所有者である林家等を「林業経営者」と言ってきたことからも明らかなように，森林所有・経営者とする考え方は古典的である。旧林業基本法では林業構造政策の中軸に自立経営林家が置かれ，その育成が中心的な目標とされた。山村の過疎化や高齢化の中で林家の

活力が低下し，森林整備の担い手として公団・公社等の機関造林や森林組合が注目されたが，林家等が今も一定の役割を果たしつつあることは事実であり，それに関する分析も少なくない[23,24]。

しかし，「森林所有者のビヘイビアと異なる林業政策をかかげ，合意形成という時間のかかる方法を重視するようであれば，政策当局が林業関係者を振り回していることになる。……現実離れした政策を強要し，林家等の活力を抜き取っている」[25] という見方もある。また，林業をめぐる厳しい環境の中では林家では限界があるとして，森林資源造成などのサービス提供者を「政府機関」「政府以外の公的機関（森林整備法人）」「政府の政策的関与を受けた民間事業体」の3つの形態に整理する考え方もある[26]。

現在のように林家の経営マインドの後退した状況では，林家を森林管理の主たる担い手とするのは難しいのではなかろうか。森林・林業基本法には，林業の持続的かつ健全な発展を図るために「効率的かつ安定的な林業経営を育成」（第19条）し，「森林組合その他の委託を受けて森林の施業又は経営を行う組織等の活動の促進」（第22条）と林業サービス事業体の機能を重視する規定が置かれているのは，そのような認識が背景にあったからであろう。さらに，森林施業計画の策定は，従来は森林経営者に限定されていたが，基本法の改正に伴ってサービス事業体にも認められることになった。

このことは何を意味するのであろうか。所有による資源管理でなく，森林利用を軸に資源管理を組み立てることの重要性を示唆していると言うべきであろう。

第3節　本書の構成について

本書は，森林・林業・山村をめぐる厳しい状況の中で方向性を見失いつつある森林資源管理について，人工林資源の利・活用の拡大と伐採跡地の更新をいかに確保するかということを軸に，3つの「社会化」の観点から総合的に検討することを目的としており，以下の5編で構成される。

序章で人工林伐採跡地の再造林放棄の実態と要因を分析している。第1編第1章では再造林放棄問題の森林資源論的意味を論じ，第2章では再造林放

棄の要因の一つとしてスギ材の価格低下傾向があることから，その動向を「失われた10年」としての90年代について考察し，スギ材については需要と供給の調整機能が麻痺し，「需給の肉離れ」が生じたことを明らかにしている。第3章では再造林放棄と立地条件と放棄地における植生回復状況を解析している。第4章では人工林における森林施業放棄に関する森林組合アンケート調査結果の分析を行っている。第5章では再造林放棄問題の地域ごとの実態を，大分県南部流域，高知県嶺北流域，東京都下奥多摩流域及び北海道十勝流域において，共同研究者のほぼ全員参加によって実施した共同調査に基づいて分析している。

　第2編では，森林資源所有の社会化にかかわる問題を多角的に分析している。第6章では，議論の前提として，森林所有の構造変化と地域特性を林業センサスのデータを用いて解析し，第7章では「市場主義でもない，反市場主義でもない，いわば『第3の道』」の立場から森林資源管理のあり方を考察し，森林・林業・木材産業版のセーフティーネットの必要性を主張している。さらに，第8章では地域林業資本としての素材生産業の森林資源管理の担い手としての可能性を検討し，第9章では自己山林で自力伐採を行う自伐林家の展開過程を整理し，その存立条件を考察している。第10章では製材加工の産地システムの再編を事例分析を通して論じている。

　第3編では，費用負担にかかわる問題を対象としている。第11章では森林整備の費用負担制度の展開を考察し，国民参加による森林整備のあり方を多面的に検討している。第12章ではこれを造林補助金に絞って検討し，造林補助金の果たした機能を明らかにした上で，政策転換の必要性を指摘している。第13章では都道府県における間伐促進対策の現状を分析し，その成果と課題を明らかにしている。第14章では林業におけるデカップリングの意義をドイツを例に検討し，わが国で新たに始まった森林整備地域活動支援交付金制度の評価を試みている。また，第15章では森林バイオマスの炭素固定とエネルギーとしての商品化という形の費用負担の可能性を検討している。

　第4編では，合意形成にかかわる問題を多面的に検討している。第16章では21世紀の森林・林業を展望し，各種団体による協同統治的管理におい

ては伝統的な合意形成が有効であると主張している。さらに第17章では帯状複層林の成長特性を解明し，持続的育林経営としての可能性を検討している。第18章では旧来の川上主導型の産直住宅運動に代わる建築士（川下）主導型が，新たな「林・住リンケージ」を形成する可能性を論じている。第19章では森林管理における集落機能や地域文化との調和の重要性を琉球における風水的森林利用を事例に考察している。第20章では循環型社会における合意形成のあり方を旧来のコミュニティにおけるジェンダー的視点の存在との関連で考察している。

　第5編では，終章において森林資源管理の3つの社会化を体現する林業経営主体の構造を考察している。今日，成熟した人工林資源の利・活用の拡大，活性化と伐採跡地における更新の確保を実現し得る主体の確立が課題となっているが，それには森林所有者を林業の担い手とする方法では限界がある。林業の担い手には素材生産者等の森林利用者こそがふさわしい。彼らが持続的な林業活動を営むためには，生産基盤である立木保有の安定化が不可欠であるが，それを可能にするものとして長期伐採権制度の制度化を提案し，その構造について考察している。

（堺　正紘）

注

1）堺正紘「スギ並材産地の形成と展開に関する研究」『九州大学演習林報告』No. 56, 1986年。
2）堺正紘「再造林放棄の広がり―立木代ゼロに呻吟するスギ林業，望まれる森林資源管理の社会化―」『山林』No. 1290, 2000年。
3）1999年の「『森林と生活』に関する世論調査」によると，「森林に期待する働き」の第1位は「山崩れや洪水などの災害を防止する働き」56％であり，以下，第2位「水資源を貯える働き」41％，第3位「二酸化炭素を吸収することにより，地球温暖化防止に貢献する働き」39％，第4位「大気を浄化したり，騒音を和らげる働き」30％などが上位にあり，逆に「木材を生産する働き」は13％で最下位の第9位に，「きのこや山菜などの林産物を生産する働き」は15％で第8位と，生産的機能に対する期待は低い。
4）新村出編『広辞苑』第5版，岩波書店，1998年。
5）志賀和人・成田雅美編著『現代日本の森林資源問題―地域的森林管理と自治体，森林組合―』2001年，9頁。
6）家木成夫『環境と公共性』日本経済評論社，1995年，218頁。
7）最近の林業経済学会のシンポジウムにおける報告論文のうち森林資源管理に関連す

るものを挙げると次のとおりである。
　堺正紘「林家の経営マインドの後退と森林資源管理―人工林資源の活用と保続のために―」『林業経済研究』Vol. 45, No. 1, 1999年。
　土屋俊幸「森林における市民参加論の限界を超えて」『林業経済研究』Vol. 45, No. 1, 1999年。
　松下芳樹「市民社会に基軸をおいた森林・林業の新たな枠組について」『林業経済研究』Vol. 45, No. 1, 1999年。
　藤掛一郎「伐採齢分布を用いた森林所有者の伐採行動への接近」『林業経済研究』Vol. 45, No. 1, 1999年。
　神沼公三郎「林業・森林政策の新たな展開と山村問題の焦点」『林業経済研究』Vol. 44, No. 2, 1998年。
　泉英二「市町村林政の可能性」『林業経済研究』Vol. 44, No. 2, 1998年。
　黒瀧秀久「流域管理システムにおける市町村連携の課題」『林業経済研究』Vol. 44, No. 2, 1998年。
　佐藤宣子「宮崎県耳川流域における林家の存在形態と森林管理問題」『林業経済研究』Vol. 44, No. 1, 1998年。
　三井昭二「森林管理主体における伝統と近代の地平」『林業経済研究』Vol. 44, No. 1, 1998年。
　飯田繁「日本の森林管理問題」『林業経済研究』Vol. 44, No. 1, 1998年。
　成田雅美「地方自治と森林管理」『林業経済研究』Vol. 43, No. 1, 1997年。
　依光良三「森林・緑資源の管理と地域政策」『林業経済研究』Vol. 43, No. 1, 1997年。
　堺正紘「林家の森林経営マインドと森林資源管理問題」『林業経済研究』No. 123, 1993年。
　熊崎実「森林政策の新しい視座を求めて」『林業経済研究』No. 113, 1988年。
8）森林計画学会誌における最近の関連論文として次のようなものがある。
　栗山浩一「森林管理の意志決定における市民参加と合意形成の批判的検討」『森林計画学会誌』No. 29, 1997年。
　柿澤宏昭「90年代におけるアメリカ合衆国国有林の市民参加―エコシステムマネジメントのもとで―」『森林計画学会誌』No. 29, 1997年。
　斉藤和彦「森林管理への参加に関する議論の展開(1)」『森林計画学会誌』No. 28, 1997年。
9）森林資源管理に関する最近の主な著書にはつぎのようなものがある。
　志賀・成田編著，前掲書
　堀靖人『山村の保続と森林・林業』九州大学出版会, 1999年。
　依光良三『森と環境の世紀』日本経済評論社, 1998年。
　日本林業調査会編『諸外国の森林・林業』日本林業調査会, 1999年。
　船越昭治編著『森林・林業・山村研究入門』地球社, 1999年。
10）塩谷勉『林政学』地球社, 1973年, 132頁。
11）成田雅美「地方自治体と森林管理」『林業経済研究』Vol. 43, No. 2, 1997年，及

び全国森林組合連合会『間伐の組織化と地域森林管理』1997 年，を参照のこと。
12) 井口隆史「後発林業地の森林資源管理」『林業経済研究』No. 15, 1988 年。
13) 堺正紘「山村と林業の振興を目指して―森林の人口扶養力―」『山林』No. 1338, 1995 年。
14) 神沼公三郎「林業・森林政策の新たな展開と山村問題の焦点」『林業経済研究』Vol. 44, No. 2, 1998 年。
15) 林野庁『平成 13 年度森林・林業白書』2002 年。
16) 依光良三「森林・緑資源の管理と地域対策―枠組の変化と現段階　」『林業経済研究』Vol. 43, No. 2, 1997 年。
17) 岡田秀二『山村の第三セクター』全国林業改良普及協会，1996 年。
18) 藤岡義生・佐藤宣子「90 年代における山村地域の振興財政」『林業経済研究』Vol. 45, No. 2, 1999 年。
19) 堀靖人「林業とデカップリング」『山林』No. 1408, 2001 年。
20) 林野庁，前掲『白書』80 頁。
21) 同上，81 頁。
22) 柿澤宏昭「森林管理をめぐる市民参加と合意形成」『森林計画学会誌』No. 21, 1993 年。
23) 佐藤宣子，前掲論文「宮崎県耳川流域」。
24) 興梠克久『「担い手」林家に関する研究』(九州大学学位請求論文)，1997 年。
25) 飯田繁，前掲論文「森林管理問題」。
26) 藤沢秀夫『現代森林計画論』日本林業調査会，1996 年，17 頁。

第1編
再造林放棄の実態

第1章　再造林放棄と森林資源管理問題

はじめに

　人工林の皆伐跡地を再造林せず放置するところの「再造林放棄」が，各地でしばしば認められるようになった。例えば，平成12年度の『林業白書』は，木材価格の長期的低迷等の林業生産を取り巻く環境の悪化という状況の中で，「間伐等の行われない人工林や，植林が行われない伐採跡地がみられるようになってきている」[1]と述べている。間伐等の保育作業の放棄については，森林の水土保全機能との関連ですでにかなり前から問題点が指摘され，国の補助事業あるいは都道府県や市町村単独事業の形で，間伐推進対策が講じられてきた。

　しかし，再造林放棄については，わが国の温暖多雨な気候条件の故に皆伐後に容易に森林が再生することからか，これを問題とする議論は少なかった。むしろ，行き過ぎた人工林化の抑制あるいは天然林拡大への契機になると，これを好ましい現象であると捉える見方もある。その根底には，人工林の皆伐を「好ましくない」「できれば避けたい」という思いがあるように思われるが，そのような考え方は一面的に過ぎよう。

　序章で見たように，わが国の単位森林面積当たりの素材生産量は欧米諸国に比べ著しく小さい。人工林資源が成熟期を迎えつつあり，循環利用が可能になっているにもかかわらず，森林資源の利用度合いが低いのである。しかも森林資源の活用は，CO_2の吸収固定と貯留とを促進するという意味で地球温暖化抑制に寄与し，循環型社会の形成の上からも奨励されるべきとされている。人工林資源の積極的な活用が望まれているのであり，そのためには成熟した人工林の皆伐を含む森林伐採の拡大と，伐採跡地の確実な更新が望まれるのである。

第1節 人工林資源の成熟と循環型社会

1．人工林資源の成熟

わが国人工林面積は約1,035万haで，その比率は森林総面積の41％に達する。人工林を林齢別に見ると図1-1のように，41～45年生が31％，46～50年生が14％をそれぞれ占めており，41年生以上を皆伐可能な林分とすると，全人工林の64％がすでに伐採可能な林齢に達していることになる。しかもそれは，林齢構成からも明らかなように，今後，さらに増加することが確実なのである。

もっとも，これらの皆伐可能な林齢の人工林の中には，間伐等の保育作業の遅れ，台風等の気象災害やシカ等の鳥獣害等のために期待通り成長していない林分もあろう。その意味で，「人工林化行き過ぎ論」には合理性があり，1,000万余haの人工林全部を木材生産の対象とすることには無理がある。

また，近年，木材価格の低落傾向が続いているため人工林の伐採を繰り延べる傾向が強まり，皆伐林齢が次第に高齢に移行しつつある。現時点では伐採可能林分はそれほど多くないかもしれない。

しかしそれにしても，その時期が若干，遅れることがあったとしても，林齢構成から見て近年，伐採可能量が大幅に拡大することは確実である。こうして供給される人工林材の利用拡大を，どのように実現するかが大きな課題であることに変わりはない。

2．木材利用の公共性と循環型社会

地球環境問題の深刻化の中で，森林や木材の機能への期待が高まっている。1999年の国民世論調査では，森林に期待する機能として，山崩れ・洪水等災害の防止（56％），水資源の涵養（41％）に次いで地球温暖化防止（39％）が上位にカウントされている。また，建築資材としての木材の魅力についても，湿度を調節する働き（72％）に次いで，断熱性が高い（49％），軽い割に強い（43％），衝撃を緩和（42％），地球温暖化防止に貢献（42％）などが挙がっており，関心は高い。

ところで，木材は，われわれの生活を豊かにし，快適にするという優れた

性能を持つ材料である。木材は，軽くて，丈夫であり，使いやすく，使い方によっては鉄などの金属よりも火に強い。また，手足に触った感じが柔らかく，木材に囲まれて生活する生き物はより長命であるという実験結果もある。

しかも，このような木材の生産に必要なエネルギー消費量は鉄やアルミニウムに比べると驚くほど小さいし，廃棄処分に要するエネルギーも圧倒的に少ない。木材は，石油等の化石エネルギー節約型の，優れて環境保護的な材料であり，その利用の拡大によって化石資源の利用の節減も可能になる。また，木材を住宅や家具，書籍等の形で利用することによって炭酸ガスの貯留期間の長期化も可能である。伐採された森林は，「都市の森」に姿を変えて温暖化ガスを貯留し続け，地球温暖化抑制の一端を担うことができる。

さらに，森林は再生可能な資源であり，適正に管理された森林ではほぼ永久的に木材生産が可能である。と同時に，そのような森林は環境を快適に保つという意味でも大きな機能を果たしている。また，森林資源を主要な地域資源とする山村地域では木材産業の占めるウェイトが高く，原料としての原

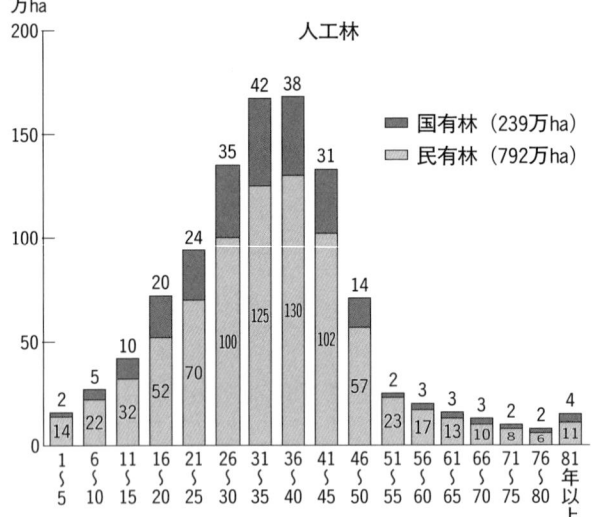

出所：『平成13年度森林・林業白書』50頁。
資料：林野庁業務資料
注：1）平成12年3月末現在の推計値である。
　　2）民有林は，森林法第5条に定める地域森林計画対象森林についての数値である。
　　3）国有林は，森林法第7条の2に定める国有林の地域別の森林計画対象森林についての数値である。

図1-1　人工林の林齢別面積

木丸太の安定供給への要請も強い。もちろん，雇用の場としても持続的な木材生産の持つ意味は大きいものがある。

このように，木材利用は環境の保全と市民生活の向上，ひいては地球温暖化の防止にも寄与している。木材を積極的に利用することは環境への負荷の少ない，資源の循環型利用の可能な社会を構築する上でも有効である。その意味で，木材利用は公共的な側面を持つのであり，その拡大が望まれるのである。

第2節　再造林放棄の全国化

1．全国の森林組合調査

第4章で詳述するように，われわれは全国13道県の森林組合450組合を対象に森林施業放棄に関するアンケート調査を行った（回収率69％）。これによって森林組合管内における人工林皆伐跡地の植林状況を見ると，まず「すべて植林されている」は10％（南九州：熊本，大分，宮崎，鹿児島，9％），「ごく一部を残し植林されている」は45％（南九州46％）である。ほぼ完全に再造林が行われていると回答した組合が55％（南九州54％）と過半を占めており，再造林の実施状況に地域差はない。

しかし，「植林されているが，未植林地も目立つ」は25％（南九州36％），「半分以上が未植林のまま放置されている」8％（南九州6％），「ほとんど放置されている」3％（南九州0％）と，再造林放棄が目立つと回答した組合が37％（南九州41％）に達している。また，「皆伐跡地で3年以上放置している林地」が，「たくさんある」と「見かける」というのが合わせて63％もある。皆伐跡地の再造林放棄は，伐採活動の停滞のため余り目立たないだけで，全国的に拡大しつつあるのである。

2．南九州における再造林放棄の実態

南九州のある県における1993年から1997年までの5年間に人工林の3,098件，1,580 haが皆伐されたが，これらにおける再造林放棄の実態を見てみよう。再造林は2,886件，1,181 ha（皆伐面積の75％）で行われており，逆に皆伐跡地の25％が再造林されないまま放置されている。しかし，

県内でもっとも林業生産活動の活発な流域では皆伐面積316 haのうち再造林済みは205 ha，65％にすぎず，皆伐跡地の35％が再造林されずに放置されているのである。

ところで，再造林済みと放棄地との平均面積を比較すると，再造林済みは1件当たり0.51 haであるが，放棄地は1.88 haと造林済みの3倍強である。皆伐跡地の内面積の小さい，したがって自家労働で再造林可能なものは再造林されているようである。しかし，大面積皆伐地については，自家労働での造林・保育に限界があるためか，あるいは森林組合の作業実行能力の限界のためか，放置されているのである。

こうした放棄地の所有林家に再造林に対する考え方を聞いたところ，再造林を放棄している林家の40％が「再造林を行う意志がある」，38％が「再造林を行う意志がない」，そして残りの22％が「わからない」と答えている。再造林放棄林家の4割強がいずれは再造林したいと考えているわけであるが，そのうち「自分で造林する」は40％にとどまり，「公団・公社等に分収造林に出したい」31％，「森林組合に施業を委託したい」25％と，森林組合委託や公団・公社造林に期待するものが過半を占めているのである。

このような傾向は前項で見た森林組合調査にも現れている。すなわち，「人工林の伐採跡地の再造林はどのような方法で行われているか」について，「大半を森林組合に委託して」51％（南九州32％），「ほとんど自力や森林組合委託，公団公社は一部」20％（同27％），「自力や森林組合委託は一部，大半は公団公社」が11％（同19％）など，公団・公社がらみの回答が高いウェイトを占めているのである。もっとも，「すべて自力で」12％（南九州14％）および「大半を林家，一部を森林組合に委託して」34％（南九州49％）と，自力主体による再造林が半分近くを占めており，とりわけ南九州では63％と高い割合を占めていることには注目すべきであろう。

第3節　再造林放棄の何が問題か

1．優良人工林資源の縮小

再造林放棄の拡大について「花粉症が問題になっており，花粉症対策とし

てスギ林が減少することは好ましい」,「日本では森林は放っておいても天然林になる。なにも苦労して造林することはない」,「公益的機能には広葉樹天然林が望ましい」など,これを肯定的に評価する見方がある。しかし,こうした見方は間違いであろう。

それは,近年,皆伐されている人工林は,いずれも成長の良い,高蓄積の優良林分であり,しかも林内を林道や作業道が貫通し,あるいは隣接している地利条件に恵まれた林分である。確かにわが国の人工林化には行き過ぎた面もある。尾根筋まで植林し,成林してはいるものの蓄積の著しく小さい人工林,高冷地の成立本数の著しく少ない人工林,あるいは林道や作業道の開設の困難な急峻な地形に成立している人工林等は,無理に人工林として維持する必要はないだろう。

しかし,現在の再造林放棄地はこのような人工林ではない。優良人工林なのである。したがって,このような優良な人工林の皆伐跡地が再造林されず放置されるということは,将来にわたって人工林として活用されるべき優良林地の脱林業地化を意味する。つまり,持続的に維持管理されるべき優良な人工林資源の喪失なのである。

2．天然更新の不確実性

人工林伐採跡地を優良な広葉樹林に誘導することには難しい問題がある。一つは種子補給の問題である。人工林率が60％を超える九州・四国の人工林地帯では,伐採跡地の周辺はいずれも人工林であり,広葉樹の高木林が存在しないことが多い。更新用種子の供給に限界があるのである。また,萌芽更新についても,30～40年間もスギ林が樹冠を占有していたので,前生樹の根茎が存続しているとは考えにくい。要するに,天然更新によって高木林を確実に復元することは非常に難しいのである。

森林の多面的機能は高木林において十全に発揮される。たとえ,伐採跡地が緑に覆われていても,それがブッシュや灌木林では公益的機能は限られたものでしかない。高木林をいかに速く復元するかということが問題なのである。そのような意味でも再造林放棄は重大な問題点を含んでいるのである。

む す び

　近年の造林を取り巻く状況には，（イ）木材価格の低下によって立木販売収入が減少し，再造林に回す資金が少なくなっている，（ロ）過疎化・老齢化に伴う労働力の減少によって造林後の保育労働力の確保が困難である，（ハ）造林投資の利回りが極度に低下し，うま味がない，など厳しいものがある。

　再造林放棄がこのような林業状況の一つの結果であることは言うまでもないが，放置された人工林伐跡地の特徴をみると，

　①　再造林された伐跡地の平均面積に比べると，放置伐跡地の平均面積がはるかに大きいこと

　②　人工林の皆伐が家計の都合や子弟の教育，結婚資金あるいは負債の整理など，臨時的な資金需要に基づいて行われていること

　③　公団や公社との契約を待っている所有者が多いこと

　④　60，70歳代の高齢者が多いこと

　⑤　鹿の食害が懸念されていること

　⑥　造林投資の回収に対する懸念

などがある。

　要するに，極限状況に達した過疎化の中で，林業従事者の大幅な減少と高齢化による労働力不足に陥っている林家が，自力で再造林できる面積はごく小さい。何らかの理由で大きな面積を皆伐したときは，森林組合や公社・公団造林に頼るしかないのである。しかし，自前の労働力を持たず，森林組合作業班に依拠している公社・公団造林には，不規則な伐採行動による臨時的な再造林要請に対応する能力はないし，同様のことは森林組合にも言える。このようなギャップが公社・公団との契約待ち，造林待ちの状態を恒常化させているのであり，その結果が伐跡地の再造林放棄として現れているのである。

　人工林の皆伐跡地の再造林放棄という状況が恒常化し，人工林資源が質的，量的に縮小するであろうという懸念は，現在はまだごく限られた地域の問題に止まっているかも知れない。しかし，再造林放棄の要因の普遍性からして，

近年中にそれが全国的な問題になるであろうことは容易に想像できる。人工林の皆伐跡地の4割が未植林のままであるという状況を放置しておくと，伐採するたびに人工林面積は減少し，森林資源は質的，量的に縮小することになる。戦後，営々と育まれてきた人工林資源は，伐期に達すると同時に維持・再生産はされることなく，急激な減少を辿ることになるのである。

再造林放棄による森林資源の質的，量的低下は，地域の森林資源に依拠して展開している林業生産・流通の地域システムの弱体化をもたらす危険性を内包している[2]。林業の地域システムは素材供給の安定性に支えられて展開するが，それが充実した人工林資源を背景とする林家の活発な林業生産活動に依拠していることは言うまでもない。もしも人工林皆伐跡地の再造林放棄が長期化するならば，資源量の縮小は必至であり，林業の地域システムは機能不全に陥ることになろう。

また，再造林放棄の問題は人工造林の担い手の後退という問題もはらんでおり，この点は林家の造林活動によって支えられてきたわが国の森林資源政策にとって重要な問題である。人工林資源の量的，質的保続はわが国にとってだけでなく，世界的にみても重要な課題である。人工林伐跡地は不断の再造林によって維持，更新されなければならない。

皆伐跡地の再造林放棄という現象の広がりは，再造林を実態的に担ってきた林家が，過疎化，高齢化，林業収益の後退，あるいは台風災害や鹿の食害等の林業災害の頻発等の中で，その意欲と能力を失いつつあることの証明に他ならない。その意味で，再造林に対する高率助成を含む造林補助金制度の思い切った改革とともに，林家に代わる新たな再造林主体の創出が求められているのである。

（堺　正紘）

注
1）林野庁『平成12年度林業白書』2001年。
2）このような懸念は北海道十勝地方のカラマツ林業において具体化しつつある。同地の有力カラマツ製材工場主は，国有林におけるカラマツ林の更新中止に危機感を抱き，国有林地における私営造林の制度化を求めている。

第2章　木材価格の動向分析

はじめに

　森林所有者の皆伐跡地への再造林放棄の要因はいくつか考えられるが，その中でも大きな要因は木材価格の下落である。木材価格の下落は立木価格に反映し，森林所有者の収入（立木販売代金）の減少に直接影響するからである。

　ところで，木材価格と森林所有者の伐採性向との間には強い相関関係があることは経験則として広く知られている。つまり，木材価格が上昇すれば森林所有者の伐採意欲が増し，ひいては素材生産量も増大するし，逆の場合は逆という見方である。このことから，林業振興策の究極の目的は木材価格を

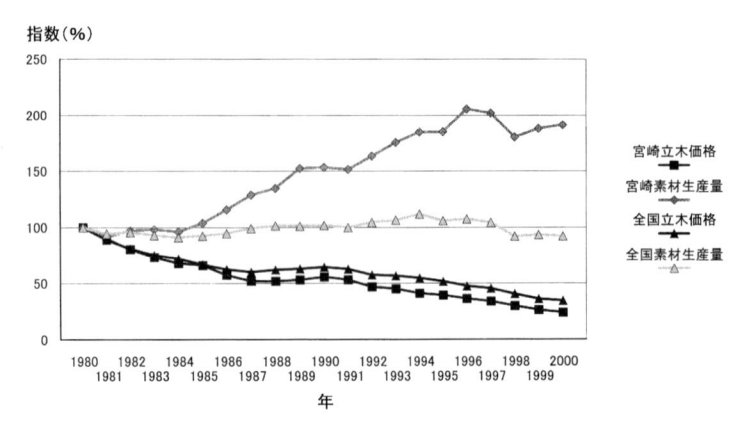

資料：日本不動産研究所『山林素地価格及び山元立木価格』，農林水産省『木材需給報告書』。
注：1980年＝100とした指数。

図2-1　スギ立木価格とスギ素材生産量（指数）の推移（宮崎県と全国の比較）

上げることであるという考え方が，わが国の林業・木材関係者の間に根強く残っている。

しかし，ここで注意を要することは，木材価格の上昇が森林所有者の伐採意欲の増大につながるという「世間知」が，必ずしも「恒久不変の真理」ではないということである[1]。逆に，木材価格の下落が森林所有者に伐採を促す誘因になる場合がある。例えば，図 2-1 を見て欲しい。この図はスギ立木価格（全国，宮崎県）とスギ素材生産量（同）を，1980 年を 100％とする指数で表し，その後の推移を示したものであるが，スギの素材生産が旺盛な宮崎県では，スギ立木価格が下落すればするほど，スギ素材生産量が増加する傾向をはっきりと読みとることができる。これは資産としての人工林の価値がこれ以上下がらないうちに処分（皆伐）しておこうという，森林所有者のビヘイビアであると考えられるが，問題は木材価格が何故ここまで下落したのかということである。本章では，「失われた 10 年」と総括される 1990 年代の林業・木材業の動向を分析する中で，この問題にアプローチしてみたい。その際，90 年代を前期，後期に分けて分析するが，90 年代前期の姿をより明確にする意味で，1985 年の「プラザ合意」について簡単に触れておく。

第 1 節　1990 年代前期

1．バブル経済の誘因としての「プラザ合意」

「失われた 10 年」，すなわち 90 年代不況の直接的な引き金になったのは，いわゆるバブル経済の崩壊である。そして，バブル経済の誘因になったのが 1985 年の G 5（先進主要 5 ヵ国の蔵相・中央銀行総裁）による「プラザ合意」である。「プラザ合意」とは簡単にいえば，レーガノミクス（レーガン元大統領の新政策）がもたらしたドル高・円安によって生じた日本の膨大な経常収支黒字（対米黒字）を調整するために，先進 5 ヵ国蔵相が為替相場に協調介入することで合意に達したものであった。

これによって，「プラザ合意」直前 1 ドル 240 円台だった為替レートは，わずか 2 ヵ月で 200 円を割る水準にまで円高になった。「プラザ合意」が作

り出した急激な円高によって，日本の輸出関連企業は打撃を受け円高不況が始まったが，金融緩和政策が功を奏し，「プラザ合意」の翌1986年から景気は拡大局面に入った。さらに1987年5月には6兆円を超える「緊急経済対策」と，87年2月から2年3ヵ月にわたる2.5％の公定歩合がバブル経済の発火点になった。

一方，急激な円高によって打撃を受けた企業は設備投資に消極的になり，好況時に貯蓄した膨大な余剰資金を財務テクノロジー（財テク）と称する虚業に振り向け，ここに至って一挙に日本経済の「バブル狂騒曲」が始まった

表2-1 スギ丸太の市場価格に占める諸経費と立木価格の構成比の推移

(単位：％，円)

年	市場価格	市場経費	伐採・搬出費	トラック運賃	労災保険料	立木価格
1980	100.0(42,000)	8.7	12.1	3.4	4.9	70.9
1981	100.0(36,000)	8.9	14.2	4.0	5.4	67.5
1982	100.0(32,000)	9.2	16.0	4.7	5.8	64.3
1983	100.0(29,000)	10.1	18.3	5.2	6.5	59.9
1984	100.0(26,000)	10.4	20.4	5.8	7.0	56.4
1985	100.0(25,000)	10.6	21.2	6.2	7.2	54.8
1986	100.0(22,000)	11.1	24.1	7.1	8.0	49.7
1987	100.0(22,000)	11.1	25.0	7.3	8.2	48.4
1988	100.0(22,000)	11.1	25.0	7.3	8.2	48.4
1989	100.0(23,000)	11.3	23.9	6.9	7.9	50.0
1990	100.0(24,000)	11.2	22.9	6.7	7.8	51.4
1991	100.0(23,000)	13.5	25.3	7.4	8.3	45.5
1992	100.0(21,000)	14.2	29.0	8.1	9.3	39.4
1993	100.0(21,000)	14.1	29.0	8.6	9.4	38.9
1994	100.0(21,000)	14.1	29.0	8.6	9.4	38.9
1995	100.0(20,500)	14.3	29.8	8.8	9.4	37.7
1996	100.0(22,000)	13.8	27.7	8.2	9.0	41.3
1997	100.0(21,000)	14.1	29.0	8.6	9.3	39.0
1998	100.0(20,000)	14.5	30.5	9.0	9.6	36.4
1999	100.0(19,000)	14.9	32.1	9.5	10.0	33.5
2000	100.0(18,000)	15.4	33.9	10.0	10.4	30.3

資料：大分県日田市在住の森林所有者T家の山林資料。

注：伐期齢45年，地位1等地，平均直径30.3cm，樹高20.1mのスギ立木を伐採し丸太にして市場に出荷したもの。

ことは未だ記憶に新しい。

　さて問題は，わが国の森林・林業・木材産業にとって「プラザ合意」がどのような意味をもっていたかということであるが，表2-1がその一端を示している。この表は，注釈にもあるように，伐期齢45年のスギ立木を伐採して丸太にし，市場に出荷した場合の諸経費と立木価格の割合の推移を示したものであるが，諸経費の割合が年々嵩み，その分立木価格の割合が減少していることが読みとれる。市場逆算方式で立木価格が他動的に決められる以上，諸経費の増加は森林所有者にとって大きな負担になり，その結果，立木販売収入は減少する。

　リカード（1772-1823）の貿易理論に比較生産費説という考え方がある。貿易が行われると，比較優位にある分野の産業に特化していき，比較劣位にある産業は輸入攻勢に押されて衰退していくというものである。こうした中で，農業や林業が比較劣位を余儀なくされたのは，自動車産業などの生産性が急速に上昇したためであった。特に，生産性の高い産業分野の賃金上昇に引っ張られる形で上昇した林業労働者の賃金は森林経営にとってコスト高となって現出した。この結果，前掲表2-1のように，立木価格の下落が起きたのである。わが国の林業は，こうしたコスト高の問題を解決できずに，そのまま1990年代に突入したとみるべきであるが，いずれにしても木材価格は，「プラザ合意」を契機に1980年代半ばから下落し始めたのである。

2．ウッド・ショックと「国産材時代」への期待

　1990年代はバブルの崩壊で始まった。図2-2からも明らかなように，バブル期の低金利によって1986年の新設住宅着工戸数は136万戸，翌1987年は167万戸に達した。これを対前年比で示すと，それぞれ10.4％，22.7％増となり，1972年，1973年以来の住宅ラッシュになった。しかし，バブル経済崩壊後は140万〜150万戸水準にまで落ち込んでしまった。

　こうした状況の中で，国産材の価格低迷に大きな影響を与える出来事が発生した。1992年から93年にかけて発生したウッド・ショック，つまり米材の価格高騰である。もっとも，それ以前から米マツを中心に産地価格がジワジワと上昇していたが，円高で吸収されるため国内価格にそれほどの大きな

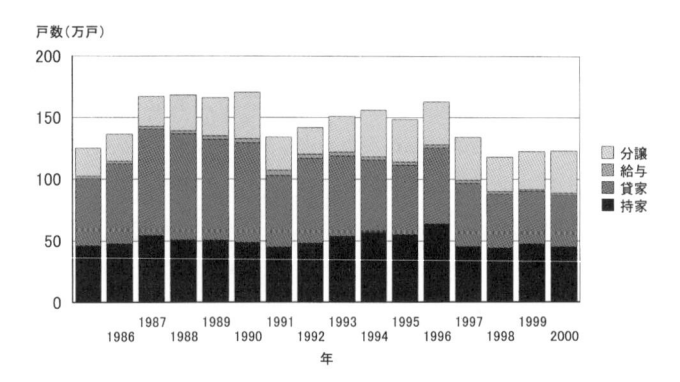

資料：国土交通省『住宅着工統計』。

図2-2　利用関係別新設住宅着工戸数の推移

影響を与えなかった。ところが1992年に入ると急激に価格上昇が起こった。すなわち，同年初め650ドル（FAS＝Free Alongside Ship＝船渡し価格。1,000 scr＝約4.5 m³当たり）であった米マツが，年末には1,000ドルを超えるまでに至った。これに連動して米ツガ丸太も1992年末から急速に価格上昇を示した。

　ウッド・ショックの直接的な原因になったのは，環境問題による伐採規制，原木輸出規制（北米），過伐調整による原木伐採削減（カナダ）である。環境問題とは，「絶滅の危機にある動物および植物」を保護する目的で制定されたEndangered Species Act（ESA＝危機に瀕した生物保護法）の中で，マダラフクロウが指定されたためである。マダラフクロウの営巣が確認されると，その周囲が禁伐になる。したがって，マダラフクロウの多い国有林，公有林の天然林の伐採が禁止に追い込まれたのである。

　米材の価格高騰は，丸太だけでなく製材品にも及び，さらに北洋材もニュージーランド材も軒並み高騰を示した。南洋材に至っては産地価格がじつに2.5～3倍にまで跳ね上がった。しかし，なんといっても4大外材の筆頭格で輸入量最多の米材価格の高騰は，日本国内の森林・林業・木材産業に大きな影響を与えた。

　その最大のものは，ウッド・ショックに連動して国産材価格が上昇しな

第2章 木材価格の動向分析

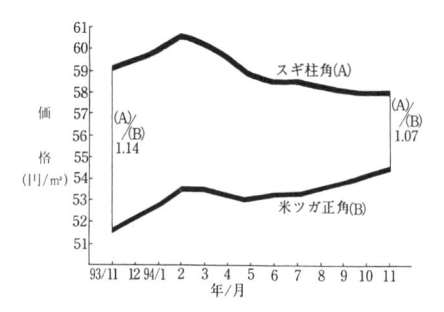

出所：遠藤日雄他編著『転換期のスギ材問題』
日本林業調査会，1996年，20頁。
資料：(財)日本木材総合情報センター『木材情報』1994年12月号。

図2-3 スギ柱角，米ツガ正角の価格の推移

かったことである。これはわが国の森林・林業・木材産業関係者の悲願でもあった「国産材時代」がもたらされなかった遠因にもなった。米材価格の高騰は，ランクが1つ上の新木材価格体系が樹立されるのではないかという憶測を呼び，「国産材時代」への期待感が一挙に膨らんだ。図2-3は，1993年11月から94年11月までの1年間のスギ柱角と米ツガ正角の価格の推移を示したものであるが，スギ柱角の価格を米ツガのそれで除した値は，93年11月の1.14から1.07に減少し，両者の価格差がこの1年間で縮小したことを示している。こうした状況の中で，1994年12月20日付の『日刊木材新聞』は，「九州という一地域，木材需要の視点から，この1年を振り返ると，多少の願いを込めて，"国産材時代の幕開け"と位置づけられる」と記し，「国産材時代幕開け」への願望を吐露している。こうした期待感とウッド・ショックの時期が重なったため，米材の価格高騰に連動して国産材価格の上昇が見込まれるのではないか，また，環境問題が制約になって，米材輸入量が減少するのではないかという予測が木材関連業界に起こったのであった。

本題に戻ろう。では，何故，ウッド・ショックに連動して国産材価格は上昇しなかったのであろうか。図2-4を見て欲しい。この図は，米ツガの産地価格と日本国内価格，それに円の対ドル為替相場の推移を示したものであ

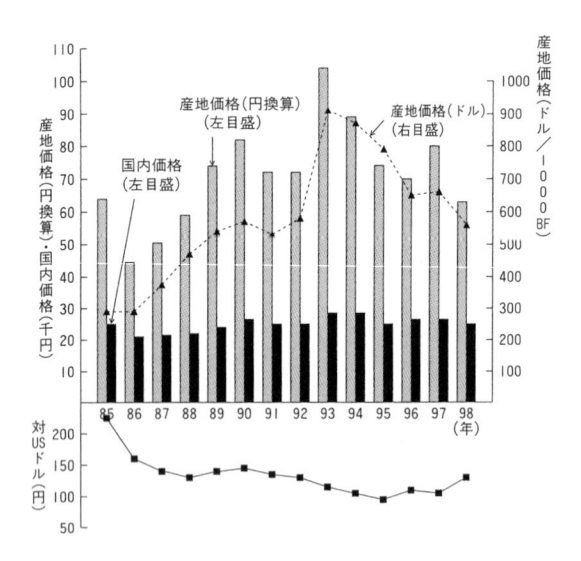

出所：遠藤日雄『スギの行くべき道』全国林業改良普及協会，
　　　2002年，54頁。
資料：1）為替相場は日銀統計月報年中央値平均。
　　　2）国内価格は農林水産省『木材需給報告書』。

図2-4　米ツガ産地価格と為替相場の推移

るが，結局，米ツガの産地価格が高騰しているにもかかわらず，円換算価格（日本国内価格）は円高・ドル安によって大きな変化がなく，ほぼ低位横這いで推移させることになったことがわかる。

　円高・ドル安の為替相場に関連してもう一つ重要なことは，木材供給ソースが多様化したことである。しかも，それはかつての環太平洋4大外材（米材，北洋材，南洋材，ニュージーランド材）以外の，北欧やアフリカからも輸入されるようになったのが特徴である（表2-2，表2-3）。つまり，為替相場における円高・ドル安基調は，いつどこからでも容易に木材を入手できる体制をつくったといえるし，別の見方をすれば，北米のマダラフクロウ問題に象徴されるように，ある産地が内的な事情によって木材供給ができなくなった場合は，即，木材市場からの退出を余儀なくされる事態に至ったことを示している。

表 2-2 ヨーロッパからの製材品輸入量の推移

(単位：m³, ％)

区　分		1991 年	1995 年	増加率
北	ノルウェー	141	31,000	219.9
	スウェーデン	1,002	209,327	208.9
	フィンランド	310	365,717	1179.7
欧	小　　計	1,453	606,044	417.1
そ　の　他		4,690	260,115	55.5
計		6,143	866,159	141.0

資料：大蔵省『通関統計』。

表 2-3 アフリカ材（丸太）の輸入量の推移

(単位：m³)

国　名　等	1991 年	1992 年	1993 年	1994 年	1995 年
象牙海岸	0	0	22,663	13,308	1,556
ガ ー ナ	0	0	14,215	2,777	3,482
カメルーン	14,503	25,865	103,026	110,860	81,180
赤道ギニア	0	0	28,934	61,323	68,289
ガ ボ ン	74,072	66,513	320,026	403,398	286,408
コ ン ゴ	3,388	2,956	13,786	28,846	14,308

資料：大蔵省『通関統計』。

第 2 節　1990 年代後期

1．ポスト米ツガとしてのホワイトウッド

　しかし，こうした「国産材時代」への期待感は1995年初頭の阪神淡路大震災によって一挙に萎んでしまった。この未曾有の大震災によって，消費者間に木造軸組工法住宅に対する不信感が深まり，特に柱などの構造材に対しては，高気密・高断熱性に加えて耐震性，耐久性が一層要求されるようになった。このような事態に直面して，例えば，西日本国産材製材協会などは同年秋に，「今後のスギ材の生き残り策は完全人工乾燥化か集成材化の2つしかない」という正鵠を得た見解を公表しておきながら，後述のように，1996年のいわゆる駆け込み需要の発生で，この最大の課題は先送りあるい

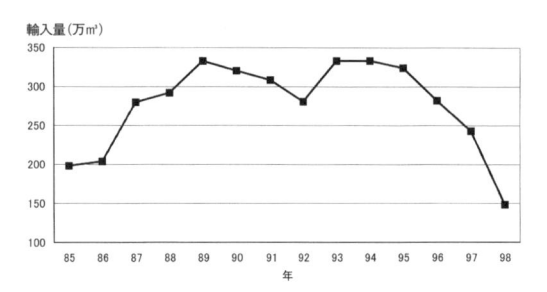

資料：日本木材輸入協会『50年のあゆみ』，2000年4月。
図2-5 米ツガ製材品輸入量の推移

は棚上げの状態になったのである。

　大震災のあった1995年は，別の意味でも国産材に大きな影響を与えた年であった。すなわち，同年4月，瞬間的ではあったが1ドルが80円を切った超円高の年であった。折しも，木材業界や住宅メーカーは，1994年頃から，米ツガ製材品の対日供給力の低下（図2-5）に危機感を募らせ，ポスト米ツガを模索していたが，先述のように，円高・ドル安によって外材の供給ソースの選択肢が増えるという好条件におかれていた。ただその際，従来の米ツガ構造材のように，グリン材（未乾燥材）の大量安定供給ではなく，大震災以後のニーズ，すなわち耐震性，耐久性の要求をクリアできる人工乾燥材あるいは集成材の安定供給ソースが求められていた。そしてこの機に乗じて輸入され始めたのが集成管柱のラミナに用いるホワイトウッドであった。

　集成管柱のラミナは，1990年代半ばまではSPF（Sprus-Pine-Firの総称で，ホワイトファー，ロジポールパイン，ホワイトスプルースなど）に大半を依存していたが，ウッド・ショックに連動してSPFラミナが暴騰したため，国内の集成材製造業界にとって大きな打撃になった。これを契機に，集成材製造業界ではホワイトウッドを中心とした北欧産ラミナへの転換が進んだのである。

　ホワイトウッドの文字通りの白一色のラミナは，無化粧用集成管柱製造にフィットしたものであったが，もう一つ集成管柱が大震災以降の構造材市場においてシェアを拡大した理由がある。それは，1994年にラミナを貼る水

性ビニールウレタンの接着剤が開発され，常温下30分で接着が可能になったことである。光洋産業㈱が開発したこの接着剤は，「戦後3大発明の一つ」（『日刊木材新聞』2001年7月6日付）と絶賛され，日本化学会化学技術賞をはじめたくさんの栄誉に輝いている。これは製造コストの軽減，生産性の向上に大きく寄与することになった。こうして，ホワイトウッドと水性ウレタン系接着剤の登場は，集成管柱の量産体制構築に大きく道を開いたのであった。

ホワイトウッド集成管柱の量産体制が整ったのは，月産5万本（1シフト）能力の大手5社（宮盛，菱秋［秋田］，十條集成材［富山］，長尾［大阪］，銘建工業［岡山］）が出揃った1995年である。前年の94年の集成管柱（無化粧）の国内生産量が1万9,891m³あったが，95年には4万3,686m³と2倍強の増加になった（日本集成材工業協同組合の集計による）。当時のホワイトウッド集成管柱の価格は約7万円（m³当たり），1本当たり約2,320円（1m³＝30.2本で計算）であった。これに対して，当時のスギ柱角の人工乾燥・モルダ掛けの価格が約6万5,000円（m³当たり），1本当たり2,150円であるから，ユーザーにしてみれば，耐久性・耐震性の面からは集成管柱がベターであるが，価格が高いというのが実感であった。それが，円高・ドル安の影響によって1本当たり2,000円を切る頃（1997年）から次第に市場に浸透していった。

2．メルトダウンの開始

こうして，わが国の柱角市場でホワイトウッドが次第にシェアを拡大し始めた1990年代後半，幸か不幸か国産材製材加工業界にとって棚牡丹のような出来事があった。1997年4月からの消費税アップに伴う，いわゆる駆け込み需要（消費税特需）による新設住宅着工戸数の増加であった（前掲図2-2参照）。ミニバブルともいわれたこの好況の中で，大半の製材加工業者は拡大する需要に追われて，出せば何でも売れる異様な状況になり（わが国の製材加工業にとって最後の好況期であった），生き残り策だったはずのスギの人工乾燥化や集成材化の課題はどこかへ飛んでしまった恰好になってしまった。こうした日本の木材業界を見透かしたかのように，北欧からホ

ワイトウッドが日本へ向けて輸出され始めたことは先述のとおりである。

そして,翌1997年には駆け込み需要の反動で住宅需要は急速に冷え込み(木造軸組工法住宅は1996年の61万9,000戸から97年の49万8,000戸に減少),さらにこれに追い打ちをかけるかのように北海道拓殖銀行や山一証券などの金融破綻を契機にメルトダウンが始まった。

この頃から製材工場では目に見えて製品生産量・出荷量が減少し(図2-

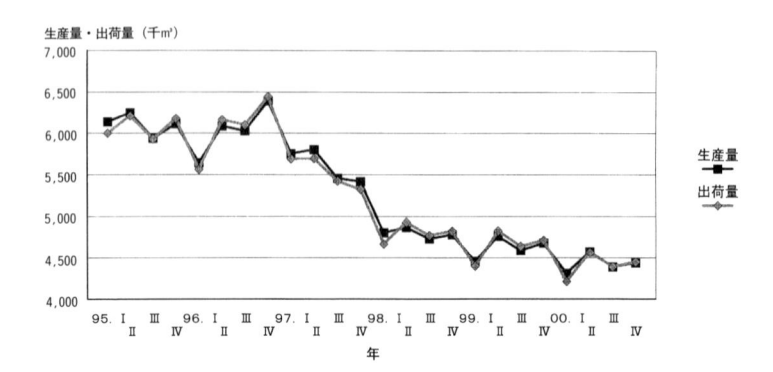

資料:農林水産省『製材統計』。
注:Ⅰ期→1～3月,Ⅱ期→4～6月,Ⅲ期→7～9月,Ⅳ期→10～12月。

図2-6 製材品の生産量及び出荷量の推移

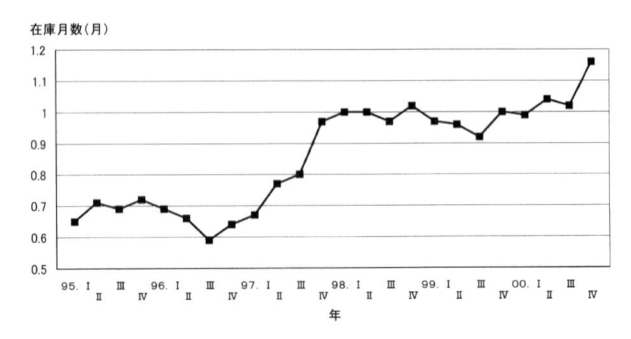

資料:農林水産省『製材統計』。
注:各期末の在庫量を先行3ヵ月の出荷量(平均値)で除した値。Ⅰ期→1～3月,Ⅱ期→4～6月,Ⅲ期→7～9月,Ⅳ期→10～12月。

図2-7 製材工場の製品在庫月数の推移

表 2-4 「品確法」の住宅性能表示制度 9 項目の内訳

表　示　項　目	表　示　の　意　味
① 構造の安全に関すること	地震時における建物の丈夫さ，地盤の安全度
② 火災時の安全に関すること	延焼に対する燃えにくさ
③ 劣化の軽減に関すること	腐朽に対する対処法，物理的耐久性
④ 維持管理への配慮に関すること	配管等の維持管理のしやすさ
⑤ 温熱環境に関すること	建物の遮断性のよさ
⑥ 空気環境に関すること	化学物質に対する建材類の使用度合い
⑦ 光・視環境に関すること	自然光の取り入れ度合い
⑧ 音環境に関すること	室内空間の静かさ
⑨ 高齢者等への配慮に関すること	加齢配慮の措置

出所：「品確法問題の解答（速報）」〔改訂版〕，ナイス㈱，2001 年 1 月，23 頁。
注：⑧は選択項目で表示するしないは任意。残り 8 項目は必ず表示。

6），その一方で在庫量を増やすという悪循環に陥ってしまった（図 2-7）。この結果，1997 年には 528 件であった木材・木製品関連業種の倒産は，翌 98 年には 741 件と一挙に跳ね上がっている（東京商工リサーチ調べ）。製材加工業界での撤退，倒産，転廃業は素材業にも波及した。皆伐跡地への再造林放棄が問題になり始めたのもこの頃からである。

こうしてスギ業界は，長引く不況と人工乾燥問題の先送りなどによって，大きくその力量を低下させてしまった。これにさらに追い打ちをかけたのが，「住宅の品質確保の促進に関する法律」（以下，「品確法」）である。「品確法」は 3 つの柱，すなわち，①瑕疵担保責任の充実，②性能表示制度の創設，③紛争処理体制の整備で構成されているが，スギの需要拡大と深い関わりがあるのが②の性能表示である。性能表示とは，簡単にいえば，住宅の諸性能を等級で表示することであり，表 2-4 のように 9 項目ある。スギの需要拡大にとっては，この影響がきわめて大きい。というのも，エンジニアードウッドとしてのスギ製材加工品の供給が難しいからであり，そのためスギの需要は目に見えて落ち始めている。そこで以下，スギが排除されている実態を 2，3 例示してみよう。

3. スギ材排除の実態

ナイス㈱は，戦後，製材品の市売を開始し，国産材の需要拡大に大きく寄与したわが国の市売問屋最大手であるが，1990年代に入ってスギ，ヒノキなどのウェイトを急速に減少させ，スギの場合，材積で92年の27.1％から99年の25.0％へ（表2-5），販売金額でも92年の26.6％から99年の20.2％へとダウンさせている（表2-6）。

次に，プレカット工場におけるスギの取り扱われ方を紹介する。ポラテック㈱のプレカット工場（茨城県岩井市）は，月間1万7,000～1万8,000坪（能力は2万3,000坪）のわが国最大のプレカット工場である。図2-8は，同工場におけるプレカット用の柱，梁の未乾燥材（グリン）率，人工乾燥材（KD）率，集成材率の推移を示したものである。同表からも明らかなように，わずか3年弱の間に急速に集成材化が進行したことがわかる。その一方で注目したいのは，柱の分野でKD化率が想像以上に増加していないことである。一般論としては，グリン→KD→集成材という順序が考えられるが，KDを越えて一挙に集成材化したというのが実態である。それでは，何故，KD柱角が思ったほどプレカット分野で浸透しないのであろうか。そこで，同工場においてスギKD柱角がどのように扱われているのかについて事例的に述べてみよう。工程は，産地から輸送されてきた柱角（KD）をモルダにかけ，それをプレカットに回す作業である。

① 産地の製材工場から送られて来た粗挽きの柱（107㎜）の梱包を解いて，モルダ掛け（105㎜に）する作業現場には，2人の従業員が配置されている。1人はモルダのオペレーターであり，もう1人は梱包から解かれた荒挽きの柱角を見ながら，節の有無，表面の腐れの状況，曲がりの程度，アテの有無などを綿密に確かめながら，プレカットに不適な材を撥ねる作業に従事している。この段階での撥ね率は「柱300本に対して10～20本」，つまり3.3～6.7％になる。

② モルダ掛けされた柱角は，さらに次の工程に回される。ここでは従業員1人が，年輪の状態，木目，曲がり具合などを入念にチェックして，住宅の平面図を見ながら，例えば，この柱角は押入の中，これは4畳半の和室などと，向き不向きの場所を選定してその部位を墨で書いていく作業である。

表2-5 ナイス㈱の市場営業部の樹種別販売材積のシェアの推移　　　　（単位：％）

樹種別	1992年	1993年	1994年	1995年	1996年	1997年	1998年	1999年
スギ	27.1	28.8	29.4	27.9	24.6	27.2	27.2	25.0
ヒノキ	9.0	9.1	9.2	9.0	8.3	8.8	8.0	8.2
その他国産材	1.8	1.8	1.3	1.0	0.9	1.1	1.2	1.1
国産材計	37.9	39.7	39.9	37.9	33.8	37.1	36.4	34.3
米ツガ	18.9	17.3	16.0	13.7	12.9	13.7	12.3	10.6
米マツ	25.3	23.8	24.2	25.5	27.6	24.3	23.0	24.4
エゾ	5.0	5.0	4.3	3.7	3.1	2.9	2.7	2.1
アカマツ	3.0	4.6	5.6	5.6	6.3	6.9	7.8	7.6
その他外材	9.9	9.6	10.0	13.6	16.3	15.1	17.8	21.0
外材計	62.1	60.3	60.1	62.1	66.2	62.9	63.6	65.7
合計	100.0	100.0	100.0	100.0	100.0	100.0	100.0	100.0

出所：『林経協月報』2001年4月号，4頁。

表2-6 ナイス㈱の市場営業部の樹種別売上金額のシェアの推移　　　　（単位：％）

樹種別	1992年	1993年	1994年	1995年	1996年	1997年	1998年	1999年
スギ	26.6	26.6	26.6	26.8	24.7	20.7	21.7	20.2
ヒノキ	22.1	21.9	22.0	20.8	20.3	19.0	17.4	16.8
その他国産材	2.3	2.3	2.3	2.4	1.9	1.8	2.1	1.8
国産材計	51.0	50.8	50.9	50.0	46.9	41.5	41.2	38.8
米ツガ	14.1	13.0	12.1	10.2	9.2	9.9	9.1	7.6
米マツ	18.9	17.8	18.1	19.0	21.5	18.8	18.8	19.2
エゾ	3.5	3.4	2.9	2.7	2.1	2.1	2.0	1.6
アカマツ	3.0	3.5	4.1	4.8	4.4	4.8	5.5	5.4
その他外材	9.5	11.5	11.9	13.3	15.9	22.9	23.4	27.4
外材計	49.0	49.2	49.1	50.0	53.1	58.5	58.8	61.2
合計	100.0	100.0	100.0	100.0	100.0	100.0	100.0	100.0

出所：『林経協月報』2001年4月号，4頁。

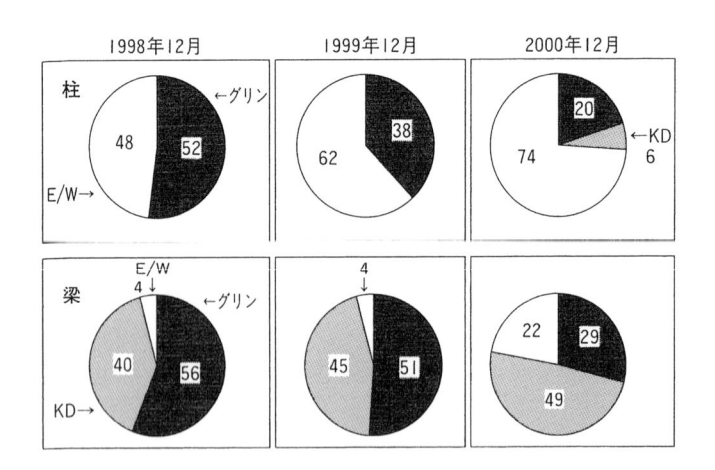

出所：遠藤日雄『スギの行くべき道』全国林業改良普及協会, 2002年, 68頁。
資料：『木材建材ウィクリー』No.1339, 日刊木材新聞社, 2001年3月。

図 2-8 ポラテック㈱プレカット工場における柱及び梁のグリン, KD, EW の比率の変化

以上の①, ②の工程において3名の従業員が必要であるが, 集成管柱の場合はこの作業工程はない。したがって, プレカット工場にしてみれば, スギを扱うことによってデメリット（コストの負担）が生じることになる。結局, スギ柱角は精度の面で集成管柱のそれをカバーできないのが実状である。

以上みたように, スギが急速に排除されているのは, 主として東京・首都圏市場を中心とした大都市圏市場である。特に, 東京・首都圏市場は世界有数の熾烈な競争が展開されている木材市場であり, ハウスメーカー, 工務店はもちろんのこと, 実際に家を建てる施主までも, 住宅に対して家電製品, 自動車並の精度を要求している。前出のポラテック㈱の話から, スギ柱（ムクの人工乾燥処理）に対するクレームを紹介すると, 上から錘を付けた糸を垂らして, 曲がった箇所との差が2mmあったらクレームの対象になる。また, たとえ表面含水率15％で仕上がっていたとしても, 後日, 割れが発生した場合はクレームになるケースが多い。加えて, スギ人工乾燥処理柱が輸入集成管柱よりも価格の面で高いという点に, 現在のスギ柱（ムクの人工

表 2 - 7 樹種別管柱の価格　　（単位：円／m³, 円／本）

樹　　種	m³当たり単価	1本当たり単価	備　　考
スギグリン	38,000	1,258	
スギ K D	48,000	1,589	
米ツガグリン	34,000	1,125	
米ツガ K D	42,000	1,390	
WW集成管柱	45,300	1,500	国内産
WW集成管柱	46,810	1,550	輸　入
スギ集成管柱	66,440〜69,460	2,200〜2,300	

資料：日刊木材新聞社からの聞き取り。
注：1）10.5cm角, 3mの問屋卸価格。
　　2）2001年10月現在の価格。

乾燥処理）の中途半端さがある。表 2 - 7 がそれを端的に示している。すなわち，スギ柱（人工乾燥処理）価格の居拠がホワイトウッド集成管柱に比べて同じ価格帯か，ともすれば高いのである。しかも，このスギ柱（人工乾燥処理）の弱点は，すべてについて含水率が 15 ％以下という保証がなく，製品によってバラツキが大きい。したがって，ユーザーにしてみれば，建築後のクレームを考えれば，スギ柱（人工乾燥処理）を使用したほうがメリットが大きいということになる。

4．産地と消費地の肉離れ

一方，こうした厳しい状況に対して，産地ではどのような対応をしているのだろうか。例えば，宮崎県東郷町にある耳川林業事業協同組合（8 森林組合と耳川林材振興事業協同組合で構成）の量産工場（年間原木消費量約 35,000 m³）では，3 m（径級 14〜18 cm 中心，一部 22 cm の中目材）の丸太を主体に柱，間柱などを製材し，そのうちの半分を東京・首都圏市場へ販売している。ここでは柱，間柱，小割もプレーナー掛けするため，製材歩止まりはよくて 64 ％，人工乾燥するともっと低くなるという（1 割分増しして乾燥するため）。需要の変化に対応する産地製材の苦悩が表れている。ただ最近の需要動向は（2001 年末現在），人工乾燥処理材よりもむしろグリン材（未乾燥材）のほうが売れているという。また，12 cm 角よりも 10.5 cm 角の

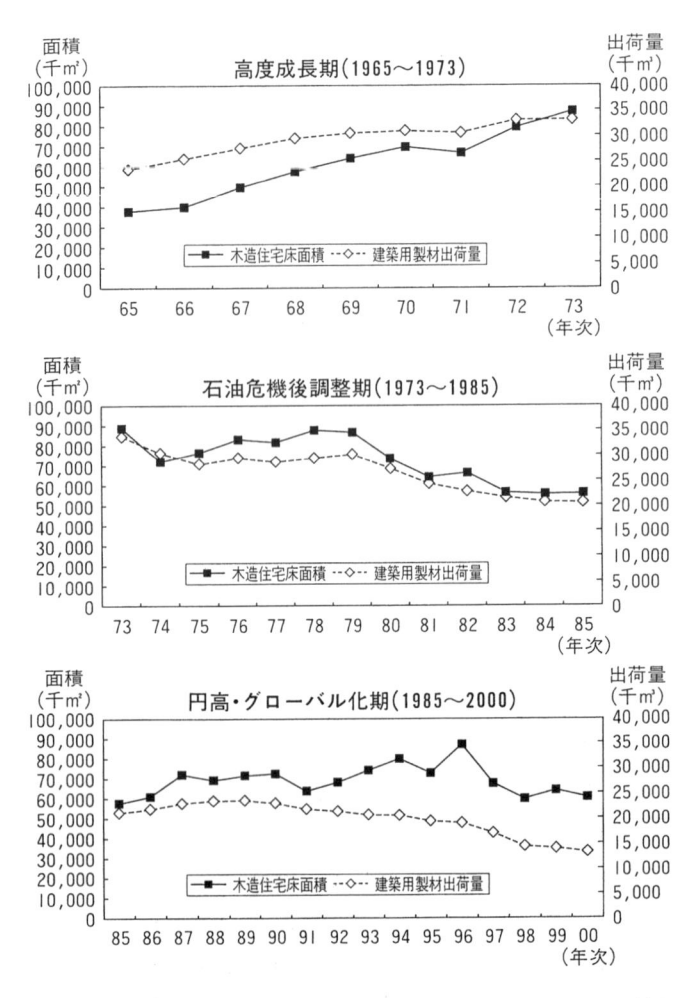

出所：遠藤日雄『スギの行くべき道』全国林業改良普及協会，2002年，74頁（原図は伊藤直之）。
資料：国土交通省『建築統計年報』農林水産省『木材需給報告書』。

図2-9 木造住宅床面積と建築用製材出荷量の推移

柱のほうが荷動きが良いという。前掲図2-9とも関連するが，産地サイドと東京・首都圏市場との需給の肉離れが進行しているのではないかと考えられる。

　もう一つ例を挙げよう。熊本県のある森林組合系統の量産工場は，年間13,000 m³の原木（スギ95％，ヒノキ5％）を挽き，製材品の6～7割を福岡市の製品市売市場へ出荷している（残りは佐賀県，熊本県へ）。典型的な既製品の市場出し工場であるが，天然乾燥，人工乾燥，未乾燥を問わず柱角が売れないのが実状である。にもかかわらず，工場は月23日きちんと操業している。正確にいえば，一般企業並みに操業短縮したいのは山々であるが，平常どおりの操業を余儀なくされている。そこには，林業構造改善事業などの補助事業を利用して設置（1993年設立）したため，利益よりも地場雇用を優先せざるを得ないという内部の事情があったからである。こうした悩みは，この工場に限らず，森林組合系統の工場ではよく見られるケースであるが，問題は，このような生産体制が，結局，需要動向と無関係に行われているところにある。こうした体質が結局のところ，スギ製材品の値下げにつながっている側面は否定できないのである。

5．柱角の供給過剰

　最後に，本章の課題であるスギ材価格下落の要因究明と関連させて，柱角の需給の現状について触れておくと以下のようになる。
　いま，わが国の木造軸組工法住宅の新設着工戸数を47万戸，また1戸当たりの管柱の使用量を70本（化粧柱は含めない。含める場合は1間で6～8本，2間で12～16本追加）とすると，47万戸×70本＝3,290万本となる。つまり，わが国には，約3,300万本の管柱の需要がある。この樹種別内訳を，大手ハウスメーカー，流通業などのデータを総合して計算すると，集成材約50％（首都圏では75％），スギ約30％，ヒノキ約10％，その他約10％になる。したがって集成管柱は，3,300万本×0.5＝1,650万本の計算になる。これに対して，国内の集成管柱メーカーの生産状況及び現地貼り集成管柱の輸入量は表2-8及び表2-9のようになっており，両者で約1,900万本となり，需給バランスから見れば年間250万本の供給過剰という計算に

表2-8 国内の集成管柱メーカーの生産量

（単位：万本, %）

メーカー	生産量	シェア
銘建工業	300	21.0
宮盛	240	16.8
菱秋	144	10.1
ナガイハン	120	8.4
院庄林業	84	5.9
長尾	84	5.9
伊藤忠	60	4.2
十條集成材	60	4.2
衣笠	60	4.2
常磐林業	36	2.5
その他	240	16.8
合計	1,428	100.0

資料：集成管柱製造業，大手ハウスメーカー，流通業などからの聞き取りによる。

表2-9 集成管柱（現地貼り）の輸入量の現状

（単位：万本／年）

メーカー	国名	輸入量
ヴィマー	ドイツ	144
ヘーゲンストラ	ドイツ	120
STSテクノウッド	ロシア	72
ダイキチグループ	スウェーデン	60
デローメ	スウェーデン	18
その他		60
合計		474

資料：集成管柱製造業，大手ハウスメーカー，流通業などからの聞き取りによる。

なり，これが集成管柱の価格ダウンの一因にもなり，ひいてはスギ柱角価格下落にもつながっていると考えられる。

むすび

　以上見たように，「失われた10年」とは「スギの失われた10年」でもあった。スギ材価格下落の最大の原因を簡単に整理すると，スギそのものがユーザーから見放されつつあること，つまり需要が減ることによって価格形成機能が弱まっていることである。その一方で，産地の製材，特に林業構造改善事業などの補助事業を利用して設置された大型量産工場が，需要動向に的確な対応をせずに製品を販売するため，供給過剰気味になって価格が下落したことも考えられる。この意味で，図2-9はきわめて興味深い。同図は，木造住宅床面積と建築用製材品出荷量（外材を含む）の相関を示したものであるが，高度経済成長期には両者の間に相関関係がかなりはっきりと表れて

いたものが，石油危機後の調整期でばらけ始め，1985年の「プラザ合意」以降の円高・グローバル期では相関関係がかなり希薄になっていることが読みとれる。つまり，需給の肉離れが生じていることを窺わせている。

このことは，製材品を不特定多数の顧客へ流すこれまでの市場構造が制度疲労を起こしていることを示唆している。別の見方をすれば，特定の顧客を対象とした個別市場を形成しなければスギ需要の回復の見込みは薄いといわざるを得ない。

（遠藤日雄）

注

1）古くは，第2次世界大戦直後の，戦災復興用の膨大な木材需要が発生して木材価格が上昇したときの大規模森林所有者のとったビヘイビア，いわゆる「伐り惜しみ」が，その好例であろう。そして，これに対する批判（アンチ・テーゼ）が，農林漁業基本問題調査会の「答申」で出された「家族経営的林業」であったことは周知のとおりである。

第3章　再造林放棄地の立地条件と植生の回復状況

はじめに

　九州各県をはじめ全国的に拡がりつつある再造林放棄地（以下，放棄地と記す）は，人工林の減少にともなう木材資源の減少ならびに森林の再生が行われないことによる水源涵養や土砂流出防止といった森林の公益的機能の低下をもたらすことが懸念されている[1]。今後この放棄地問題を考えていく上で，これらの懸念の真偽は非常に重要なことである。これまで，放棄地問題については社会科学的な研究[2,3,4]が行われているが，この懸念についてはほとんど言及されていない。したがってこの章では，これらの懸念の真偽について大分県が行った放棄地に関する調査資料ならびに筆者らの現地追加調査に基づいて検討を行うこととし，ここでの課題は以下の2点である。
　① 　大分県全域における放棄地の立地条件の把握
　② 　同放棄地の植生回復状況の把握
　第1の課題は，放棄地がどのような立地条件下のところに発生しているかについて把握するもので，それには地理情報システム（Geographic Information System：以下，GISと略す）を用いて，大分県全域の放棄地の把握を行う。第2の課題は，放棄地の現在の植生状況から森林の回復状態の把握を行うものである。

第1節　大分県の放棄地調査

　大分県は，1998年に全県レベルで「再造林放棄地実態調査アンケート」によって1993年（平成5年）以降の放棄地の実態調査を行っている。実際の調査は，各地域の森林組合に委託され，すべての放棄地について表3-1のような多項目について現地調査が行われている。これに加えて放棄地の位

第3章 再造林放棄地の立地条件と植生の回復状況

表3-1 調査項目

調査地住所	伐採時期	植生状態
所有者	伐採方法	表土流出
面積	搬出方法	問題点
保安林	搬出距離	隣接樹種
樹種		隣接林齢
林齢		所有形態
		隣接影響

表3-2 伐採箇所面積の推移

伐採年	箇所数	面積(ha)	平均面積(ha)
1993	15	25.3	1.7
1994	16	36.8	2.3
1995	28	62.6	2.2
1996	58	124.5	2.1
1997	78	136.5	1.8
1998	10	8.9	0.9
不明	6	11.8	2.0
合計	211	406.5	1.9

置も1/5,000の森林計画図上で把握されている。

このアンケート調査によって得られたデータをもとに各放棄地箇所数ならびに同面積を示したものが表3-2である。放棄地総数は211ヵ所、面積が406.5haで県全域に分布している。ちなみに、同調査による大分県の再造林放棄率は25.3％となっている。

各年の放棄地の発生状況は、98年が調査年度であることを考慮すると、1993年以降毎年放棄地の箇所数および総面積が増加していることがわかる。ただし、平均面積については、ほぼ2ha前後と大きな変化はない。

第2節 対象地域と調査方法

(1) 対象地域

放棄地の位置が示されている森林計画図を利用して、大分県全体の放棄地の分布図を作成した（図3-1）。図から明らかなように県全域に分布しているが、一様ではないことならびに立地条件の解析を行うには多大な労力と時間を要するため放棄地数が多く放棄地面積の大きい大田村、佐伯市、直川村、耶馬溪町の4市町村を選び、4市町村全体を大分県全域の代表とした。この対象地域内で発生している放棄地の立地条件の違いを把握することで、大分県内の放棄地の立地条件を明らかにする。

ここで対象地域の4市町村の特徴について簡単に触れておくことにする（表3-3）。大田村は再造林放棄率が56％と県内で最も高い。佐伯市および

第1編　再造林放棄の実態

図3-1　大分県内の放棄地の位置と立地条件の把握対象地
（1998年大分県再造林放棄地実態調査による）

表3-3　各市町村および大分県全体の放棄

	放棄地数	放棄地面積 (ha)	伐採地に対する 放棄率　(%)	再造林する意志 のある割合(%)
大　田　村	10	26.8	56.0	72.8
直　川　村	35	54.5	35.0	49.0
佐　伯　市	14	14.5	35.0	5.5
耶馬溪町	16	75.2	38.4	50.1
県　全　体	211	399.2	25.3	53.6

■ 現地踏査を行った放棄地

図 3 - 2　現地踏査を行った放棄地

直川村は，大分県内で最も主伐の盛んな地域であるが，県下の放棄地の28％がこの地域に存在し，放棄率は35％と県全体の平均よりも高い。佐伯市の再造林に対する意志は5.5％と特に低い。耶馬溪町は県内の主伐面積の22％を占め，佐伯地域と同様に主伐の盛んな地域であるが，県下の放棄地の31％を占め，放棄率は38.4％と県平均よりも高い。

(2) 調査方法

現地調査に基づく放棄地の植生状況の把握では，大分県の資料とGISを用い，放棄地の草本類・木本類の被覆度，クズの有無，タケ・ササ類の有無，斜面崩壊の有無について現地踏査（確認）を行い，さらに第2段階としてブラウン―ブラウンケ法に基づく植生調査を行った。植生回復状況の把握では，2001年8月から12月に現地踏査を行った86ヵ所のうち再造林が行われていなかった71ヵ所を対象とした（図3-2）。追加の植生調査は，2002年7月から開始し，現在も調査を継続中である。

第3節　使用システム，データおよび解析方法

使用したGISのソフトウェアは，TNTmips Ver. 6.5（米Micro Image社）である。使用データは以下に示す。各資料の詳細については，粟生裕美子[5]及び加治佐剛[6]（いずれも九州大学農学部卒業論文）を参照されたい。

① 再造林放棄実態調査アンケート：大分県，1998年
② 数値地図　50mメッシュ（標高）：国土地理院発行
③ 国土数値情報一般道路位置および国土数値情報行政界・海岸線：旧国土庁発行
④ 森林計画図：大分県。大田村（平成9年12月作成），佐伯市，直川村（同平成10年12月），耶馬溪町（同平成12年3月）
⑤ 自然環境情報GIS：環境庁（現環境省）自然保護局発行
⑥ 森林簿：大分県（作成年は森林計画図に同じ）

以上の資料から，最初に解析で使用する放棄地などの対象区のポリゴンデータと林道や主要道路のラインデータといったベクターデータの整備を行った。次に数値標高地図（DEM）を基に立地因子のラスターデータを作成した。そして，それらを重ね合わせて対象区ごとの立地条件ならびに植生回復状況の把握・集計を行った。立地条件の把握では人工林と伐採地，再造林地と放棄地で比較を行い，植生回復状況の把握では，現地踏査の結果をもとに植生状態から草本型と木本型に分類し，草本型と木本型で比較を行った。また，現地踏査からクズの侵入した放棄地，タケ・ササ類の侵入した放棄地を判断し，クズの侵入した放棄地と未侵入の放棄地，タケ・ササ類の侵入している放棄地と未侵入の放棄地で比較を行った。

立地条件を算出する際に必要となる主要道路と林道は，それぞれ国土数値情報の一般道路ならびに森林計画図に記載されている全幅員3.0m以上の林道である。さらに，立地条件を評価する指標として「地位指数」，「傾斜」，「林道からの距離」に着目した。ここで，地位指数は林地生産力（竹下，1964；寺岡ら，1991）を表す指標として用いた[7,8]。傾斜は作業の難易度を表す指標として用い，DEMを用いて，求めるセルの上下左右にあるセルの標

高差から算出した。林道からの距離は集材の容易性を表す指標[9,10]として用い，基礎情報として整備した林道に関するデータから TNT mips の Distance Raster 機能より林道からの距離を算出した。

次に，現地踏査に基づく解析で用いる地形因子は「伐採後の経過年数」，「主要道路からの最短距離」，「傾斜」，「斜面方位」，「標高」および「尾根からの距離」である。伐採後の経過年数については大分県の行った放棄地実態調査アンケートに記載されている伐採年度からの2001年までの経過年数である。斜面方位と標高は，DEM から算出したものである。それ以外の因子に関しては，先の方法と同様の方法で算出した。このように地形因子は，セルごとに DEM を利用して算出されているので，現実の計測値と完全に一致するものではない。特に傾斜などは現実の値よりも緩やかに推定されている。

第4節　立地条件の把握における集計・比較方法

対象区ごとに抽出したセルの値と個数をヒストグラムで表現し，そのヒストグラムの分布の位置と形状について Kolmogorov—Smirnov 検定（以下，K—S 検定と記す）を利用して比較・検定を行った。検定において必要な階級分けは，地位指数が1 m，傾斜が5度，林道からの距離が50 mとした。地位指数は，林分収穫表におけるスギの40年生の地位区分が3 mであり，地位区分を等分し小数以下を切り捨てて階級幅を1 mとした。傾斜は，一般的な区分は5度以下が平坦，5度から15度までが緩斜面，15度から30度までが中斜，30度から45度までが急斜，45度以上が急峻地となっているため[11]，5度の階級幅を用いた。林道からの距離は，林道計画において搬出機械の集材距離を考慮して等高線沿いに100 m間隔で林道を開設することがよく行われているため[12]，100 mを等分した50 mを階級幅とした。

次に，4市町村全体の再造林地と放棄地を評価因子である地位指数，傾斜，林道からの距離でクラスター化を行った。その際の評価因子は，再造林地・放棄地ポリゴンの平均値を用いた。

植生回復に関する評価因子の集計方法としては，放棄地ポリゴンに含まれる評価因子のセルの平均値をその放棄地の代表値とし，その値を用いて前出

のK—S検定を用いて分布の違いを検定した。実際の比較・検定は草本型と木本型のちがい，クズの有無，タケ・ササ類の有無の各場合について，伐採後の経過年数，傾斜，主要道路からの距離，標高，尾根からの距離，斜面方位のすべての因子で行った。

第5節 解析結果

(1) 4市町村全体の人工林と伐採地の比較

　4市町村全体の人工林と伐採地で，地位指数，傾斜，林道からの距離の3つの評価因子について比較・検定を行った結果，すべての因子について有意（有意水準5％）であった。つまり「人工林」と「伐採地」では場所的に違いがあることを意味している。

　これを詳細に見るために，相対度数分布および累積相対度数分布を図3-3に示す。地位指数は，人工林の平均値が22.0 mに対し，伐採地の平均値が21.2 mであった。また，相対度数分布を見ると人工林全体と比較して伐採地は地位の低い所に分布していた。各クラスの人工林に対する伐採地の割合を見ても地位の低い所が高くなっていた。累積相対度数分布を見ると分布の形状が異なっていることが明瞭である。傾斜の平均値は人工林が22.6度，伐採地が19.6度となっており，相対度数分布を見ると伐採地が人工林全体と比べて傾斜の緩やかな所に位置していることが確認できた。累積相対度数分布でも明らかに形状の違いが見られた。各クラスの人工林に対する伐採地の割合では右下がりの傾向にあり，傾斜が急になるにつれて伐採地が減少していることが示唆された。林道からの距離では人工林の平均値が198.0 mに対し伐採地のそれが134.8 mで，相対度数分布から伐採地が人工林全体と比べて林道から近い所に分布することが示された。各クラスの人工林に対する伐採地の割合は，林道から離れるにつれて低くなる右下がりの傾向を示した。

(2) 4市町村全体の再造林地と放棄地の比較

　4市町村全体の再造林地と放棄地で，地位指数，傾斜，林道からの距離の3つの評価因子について前項と同様に比較・検定を行ったが，有意差は認められなかった。つまり，再造林地と放棄地では発生する場所に違いはないこ

第3章 再造林放棄地の立地条件と植生の回復状況

(1) 地位指数

(2) 傾斜

(3) 林道からの距離

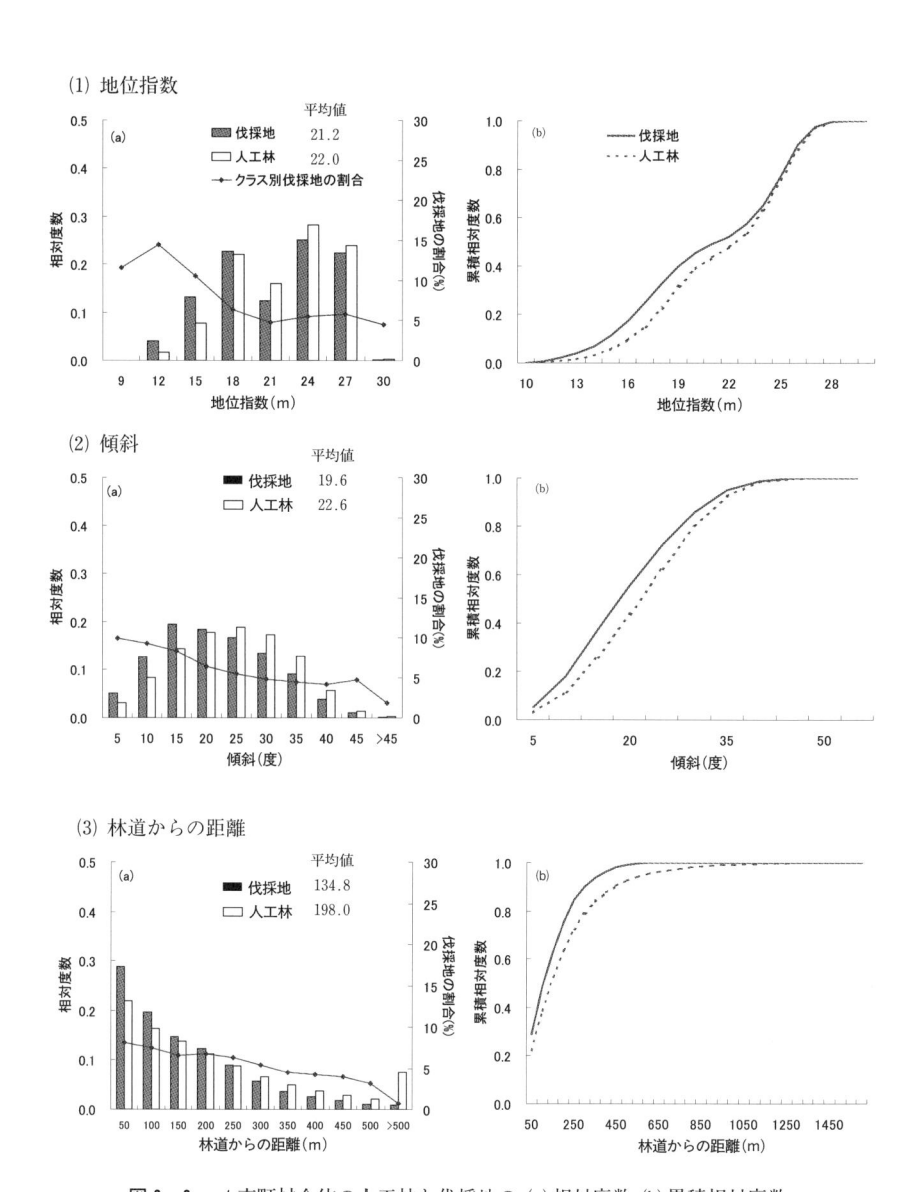

図3-3 4市町村全体の人工林と伐採地の (a) 相対度数 (b) 累積相対度数

(1) 地位指数

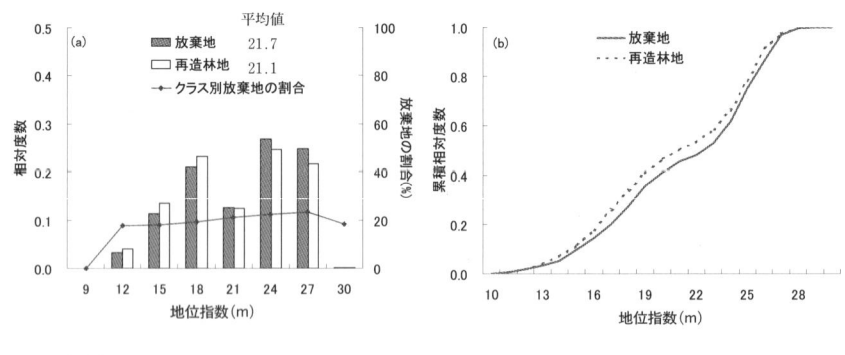

(2) 傾斜

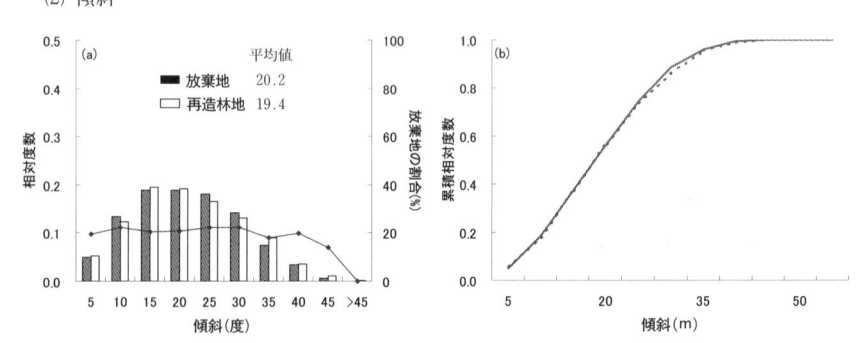

(3) 林道からの距離

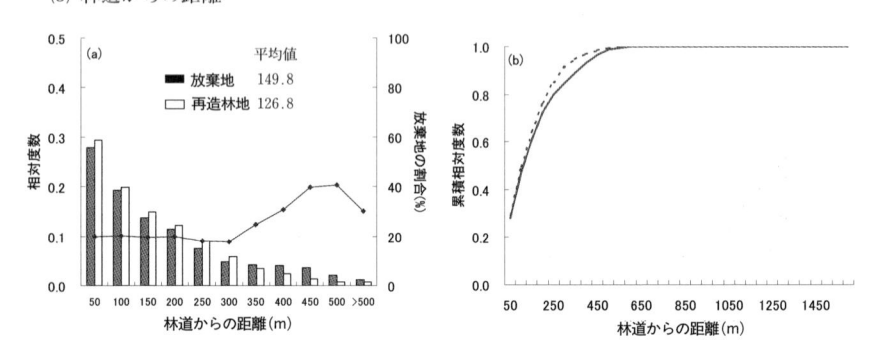

図3-4 4市町村全体の再造林地と放棄地の (a)相対度数 (b)累積相対度数

とを意味している。参考のために，図3-4に相対度数分布と累積相対度数分布を示す。地位指数と傾斜ではクラス別の放棄地の割合に変動が見られないため伐採地に対して放棄地が一様に分布していると考えられる。一方，林道からの距離ではクラス別の放棄地の割合が300mを超えた所から上昇しているため林道から離れた所の放棄率が高くなっていることが示唆された。

(3) クラスター分析による解析

4市町村全体の放棄地と再造林地を含めた伐採地についてクラスター分析を行った。クラスター分析の結果，伐採地を6個のクラスに分類することができた。各クラスの平均値を表3-4に示す。クラス1は，傾斜がやや急で林道から離れた所に位置している。クラス2は，地位がやや悪いが傾斜は緩やかで林道から比較的近い所に位置している。クラス3は，地位が良く傾斜も緩やかで林道からかなり近い所に位置している経済性の高い所である。クラス4は，地位がやや悪く林道からもかなり離れている経済性の低い所である。クラス5は，地位はやや良いが傾斜が急な作業の困難な所である。最後のクラス6は，地位が悪いが傾斜がかなり緩やかで林道から近い所となっている。図3-5に放棄地と再造林地の各クラスの相対度数分布を示しているが，放棄地はクラス2とクラス3の割合が高くなっている。クラス2は傾斜が緩やかで林道から近く，クラス3は地位が高く傾斜も緩やかで林道から近い所であり，両クラスとも経済性の高い所である。再造林地はクラス2の割合が最も高く，次にクラス5（地位が高いが急傾斜地）で高くなる結果となった。また，再造林地は，クラス1やクラス4といった立地条件の悪い所

表3-4 クラスター分析による各クラスの評価因子ごとの平均値と放棄地数

クラス	地位指数 (m)	傾斜 (度)	林道からの距離 (m)	放棄地
1	21.4	19.4	224.4	10
2	20.3	16.6	79.5	20
3	23.8	15.5	48.3	18
4	20.7	18.5	404.7	9
5	22.6	26.6	107.0	13
6	17.3	10.8	83.1	7
総計	21.2	18.6	120.7	77

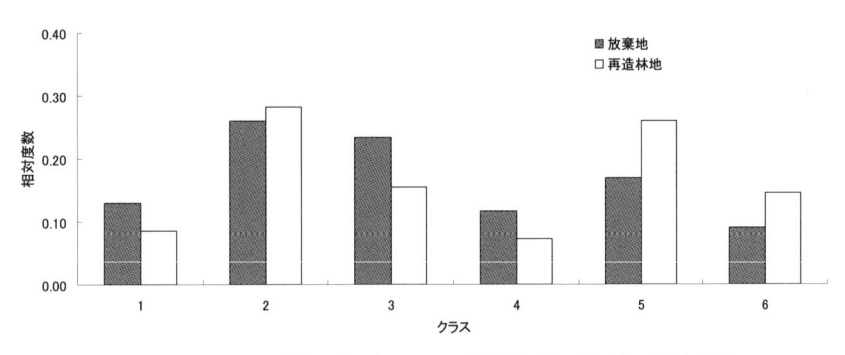

図 3-5　クラスター分析による各クラスの再造林地と放棄地の相対度数

の割合は低くなっていた。クラスター分析の結果から放棄地は立地条件の良い所に分布することが示唆された。

(4) 植生回復状況

植生回復に関する評価因子の草本型と木本型での比較・検定を行った。その結果，伐採後の経過年数に有意差（有意水準5％）が認められたが，その他の地形因子については認められなかった。統計的に有意であった伐採後の経過年数では，草本型が経過年数の短い所に木本型が経過年数の長い所に分布しており，植生が順調に遷移していることを示唆する結果となった。

(5) クズの侵入

クズの侵入した放棄地は現地踏査を行った放棄地の内15ヵ所であり，大分県北西部に多く分布していた。クズの侵入した放棄地と未侵入の放棄地で比較・検定を行ったが，すべての因子について有意差は見られなかった。しかし傾向としては，標高では400ｍ未満に分布，特に100ｍから200ｍ，斜面方位では南向き，傾斜では10度以下にそれぞれ多く，尾根からの距離では100ｍから150ｍ，200ｍから300ｍが多く，主要道路からは近い所に分布する傾向が見られた。経過年数を見ると伐採後5年経った所に多く分布していた。

(6) タケ・ササ類の侵入

タケ・ササ類の侵入した放棄地は現地踏査を行った放棄地の内17ヵ所あ

り，大分県北東部，国東半島周辺に多く分布した。タケ・ササ類の侵入した放棄地と未侵入の放棄地で比較・検定を行ったが，すべての評価因子で有意差は認められなかった。しかし傾向としては，タケ・ササ類の侵入した放棄地は，標高の低い所，特に 200 m から 300 m，斜面方位では北東や南東向き，傾斜では 15 度から 20 度にそれぞれ多く，経過年数では伐採後 4 年経った所に多く分布していた。

先のクズの場合と同様に今回用いた地形因子ではタケ・ササ類の立地条件を把握することはできなかった。これらを明らかにするにはより多くのサンプルが必要であると思われる。

(7) 斜面崩壊

今回調査を行った 71 ヵ所の内，斜面崩壊が見られたのは 4 ヵ所のみであった。これら 4 つの斜面崩壊は放棄地内の小さな崩壊であり，現状では放棄地に大きな斜面崩壊はほとんどないことが確認された。ちなみに，大分県が行った放棄地調査でも表面流出について調査が行われているが，「表面流出あり」とするのは 211 ヵ所中でわずかに 3 例のみであり，そのうちの 2 例は伐採前から存在していたとの記述がある。同調査は最大で放棄後 5 年，我々の植生調査でも最大 9 年のデータであるが，この期間での斜面崩壊および表面浸食・流出の危険性は非常に小さいと思われる。

(8) 森林の再生

植生の回復では，経過年数とともに草本から木本へ遷移していることが示唆された。したがって，次には森林が再生するかに問題が絞られてくる。そこで現在，現地踏査を行った 71 ヵ所の放棄地のなかから任意にブラウン―ブラウンケによる正確な植生調査を行っている。現在のところ，調査箇所数が 13 点と少ないので統計的な検定等はできないが，全体の傾向としては，現地踏査で草本型と分類されたものでも植生調査の結果，木本が多く成育していることが判明した。具体的には，上層にはアカメガシワ，クサギ，カラスザンショウ，ヌルデ等の埋土種子によって繁殖するとされている先駆性樹種が多く成育し，中層にはシロダモ，リョウブ，カナクギノキ，ケクロモジがあり，それに混じってあるいは下層にヒサカキ，ネズミモチのような常緑の樹種も見受けられた。さらに，上層から下層までの全層の樹木および草本

によって地表面はほぼ100％被覆されており，雨滴等による土壌表面の浸食も考えにくい状況であった。

　放棄地の植生回復に関する研究は，熊本県の林業研究指導所の横尾謙一郎らによっても継続的に行われている。同県の場合は，一つの放棄地あたりの面積が大きいため，一つの放棄地内の地形によって植生回復に差があるかについて調査を行っている。それによれば，放棄後の経過年数（1〜4年）にともなって植生が草本から木本へと遷移していく結果が得られている[13,14]。また，集材直後に表土が剝がれた林地での調査も行い，表土が剝がれていないところよりも植被率が小さく，先駆性樹種が多く見られたことを報告している[15]。一方，大分県の林業試験場の高宮・諫本らは，台風被害後の植生の回復に関する研究を行っており，それらの私信によれば植生の回復は草本から木本へと向かっている傾向は同じであるが，その後の森林の遷移については周辺の植生状態が大きく影響するのではないかとの見解が示された。同様に，上中作次郎は台風被害後1年目の調査結果を明らかにしており[16]，それによれば「全体的に，植生の回復は順調で，植被率は平均60％に達していた。植生回復の観点からいえば，被害後2年目でほぼ全面緑に覆われるであろうが，より公益性の高い森林，経済価値のある森林へと順調に推移しているかというと，否定的な群落内容であった」としている。上中はこの報告書の中で，天然林伐採跡地における遷移系列を提示しており，今回我々が行った放棄地の植生調査結果はこの遷移系列と同様の傾向であった。この上中の説に従えば，放棄地は約100年でウラジロガシ，イチイガシおよびタブ等の林にもどることになる。しかし，これは台風被害後1年目の結果による見解であり，その後については研究が見あたらない。

おわりに

　本章では，再造林放棄地問題を論ずるときに常に唱えられる，人工林の減少にともなう木材資源の減少ならびに森林の再生が行われないことによる水源涵養や土砂流出防止といった森林の公益的機能の低下をもたらすとの懸念の真偽について，現存する調査資料および現地調査結果に基づいて検討を

行ってきた。

　その結果，第1の課題である放棄地の立地条件に関しては，放棄地は立地条件の良い所に分布することが示唆され，持続的かつ効率的な木材資源の確保を考えた場合，問題となることが明らかとなった。仮に放棄地が森林に戻ったとしても，経済性の低いものになる可能性が高く，その意味でも木材資源の低下は避けられないと考えられる。

　第2の課題の森林の再生が行われないことによる水源涵養，土砂流出防止等の公益的機能の低下については，放棄後9年までの調査結果ではあるが，放棄後の年数の経過とともに荒れ地から草本，草本から木本への植生回復が認められ，かつ土壌の表面流出ならびに斜面崩壊もほとんどないという結果となった。さらに他県で行われている研究でも概ね同様の傾向であった。したがって，現段階では公益的機能の低下の可能性は少ないと考えられる。

　今回の分析で植生の回復は順調であることが示されたが，これがどのような森林への再生に繋がるかについては今のところ不明である。放棄地によっては下層に常緑樹種の侵入も見られることから，伐採後の年数経過とともに緩やかに森林へと戻っていくものと思われる。前出の上中『植生回復』[17]は成熟林への遷移は100～数百年先になるとしている。しかし，すべての放棄地が森林に戻るのではなく，そこにはいくつかの問題が待ち受けている。

　その問題とは，①鹿の食害，②多年生つる植物（クズ等）の侵入繁茂，③タケ・ササ類の侵入繁茂であろう。鹿の食害の例は奥多摩地方で観察されたが，頭数密度が高くなると食圧が非常に高くなり，結果として鹿の嗜好に合わない植物のみが残され貧相な植生となり，森林の回復が阻害される。つる植物とタケ・ササ類の侵入繁茂は，現在，森林管理が行われなくなった里山の問題であるが，放棄地へのそれらの侵入は通常の森林の場合よりも容易であると考えられるので，この対策は重要である。しかし一方で，これらの問題はすべての放棄地で発生するものではなく地域性があることも事実であろう。

　今回，放棄地にまつわる懸念の検証を行ってきたが，放棄地が立地条件の良いところに発生していることは予想通りであったが，植生の回復については予想に反し，その場所の自然条件にしたがって植生の回復が確実に進行し

ている結果となった。多様な森林の重要性が叫ばれる中，多少樹種数が少ないもののいわゆる「天然更新」によって植生が回復していく様子は非常に自然な状態であると筆者らの目には映った。現在行っている放棄地の植生調査時に，皆伐をした林の一部分を再造林し，残りを放棄した場所が数ヵ所あったので，放棄地と同時に再造林地における調査を行った。草本を含めて目的樹種以外のものがすべて排除された造林地と複数の種類の木本と草本からなる放棄地とは植生の観点から考えると見事なまでに好対照であった。

　これまで，木材生産のみを唯一の目標として作り上げられてきた画一的な造林・育林の手法を基礎に置く森林経営が成り立たないことを真摯に受け止め，木材資源の持続性，経済性とともに森林の多様性が求められる現在，今後重要度を増すと思われる人工林施業の根本的な見直しが必要な時期に来ていると筆者らは考えている。

謝　辞

　本研究の遂行にあたって，大分県庁には放棄地に関する貴重な資料ならびに森林簿や森林計画図といった基礎情報を快く提供していただいた。ここに記し，心より感謝を申し上げる。

　本論は，九州大学大学院農学研究院森林資源科学部門森林制御学講座森林計画学研究室において行われた粟生（2001）および加治佐（2002）の研究成果に，吉田らが行った現地植生調査結果を追加し，吉田が加治佐（2002）の文章をベースに再構成ならびに修正・加筆したものである。したがって，この研究を進めるにあたっては本研究室の学生諸君をはじめ，森林資源科学部門の事務の方々にもいろいろな面でご協力を頂いた。

　最後になったが，植物標本の同定には井上晋，玉泉幸一郎の両博士，現地調査では保坂武宣技官と長島敬子博士の協力によって正確な植生調査の実行が可能となった。ここに改めて心から御礼を申し上げる。

（吉田茂二郎）

引用文献

1) 堺　正紘「スギ林業・望まれる森林資源管理の社会」『山林』3，2000年，27〜33頁。
2) 大分県「造林放棄地調査委託事業」（調査報告書），大分県林業水産部森林保全課，

1988 年。
3) 西岡理恵「九州大学農学部林政学教室卒業論文」九州大学，2000 年。
4) 尾形美香「九州大学農学部林政学教室卒業論文」九州大学，2000 年。
5) 粟生裕美子「九州大学農学部林学第一教室卒業論文」九州大学，2001 年。
6) 加治佐剛「九州大学農学部森林計画学教室卒業論文」九州大学，2002 年。
7) 竹下敬司「山地の地形形成とその林業的意義」『福岡林試時報』17, 1964 年，1～118 頁。
　　田中　豊・脇本和昌『多変量統計解析法』現代数学社，京都，1983 年。
8) 寺岡行雄・増谷利博・今田盛生「森林経営のための地位指数推定方法―地形図上で判読可能な地形因子による樹高推定―」『九大農学芸誌』45, 1991 年，522～530 頁。
9) 佐野　真「GIS の利用例―奥定山渓国有林における事例―」『北方林業』48, 1996 年，12～15 頁。
10) 横山　智「GIS を活用した台風による森林被害分析の試み」『GIS―理論と応用』7, 1999 年，11～18 頁。
11) 井上由扶『森林経理学』地球社，東京，1974 年，175 頁。
12) 上飯坂　實『現代林学講義 5　林業工学』地球社，東京，1990 年，56 頁。
13) 横尾謙一郎「未更新林分の森林への誘導について」『熊本県林業研究指導所業務報告書』1999 年，31～32 頁。
14) 横尾謙一郎「未更新林分の森林への誘導について」『熊本県林業研究指導所業務報告書』2000 年，22～23 頁。
15) 横尾謙一郎「未更新林分の森林への誘導について」『熊本県林業研究指導所業務報告書』2001 年，15～16 頁。
16) 上中作次郎「台風 19 号被害跡地における植生回復の実態と予測―被害後 1 年目の調査結果から―」『大分県森林被害復旧総合対策検討委員会報告書』大分県，1993 年，163～179 頁。
17) 上中，前掲書。

参考文献
石井　進『生物統計学入門』培風館，東京，1975 年。

第4章　森林組合アンケートにみる人工林施業放棄の実態
―「人工林における森林施業の放棄に関するアンケート調査（1999年）」より―

はじめに

　当調査は1999年6月，九州大学農学部持続型森林経営研究会（代表：堺正紘）が，人工林における森林施業放棄の実態を把握することを目的として，全国13道県の全森林組合を対象に行ったものである[1]。本章では，調査結果をもとに主に次の3点について考察する。第1に，森林組合はどの程度，人工林施業放棄を把握しているか？　第2に，人工林施業放棄地を多く持つ森林組合はどのような特徴を持つか？　第3に，人工林施業放棄の現れ方に地域性はあるか？

　なお，本アンケートは，森林組合への調査であることから，次のような限

表4-1　アンケート調査実施状況

地　区	道　県	設立登記組合数	配　布　数（組合）	有効回答数（組合）	有効回答率（％）
総　　計		468	449	311	69.3
北 海 道	北 海 道	148	144	86	59.7
東北・関東	岩 手 県	28	28	20	71.4
	栃 木 県	21	15	12	80.0
中部・近畿	三 重 県	13	13	10	76.9
	兵 庫 県	52	52	35	67.3
四　　国	高 知 県	35	33	28	84.8
北 部 九 州	福 岡 県	37	37	25	67.6
	佐 賀 県	16	12	9	75.0
	長 崎 県	16	16	16	100.0
南 部 九 州	熊 本 県	30	30	19	63.3
	大 分 県	13	13	11	84.6
	宮 崎 県	25	23	17	73.9
	鹿児島県	34	33	23	69.7

資料：設立登記組合数は，全国森林組合連合会『森林組合統計』平成9年度版による。

界を持つ。まず，森林組合が把握している現状についての質問であるため，森林組合の事業が不活発で事態を把握していない場合，実態が数字に表れない。また，組合ごとに組織・事業規模に大きな差があるため，同じ1組合の回答であっても，同じ重みで処理することの困難性がある。従って，道県別に集計するとつぶされてしまう組合個別の回答をなるべく活かした記述を心がけた。本調査を手がかりに，補足的に個別調査を行うなどの利用によって，有効な実態把握に資することができると考えられる。

調査の実施状況は表4-1の通りである。全国の地区別に，北海道，東北・関東，中部・近畿，四国から各々1ないし2県を任意に選び，九州については1995年に実施した調査の継続及び追加調査を行う目的で全7県について実施した。各道県の森林組合連合会から取り寄せた名簿をもとに，449組合に直接郵送し，311組合から直接郵送にて回収した（有効回答率69.3％）。なお，1997年度における同13道県の設立登記組合数は468組合（全国森林組合連合会編『森林組合統計』平成9年度版）である。

第1節　森林組合の認識と定量的把握

1．再造林放棄

まず，「0.1ha以上の皆伐跡地が再造林されないまま3年以上放棄されているものがありますか」という問いに対し，「時折見かける」52％（162組合）という回答が最も多く，「あまりない」が35％（109組合），「たくさんある」が11％（35組合）であった。「時折見かける」と「たくさんある」をまとめると，6割以上の組合が管内の再造林放棄地の存在を認識している。

表4-2は，道県別の再造林放棄地数，合計面積の集計結果である。これによると，再造林放棄地数は，13道県で761ヵ所，2,217ha，1ヵ所当たり面積は2.7haである。放棄地数は83組合，放棄面積は85組合が定量的に回答したが，「（放棄地が）たくさんある」とした35組合のうち，半分近くの17組合が放棄地数面積を回答していない。

道県別には，放棄地数が最も多いのは北海道で295ヵ所，865ha，ついで宮崎県の143ヵ所，375ha，熊本県の105ヵ所，278ha，岩手県の50ヵ所，

表4-2 道県別再造林放棄の実態と組合による定量的回答

	放棄地数 (箇所)	合計面積 (ha)	1ヵ所当 たり面積 (ha)	定量的回答 (組合)	「たくさんある」 回答 (組合)	「たくさんある」 うち回答なし (組合)
北 海 道	295	865	2.9	24	13	7
岩 手 県	50	159	3.2	5	3	2
栃 木 県	—	35	—	1	0	0
三 重 県	8	18	2.3	3	1	1
兵 庫 県	30	65	2.2	9	4	2
高 知 県	49	295	6.0	9	3	1
福 岡 県	27	74	2.7	11	2	0
佐 賀 県	11	8	0.7	2	0	0
長 崎 県	6	5	0.8	2	2	2
熊 本 県	105	278	2.6	9	4	1
大 分 県	23	25	1.1	3	1	1
宮 崎 県	143	375	2.6	5	1	0
鹿児島県	14	15	1.1	2	1	0
計	761	2,217	2.9	85	35	17

159 ha, 高知県の49ヵ所, 295 haの順に多い。

2. 保育放棄

次に,「10年生以下の人工林で保育放棄のため成林の見込みのないものがありますか」という設問である。「あまりない」としたものが48％（148組合），ほぼこれに並んで「時折見かける」が47％（145組合），「たくさんある」が5％（17組合）である。「時折見かける」または「たくさんある」と答えたのは52％（162組合）に達し，大分県（82％, 9組合），長崎県（75％, 12組合），鹿児島県（70％, 16組合）では7割を超えている。

表4-3は, 1と同様に, 10年生以下の人工林で保育放棄のため成林の見込みのないものがあるとした組合に, 保育放棄地数, 合計面積の把握できる分を記入してもらった結果である。

保育放棄地数は, 13道県で407ヵ所, 1,760 ha, 1ヵ所当たり面積は4.3 haである。放棄地数は40組合, 放棄地面積は41組合が回答したが,「(放棄地が) たくさんある」とした17組合のうち8組合が放棄地数, 面積を回答

表4-3 道県別保育放棄の実態と組合による定量的回答

道府県	放棄地数 (箇所)	合計面積 (ha)	1ヵ所当たり面積 (ha)	定量的回答 (組合)	「たくさんある」回答 (組合)	「たくさんある」うち回答なし (組合)
北海道	242	1,468	6.1	10	5	4
岩手県	28	27	1.0	3	1	0
栃木県	5	4	0.8	1	0	0
三重県	15	27	1.8	1	1	0
兵庫県	14	9	0.6	6	4	3
高知県	60	30	0.5	7	0	0
福岡県	6	70	11.7	6	2	1
佐賀県	6	5	0.8	1	0	0
長崎県	—	—	—	0	2	0
熊本県	14	41	2.9	3	0	0
大分県	17	26	1.5	2	0	0
宮崎県	—	55	—	1	0	0
鹿児島県	—	—	—	0	2	0
計	407	1,760	4.3	41	17	8

注：合計面積は小数点以下四捨五入のため，合計値が一致しない。

していない。なかでも北海道は5組合中4組合，兵庫県は4組合中3組合が回答していない。この原因として，特に把握する必然性を認識していないこと，造林放棄地に比べ保育放棄地はその評価が難しいことなどが考えられる。

道県別には，保育放棄地数が圧倒的に多いのは造林放棄と同様，北海道で242ヵ所，1,468 haである。ついで高知県の60ヵ所，30 ha，岩手県の28ヵ所，27 haなどとなっている。

3．他用途転用後放棄

「他用途転用のために人工林が伐採され，3年以上放棄されているものがありますか」という設問である。「あまりない」とした回答が最も多く79％（246組合），ついで「時折見かける」が17％（53組合），「たくさんある」が2％（5組合）である。「たくさんある」とした組合はすべて北海道に含まれている。

表4-4は，1，2と同様に，前問で他用途転用のために人工林が伐採さ

表 4-4　道県別他用途転用後放棄の実態と組合による定量的回答

道府県	放棄地数 (箇所)	合計面積 (ha)	1ヵ所当たり面積 (ha)	定量的回答 (組合)	「たくさんある」回答 (組合)	「たくさんある」うち回答なし (組合)
北 海 道	119	465	3.9	6	5	3
岩 手 県	7	4	0.6	2	0	0
栃 木 県	―	―	―	0	0	0
三 重 県	3	13	4.3	1	0	0
兵 庫 県	2	3	1.5	1	0	0
高 知 県	3	2	0.7	1	0	0
福 岡 県	6	11.5	1.9	4	0	0
佐 賀 県	―	―	―	0	0	0
長 崎 県	1	3	3.0	1	0	0
熊 本 県	2	7.5	3.8	2	0	0
大 分 県	―	―	―	0	0	0
宮 崎 県	―	―	―	0	0	0
鹿児島県	―	―	―	0	0	0
計	143	509	3.6	18	5	3

れ，3年以上放棄されているものがあるとした組合に，保育放棄地数，合計面積の把握できる分を記入してもらった結果である。

　転用後の放棄地数は13道県で143ヵ所，509haが回答されている。中でも面積的に飛びぬけて大きいのは北海道の119ヵ所，465haである。転用後の放棄地が「たくさんある」と回答している組合は北海道のみで，このうち3組合は，「たくさんある」とはしていても具体的なデータは示していない。転用後の放棄地数，面積を定量的に回答した組合は311組合のうち18組合だった。「たくさんある」としながら具体的データは現場レベルにおいても即座には出てこないことが窺える。

第2節　人工林施業放棄が目立つケース

1．再造林放棄地数の上位組合

　森林組合管内の再造林放棄地の面積，件数を組合レベルで見て，全国的に上位に挙がる組合には何らかの特徴があるのだろうか。

表 4-5 再造林放棄地数が 10 ヵ所以上のケース

	放棄地数 (箇所)	放棄面積 (ha)	1ヵ所当 たり面積 (ha)	所在道県	組合による認識	木材取扱量 (m³)
1	100	150	1.5	宮崎県	時折見かける	11,818
2	52	90	1.7	北海道	時折見かける	19,388
3	50	150	3.0	北海道	たくさんある	1,167
4	50	200	4.0	北海道	たくさんある	7,652
5	30	15	0.5	岩手県	たくさんある	9,733
6	30	50	1.7	北海道	時折見かける	18,236
7	25	114	4.6	熊本県	たくさんある	1,478
8	20	10	0.5	宮崎県	たくさんある	5,213
9	20	10	0.5	熊本県	たくさんある	3,371
10	20	25	1.3	熊本県	時折見かける	10,872
11	20	50	2.5	北海道	たくさんある	886
12	20	100	5.0	高知県	たくさんある	10,032
13	15	50	3.3	熊本県	たくさんある	3,273
14	13	12	0.9	宮崎県	時折見かける	12,194
15	12	57	4.8	北海道	時折見かける	5,716
16	10	2	0.2	大分県	あまりない	1,672
17	10	3	0.3	大分県	時折見かける	1,450
18	10	5	0.5	北海道	時折見かける	10,280
19	10	10	1.0	鹿児島県	たくさんある	2,287
20	10	15	1.5	高知県	時折見かける	4,671
21	10	20	2.0	北海道	たくさんある	0
22	10	30	3.0	北海道	時折見かける	664
23	10	50	5.0	岩手県	時折見かける	22,495

　表 4-5 は，組合レベルで 10 ヵ所以上の再造林放棄地があるとしたケースを放棄地数降順に並べたものである。10 ヵ所以上の放棄地があるとした組合は，北海道 9 組合（以下単位省略），熊本県 4，宮崎県 3，岩手県・高知県 2，鹿児島県・高知県 1 で，林業県に集中している。100 ヵ所の放棄地があるとした宮崎県の N 森林組合は，スギ一般材産地として全国屈指の生産量を誇る流域に含まれる組合である。

　各々の組合の木材取扱量（販売事業取扱量＋林産事業取扱量）は，10,000 m³ 以上の組合が 23 組合中 8 組合（34 ％）あり，当調査回答組合における同

レベルの組合が22％であるのに比べて構成比が高い。木材生産の活発な組合においても再造林放棄が広がっていることが推測できる。

2．人工林皆伐後の状態について

(1) 皆伐後の植林

「最近数年間に人工林を皆伐したあとは植林されていますか」という設問である。これに対し，「ごく一部を残し植林されている」と答えたものが最も多く，45％（139組合），次いで「植林されているが，未植林地も目立つ」が25％（79組合），「すべて植林されている」が10％（31組合）である（表4－6）。一方，「半分以上が放棄されている」が8％（26組合），「殆どすべてが放置されている」が3％（10組合）である。「植林されているが，未植林地も目立つ」または「半分以上が放棄されている」「殆どすべてが放置されている」「判らない」の否定的項目を合わせると，38％（118組合）にのぼる。

道県別には，熊本県で58％（11組合），岩手県で55％（11組合），高知県で46％（13組合），大分県で45％（5組合），北海道で44％（38組合）などとなり，林業生産が活発な県でこの傾向が目立つ。

(2) 皆伐後放置

前述の設問で「殆どすべてが放置されている」と回答した組合について見ておこう。

表4-6 「最近数年間に人工林を皆伐したあとは植林されていますか？」

	すべて植林されている	ごく一部を残し植林されている	植林されているが未植林地も目立つ	半分以上未植林のまま放棄	殆どすべてが放置	皆伐跡地がない	判らない	その他	無回答・不明	計	
			①	②	③		④				①②③④
実数(組合)	31	139	79	26	10	18	3	2	3	311	118
構成比(％)	10	45	25	8	3	6	1	1	1	100	38

注：合計を100とした構成比である。

当項目を選択回答した10森林組合の所在は，兵庫県，北海道に3件，岩手県，高知県に2件である。この10組合のうち，前述の放棄地件数及び面積を回答しているのは，組合B（7件，14 ha）と組合D（1件，2 ha）のみである。人工林皆伐跡地が放置されていても，実際に定量的回答を寄せた組合が極めて少ないことから，調査票レベルで森林組合に施業放棄の現況を尋ねることの難しさがわかる。

当項目を回答した10森林組合は，表4-7に見るように，正組合員数150人そこそこで，民有林カバー率も4割に満たず，事業量も殆どない組合（H, I, G）から，Aのように，正組合員2,826人，常勤職員32人，木材取扱量等の事業量も大きな組合まで，それぞれ大きな差があり，共通する特徴を摑むことはできない。I組合のように事実上の休眠組合が置かれた人工林管理が今後大きな課題に直面すると考えられる一方で，A組合のように大きな組織と事業量を持った組合が置かれていても地域の人工林再生産がサイクルを失った状態に陥っているケースもある。総じて，森林組合の組織・事業には関わりなく，地域の人工林施業放棄が進行していることが窺えるのである。

表4-7 「人工林皆伐後殆どすべてが放置」と回答した組合

	正組合員数（人）	正組合員率（％）	組合員面積（ha）	民有林カバー率（％）	払込済出資金（千円）	常勤職員数計（人）	木材取扱量（m³）	新植面積（ha）	保育面積（ha）	所在道県
A	2,826	96	—	—	139,940	32	24,000	37	1,100	岩手県
B	1,905	100	7,047	94	9,900	3	942	25	271	兵庫県
C	1,503	87	7,765	69	3,848	3	7,341	19	270	兵庫県
D	657	100	6,158	83	17,135	3	1,074	10	246	高知県
E	616	96	15,420	52	87,020	12	10,026	53	879	岩手県
F	442	100	7,717	83	21,104	3	1,767	16	459	兵庫県
G	338	81	2,581	47	12,599	1	—	—	25	高知県
H	150	50	1,000	20	2,500	3	—	—	—	北海道
I	79	6	524	37	789	0	—	2	66	北海道
G	53	98	—	—	710	1	—	7	66	北海道

注：1）民有林カバー率＝組合員面積／民有林面積×100
　　2）正組合員率＝正組合員数／組合員数×100
　　3）木材取扱量＝林産事業量＋販売事業量
　　4）「—」は無回答

(3) 素材生産と放置林

表4-8は,「森林資源に見合った素材生産が行われていますか」と「最近数年間に人工林を皆伐した後は植林されていますか」「0.1 ha以上の皆伐跡地が再造林されないまま3年以上放置されているものがありますか」との2つの設問に対する回答のクロス集計結果である。これによって,素材生産を活発に行っておきながら,人工林皆伐後の植林が行われていない森林組合に見当をつけることが可能である。

素材生産は「十分」,または「どちらかといえば十分」と回答した組合について,最近数年間に人工林を皆伐した後,「半分以上が未植林のまま」,または「殆どすべてが放置されている」と答えた組合は5組合で,また,0.1 ha以上の皆伐跡地が再造林されないまま3年以上放置されているものが,

表4-8 素材生産と皆伐後の状況 (単位:組合)

	素材生産						
	①十分	②どちらかといえば十分	③どちらかといえば不十分	④かなり不十分	⑤判らない	⑥その他	計
皆伐後植栽							
①すべて植林		1	13	10	1	1	26
②ごく一部を残して植林	3	24	64	42	4	1	138
③植林されているが未植林地もめだつ	4	9	24	35		4	76
④半分以上が未植林		4	12	7	1		24
⑤殆どすべてが放置		1	3	3			7
⑥皆伐跡地がない		2	5	8	1		16
⑦わからない					1		1
⑧その他			1	1			2
計	7	41	122	106	8	6	290
皆伐後放置							
①あまりない	2	16	47	34	8	2	109
②時折見かける	5	19	63	60	11	4	162
③たくさんある		6	12	12	4	1	35
計	7	41	122	106	23	7	306

表4-9　素材生産は活発だが皆伐後放置が目立つ組合

	木材取扱量(m³)	新植面積(ha)	保育面積(ha)	正組合員数(人)	組合員面積(ha)	民有林カバー率(%)	払込済出資金(千円)	常勤職員数計(人)	林家の間伐	林家の土地売却要望	道県名
A	50,975	56	880	917	9,961	49	90,334	8	③	①	北海道
B	20,042	50	1,271	506	—	—	71,107	5	④	③	北海道
C	10,032	68	923	2,681	14,905	96	45,276	10	④	②	高知県
D	7,652	16	91	459	4,059	72	15,627	3	④	③	北海道
E	3,920	2	76	199	2,239	79	5,345	3	④	⑤	北海道
F	3,371	7	599	600	7,437	79	32,592	7	②	③	熊本県
G	1,074	10	246	657	6,158	83	17,135	3	③	③	高知県
H	903	4	123	448	3,754	3	5,787	1	④	③	北海道

注：1）木材取扱量＝林産事業量＋販売事業量
　　2）民有林カバー率＝組合員面積／民有林面積×100
　　3）「人工林自力間伐林家はあるか」→②かなりの林家が実行，③一部の林家が実行，④2，3の林家が実行
　　4）「人工林立木販売の時に林家の土地売却要求があるか」→①殆どの林家が要望，②かなりの林家が要望，③一部の林家が要望，④2，3の林家が要望，⑤まったくない
　　5）「―」は無回答

「たくさんある」とした組合は6組合，このうち両者に属するのが3組合で，どちらかに属するのは8組合で，その所在地は，北海道5組合，高知県2組合，熊本県1組合である。

　素材生産が活発に行われているが，皆伐跡地が放置されているこれらの組合は，素材生産活動主体に対し土地保有（所有）側がかなり経営マインドを後退させていると考えられる。

　素材生産は活発だが，皆伐後放置が目立つ8組合の組織・事業概況ならびに林家の意向は，表4-9の通りである。北海道のA組合は，木材取扱量50,000 m³を超す事業量を持ちつつも，殆どの林家が人工林の立木販売の際に林地売却を要望していると回答している。高知県のC組合も，10,000 m³以上の木材取扱量を持ちながら，2,700名近くいる正組合員のうち，かなりの林家が同様に林地売却を要望していると回答している。

　熊本県のF組合は，このような状態下で，かなりの林家が人工林の間伐を自力で行っていると回答している。地域の林業が資源状況を悪化させつつある一方で，木材販売になんらかの期待を寄せざるをえない山間条件不利地

第3節　発現形態の地域性

1．再造林放棄の潜在性

「人工林皆伐の理由として最も目立つもの」として7つの選択肢を設けた。調査票に挙げた選択肢は，所有サイドか利用サイドか，再造林放棄予備軍か再生産活動を伴うものかという2つの軸で，図4-1のように分けることができる。

まず，所有サイドの要因として，「負債整理」，「災害跡地整理」，「計画的伐採」，「結婚・進学等の出費」が挙げられる。一方，利用サイドの要因として，「開発対象地となった」，「業者の勧め」が挙げられる。「農地転用」は，所有権移転を伴う場合がありうるため，所有・利用どちらのサイドにも位置付けられる。

「農地転用」および「開発対象地になった」は，明確な利用目的を持つケースであるため，再造林放棄予備軍にあえて含める意義は小さい。ただし，転用目的が挫折すれば広大な伐採跡地が残されることにもなる。「業者の勧

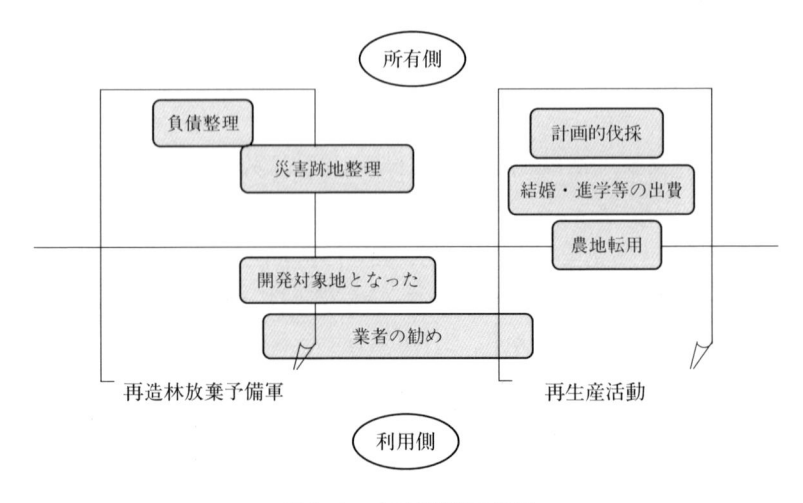

図4-1　人工林皆伐の要因

め」によるものは，伐採業者が再造林まで責任を持つか否かによって，伐採を通じて地域の経済循環を作り出す再生産活動にもなりうるし，逆に一方通行の収奪にもなりうる。「計画的伐採」および「結婚・進学等の出費」については，森林所有者の森林管理サイクルの一局面であり，跡地への造林は行われていることが前提とされる。

残る「災害跡地整理」と「負債整理による」ものであるが，「災害跡地整理」は，災害の規模や種類，復旧助成金の有無などによって，跡地処理に大きな差が生まれる。「負債整理による」ものは，所有者サイドの事情から森林が皆伐されるもっとも消極的な木材生産と位置付けられ，再造林放棄予備軍に含めてよいと考えられる。

2．皆伐の理由

設問に対する回答を点数化した結果[2]，配点の高い順に，「業者の勧め」（3.7），次いで「負債整理」（3.5）である。前者が利用側の事情，後者は所有側の事情であるが，いずれも所有者側からみれば消極的な皆伐理由であり，再造林放棄問題をひき起こす要素を含んでいる。次いで，林家側の事情のなかでも「結婚・進学などの臨時支出」（2.9），「林業経営における計画的な適期伐採」（2.7）という，積極的側面を表すもの，「開発対象地」（2.6），「災害跡地の整理」（2.3）の順に挙げられる。

南九州の林業県である熊本・大分・宮崎の3県について概観すると，熊本県では，「負債整理」，「業者の勧め」，「結婚・進学等の出費」，大分県では，「負債整理」，「業者の勧め」，「災害跡地整理」，宮崎県では，「負債整理」，「結婚・進学等の出費」などの順に目立つ項目となっている。一方，北海道について配点の高い順にみると，「業者の勧め」，「計画的伐採」，「負債整理」，「開発対象となった」，「農地転用」，「結婚・進学等の臨時出費」，「災害跡地整理」となった。総じて，九州では川上側（所有）の差し迫った事情，北海道では川下側（利用）の事情で人工林が伐られていることを反映していると考えられる。

第4節　まとめと考察

はじめに述べた3点の課題について、まとめと若干の考察を加えておきたい。

第1に、「森林組合はどの程度人工林施業放棄を把握しているか」という点については、定量的に回答した組合が非常に少なかった。「時折ある」「たくさんある」として存在を認識している組合のうち、定量的回答を寄せたのは、再造林放棄地については44％、保育放棄地については26％、他用途転用後放棄地については31％であった。当項目への回答率が低かった理由として次のことが考えられる。把握しているが単に回答しなかった場合と、実際に把握していなくて回答できなかった場合であり、後者の場合、詳細な現状把握に努める必要がないと考えていることも推測できる。地域の森林の番人であるべき森林組合が、施業放棄を認識しつつもきちんとした把握に努めていないとすれば、地域森林管理上の課題そのものが投げ出されたままになっていることが懸念される。

第2に、人工林施業放棄地を多くもつ森林組合はどのような特徴があるかという点については、組織・事業規模の違いによる際立った特徴はないと考えられる。事実上の休眠状態にある組合から、組織規模も事業量も大きな広域合併組合まで含まれ、これだけで特徴を捉えることはできず、地域の置かれた状況等を総合して判断する必要がある。ただ、再造林放棄を定量的に捉えている森林組合のなかには、木材取扱量10,000 m³を超え、全国的に名の通った新興林業地帯に含まれるケースも目立った。これらを、事業量、組織力ともに高い位置付けにありながらも地域林業は再造林放棄問題を抱えているケースと捉えるか、むしろきちんと現状を把握して事態打開に努めていると捉えるか、現地での実態調査を含めた評価が必要である。

第3に、人工林施業放棄における地域性という点では、九州における所有側（川上）の事情、北海道における利用側（川下）の事情という点が注目される。なぜ皆伐地が現れ、なぜ造林されずにいるのか、という事情は、各地域社会における林業の位置付けと大きく関わってくると考えられる。

人工林施業放棄（特に再造林放棄）地が多く現れているという事実は、当

調査結果を待たずとも関係者にはある程度周知の事実であろう。そのメカニズムを明らかにし、適切な処方箋を描くためには、名目上は林地に最終的な責任を持つとされる森林所有者、現実の放棄局面で絶対的な決定要因となる素材生産者、その市場を形成している川下加工資本、これらを含めた地域林業構造の理解が必要となる。この点については、各地域の事例調査を参考にしたい。

(山本美穂)

注及び参考文献

1) 単純集計結果等の詳細は、平成11～13年度科学研究費報告書「林家の経営マインドの後退と森林資源管理の社会化に関する研究」(課題番号11306011) 205～242頁を参照のこと。なお、当アンケートの設計および回収に関して、住友生命財団(代表：平野秀樹)、文部科学省科学研究費(代表：堺　正紘)の助成を受けた。アンケートの集計に関しては、尾形美香氏(九州大学2000年3月卒)の協力を頂いた。

2) 山本美穂「人工林皆伐跡地をめぐる土地利用の諸相―北海道における再造林問題―」熊本学園大学経済論集、第7巻第1‐4合併号、2001年、189～204頁。

第5章　再造林放棄問題の諸相

第1節　大分県南部流域
―――森林施業担い手の存在と再造林放棄の併存―――

はじめに

　周知のように，わが国の林業は厳しい環境下におかれてきたが，近年は厳しさがさらに増してきている。外材が8割も占める段階にきており，全国的にも木材価格は低迷を続け，国産材生産量も減少傾向を辿っているのが現実である。さらに近年の大きな変化として，プレカット加工の進展と乾燥材使用の普及，それに伴う外材集成材の需要増大が挙げられるが，その影響をまともに受けてスギグリーン材の売れ行きが不振，さらにヒノキ材も需要が減少し，スギ，ヒノキともに大幅な価格下落となっているのが現状である。

　そのような中で，特に九州のスギ素材価格は下落し，さらに立木価格は大幅に下落してきており，立木代収入が再造林投資額を下回り，そして近年ではその立木代がゼロに近くなる状況にまでなってきている。そのため，一部自家労働によって森林管理を継続している林家も存在するが，多くの林家は経営意欲を失ってきており，なかには森林を土地ぐるみ売却，あるいは売却を希望する林家が増加してきているといわれている。さらに，皆伐跡地に再造林をしない，あるいは出来ない林家が現れ始めているのが現状である。全国の中でも林業生産活動が活発といわれている大分，熊本，宮崎各県においてそのような状況が生じており，今後の森林の保育・管理体制に重大な問題が生じつつある。造林補助金を前提にしても再造林が困難な状況にもなっているのであるが，それは，わが国の森林管理が危機的状況に陥ってきていることの象徴的な現れともいえよう。

　そこで，本節では林業生産活動が活発な大分県の南部流域に焦点をあて，再造林放棄（再造林未実施）の現状，林家の対応状況を明らかにし，今後の

森林管理のあり方について検討したい。

1. 大分県南部流域の特徴

　大分県の林業といえば藩政時代から続いている日田林業が有名であるが，南部流域は戦後の植林地域で，いわゆる後進林業地域である。しかし，オビスギ系の品種であるため，通直で，成長が速いのが特徴である。そして，林業地域としての面積が広大で，蓄積量も確実に増大してきており，日田林業を脅かす存在に成長してきているのが南部流域林業である。九州では宮崎県の耳川流域林業に次ぐ新興林業地域といっても過言ではなかろう。南部流域林業は，製材加工産地としての脆弱さから脱け出せないでいるが，注目すべき存在に成長してきた林業地域である。

　大分県南部流域は，佐伯市を中心に1市5町3村で構成され，漁村部から山村部までを含む，総面積90,305 haと広大な面積を擁する地域である。そのうち森林面積は78,794 haで，林野が87.3％を占め，耕地は2.8％と少なく，佐伯市の中心部を除けば林野が大半を占める山村地域である。そしてその中でも南部流域林業の中心は，沿岸部の町村を除いた佐伯市，弥生町，本匠村，宇目町，直川村の1市2町2村である。また，宇目町，本匠村，弥生町では乾椎茸の生産が活発に行われてきたことが特徴点として挙げられる。

　保有形態別森林面積を構成比で示すと，国有林が18.4％，県営林が1.2％，林業公社が3.4％，緑資源公団が10.0％，その他が67.0％となっており，国有林と公団造林が比較的多いのが特徴である。中でも公団造林は大分県の公団造林総面積の56％を占めており，公社造林と合わせて機関造林の多い地域となっている。

　民有林64,313 haのうち人工林は35,811 haで，人工林率は55.7％であるが，山村部の直川村（74.4％），本匠村（64.5％）では特に高い人工林率に達している。人工林のうちスギが74.7％，ヒノキが21.0％で，スギが4分の3を占めている。

　南部流域は戦前から木炭の一大産地であったので，戦後もしばらく木炭の生産が行われていた。木炭の生産が衰退するにつれてスギの人工造林が本格化していったことから，当流域の人工造林の歴史は新しいといえる。いわゆ

る戦後造林地域である。しかし，その戦後の植林木がすでに伐期を迎えてきているのが南部流域の現状なのである。

　人工林の齢級別面積をみると，7齢級がピークをなしているが，20年生以下が17.3％，21～30年生が26.7％，31～40年生が34.4％，41年生以上が21.7％となっており，利用間伐以上の林分が大半を占めている。南部流域ではスギの成長が速いため，20年生以上になると十分利用間伐ができるとともに，35年生前後で主伐可能林分となる。従って，人工林の4～5割は主伐可能林分ということになろう。成長が速いため，強度の面では弱点ともなるが，材積的にはかなり優位に立てる産地ということができよう。

　ところで，私有林の所有規模は南部流域においても零細である。森林所有規模別構成比をみると，1ha未満が63.9％，1～5haが25.4％，5～10haが5.5％，10～50haが4.8％，50ha以上が0.4％となっており，10ha以下の零細規模所有者が94.8％を占めているのである。そして，これら小・零細規模の森林所有者の自家労働力を中心にして植林がなされてきたのであり，それらの林分が現在伐期を迎えているのである。

　また，在村所有者は86.0％を占め，県外に在住の村外所有者は3.6％と少なく，在村所有者が多いのが特徴である。

2．南部流域林業の展開

　南部流域は戦後植林地域であるため，素材生産，製材加工が本格的に行われるようになるのは，人工林資源の成熟を待たねばならなかった。従って，製材工場は地場の大工・工務店を相手にした零細規模の工場が大半であり，また素材生産業者も，国有林や公団造林に依存した一部業者を除けば，それら製材工場に納入する零細規模の業者が大半であった。

　当流域で素材生産活動が活発化してくるのは，人工林が間伐期を迎える1980年代に入ってからである。既存の製材工場が目立った動きを見せない中で，森林組合が林業構造改善事業を導入しながら，素材の流通・加工対策に乗り出したのである。

　まず，合併前の6森林組合が連合会を設立して87年に小径木加工の佐伯加工場を設置した。そして，90年に南部流域の6組合が広域合併し，その

後92年に宇目共販所，93年に宇目加工場，本匠杭工場，99年にはプレカット工場を設置するとともに県森連から佐伯共販所を引き継ぐことになった。当初，小径木は価格の高い日田市場へと流れていたが，地元で流通・加工の体制を築かなければならないというのが関係者の願いであり，森林組合がその任を負うことになったのである。そのため，佐伯広域森林組合は間伐材の流通・加工に着手し，さらに中目材を対象にした流通・加工体制の整備，そして建築部材加工の分野まで事業範囲を拡大してきたのである。当組合は広大な面積の南部流域の森林管理から素材生産・流通・加工までを担う中心的存在に成長し，全国でも有数な組合として知られるようになっている。

ところで，南部流域の素材生産量は資源の成熟化に伴い増加し，95年には15万余m^3となったが，その後減少傾向にあり，99年には12万m^3弱となっている。5年平均では13万2,000m^3となっているが，そのうち宇目町が40％と大きな部分を占めているのが特徴である。また，森林組合の林産事業量は5年平均で約1万9,000m^3で，全体の14％を占めているが，残りの86％は素材業者や林家等による生産である。

当流域には木材協同組合の原木市場と合わせて3市場があるが，その市場の5年平均の取扱量は木協佐伯市場が約2万6,000m^3，森林組合佐伯共販所が約2万1,000m^3，同宇目共販所が約4万9,000m^3で，合計9万6,000m^3となっており，流域で生産される素材の大半が地元の市場を経由する構造が出来上がってきている。

ここで注目しておかなければならないのは，宇目共販所に出荷される素材のうち森林組合が15％，素材業者が20％，林家が65％の割合であるという点である。すなわち林家による自伐材の出材が大きな部分を占めている事実である。この自伐材の出荷は特に宇目町の林家が大半を占めているといわれている。宇目町の素材生産量が最も多いが，それも林家の自伐に支えられているからである。そして，宇目共販所もその自伐材の出荷に支えられているのである。椎茸価格が下落する中で，山林収入依存を強めざるを得ない林家によって，間伐を中心に自伐・出荷が続けられているのである。

99年時点の国産材専門工場は24工場あり，原木消費量は6万7,000m^3で，そのうち森林組合の工場が2万8,000m^3，43％を占めている。しかし，流

域の素材生産量の約半分が原木のまま流域外に流出する構造にある。

　また，間伐による素材供給量が大きな部分を占めているが，皆伐によるものもかなりの量と推定される。南部流域は以前から皆伐の多い地域である。台風等被害地を除く再造林面積をみると，96 年 79 ha，97 年 94 ha，98 年 60 ha，99 年 41 ha というように，面積的には減ってはきているもののかなりの面積の再造林が行われているのである。そして，新植及び保育については，林家の自家労働によるか，自家労働ではできない部分については森林組合に委託する方法で手入れが行われてきた。公団，公社造林についても森林組合が受託している。基本的にはその構造が継続されているが，後述するように，再造林をしないケースが出てきていることもあり，これまでの森林管理の構造が崩れる可能性が出てきているともいえよう。

　上述のように，南部流域では戦後造林木の成熟化につれて，人工林造成段階から生産・流通・加工段階へと移行し，森林組合を基軸にした森林・林業の再生産構造を確立してきた。そして，日田林業を脅かす林業地域にまで発展してきたのである。

　しかし，特に 91 年の台風災害後の素材価格下落と低価格水準の固定化のなかで，再造林ができない，あるいは再造林をしないという林家が現れ始めており，南部流域林業にも転機が訪れている。2000 年の南部流域の平均素材単価は 1 万 3,000 円／㎥を割っており，素材生産費用と運賃，市場手数料を差し引けば，森林所有者の手元にはいくばくも残らない状況になっている。すなわち，いくらかでも手元に残ったにしても，とても再造林を行う費用は出てこない。従って再造林はできないというわけである。

　何らかの資金が必要だから伐採し，販売するわけで，あくまで再造林費用を捻出するための販売ではないので，再造林費用としては造林補助金に期待するしかないことになる。しかし，造林補助金のみでは再造林費をまかなうことはできないわけであるから，自家労働によるか後年度に費用を投じることができなければ，再造林を放棄してしまわざるを得なくなるのである。南部流域においても，このような事態に直面しているのである。

3．再造林放棄の現状と特徴

　再造林がなされないまま放置されている山林が見られるようになったとの声が，90年代に入って多く聞かれるようになった。九州では決して台風災害跡地だけの問題ではなかった。林野庁はそのような事実をみとめようとしなかった時期である。

　大分県はそのような情報がどこまで事実で，どの程度まで進展しているのか，その実態を把握すべく，実態調査に乗り出すことになった。

　実態調査は1998年度に行われた。調査は93～97年度の5年間に主伐（皆伐）された林地を対象に，どのように伐採され，その後植林されているか否か，また所有者の伐採動機，今後の意向などについて，森林組合を通じて現状把握の悉皆調査を実施した。その結果，大分県下全域では主伐は3,098件（所有者2,737人），1,580 haであり，そのうち再造林が実施されていないのが212件，187人，399 ha（25.3％）とかなり多いことが判明したのである。皆伐面積も多いが，再造林未実施面積も4分の1に達していたのである。

　表5-1-1は，県下全域の皆伐跡地について再造林実施済と未実施別に皆伐年度ごとに示したものである。特徴点をみると，皆伐した件数，所有者数，面積ともに増加傾向を示していること，そして再造林未実施についても同様に増加傾向を示していることである。皆伐面積のうち3割前後が再造林されていない事態が生じているのである。これは，伐採したら当然植林するものという一昔前の森林所有者の常識が今崩れようとしている現れと受け止めざるをえない調査結果ではなかろうか。

　その実態を数値的にみると，次のような特徴点が指摘できる。皆伐件数は93年度の648件から97年度には1,006件へ，また皆伐面積は93年度の205 haから97年度には560 haへと増加している。木材価格が低迷する中で，全国的には多間伐，長伐期を志向する傾向が強まっているとされているが，皆伐が増加している。再造林投資が困難になっているという状況下で，皆伐を回避するのがこれまでの所有者の行動様式と考えられていたが，大分県では逆に皆伐を増加させているのである。

　その一方で，皆伐跡地を植林しない再造林未実施の件数，所有者，面積ともに増加しているのが現段階的特徴となっている。再造林未実施件数は93

表 5-1-1　大分県の主伐面積と再造林実施の有無の現状

(単位：件，人，ha)

年度	項　目	件数	未実施率	所有者数	未実施率	面積	未実施率	1ヵ所当たり面積
1993	再造林実施済	630		543		188.1		0.30
	再造林未実施	18		15		16.9		0.94
	計	648	2.8%	558	2.7%	205.0	8.2%	0.32
1994	再造林実施済	268		221		92.5		0.35
	再造林未実施	26		25		46.7		1.79
	計	294	8.8%	246	10.2%	139.1	33.5%	0.47
1995	再造林実施済	416		381		151.7		0.36
	再造林未実施	33		31		71.6		2.17
	計	449	7.3%	412	7.5%	223.3	32.1%	0.50
1996	再造林実施済	637		566		349.7		0.55
	再造林未実施	64		58		103.0		1.61
	計	701	9.1%	624	9.3%	452.7	22.8%	0.65
1997	再造林実施済	935		839		399.3		0.43
	再造林未実施	71		58		161.1		2.27
	計	1,006	7.1%	897	6.5%	560.4	28.7%	0.56
合計	再造林実施済	2,886		2,550		1,181.2		0.41
	再造林未実施	212		187		399.2		1.88
	計	3,098	6.8%	2,737	6.8%	1,580.4	25.3%	0.51

参考：再造林実施の1ヵ所当たり面積 0.41 ha　　1人当たり面積 0.46 ha
　　　再造林未実施の1ヵ所当たり面積 1.88 ha　　1人当たり面積 2.13 ha
資料：大分県林業水産部「造林放棄地調査報告書」より作成。

年度の18件から97年度には71件へ，その面積は17 haから161 haへと大きく増加しているのである。また，1ヵ所当たりの再造林未実施面積も，93年度の0.94 haから拡大傾向を示し，97年度には2.27 haと大規模化している。皆伐面積に占める再造林未実施面積の割合は必ずしも増加してはいないが，1ヵ所当たりの再造林放棄面積が拡大してきているのである。

表5-1-2 大分南部流域の主伐面積と再造林実施の有無の現状

(単位：件，人，ha)

年度	項　目	件数	未実施率	所有者数	未実施率	面積	未実施率	1ヵ所当たり面積
1993	再造林実施済	144		126		41.8		0.29
	再造林未実施	14		11		11.1		0.79
	計	158	8.9%	137	8.0%	52.9	21.0%	0.34
1994	再造林実施済	70		61		15.3		0.22
	再造林未実施	13		12		15.2		1.17
	計	83	15.7%	73	16.4%	30.5	49.9%	0.37
1995	再造林実施済	112		101		38.9		0.35
	再造林未実施	15		12		21.0		1.40
	計	127	11.8%	113	10.6%	59.9	35.0%	0.47
1996	再造林実施済	148		135		58.8		0.40
	再造林未実施	19		17		22.8		1.20
	計	167	11.4%	152	11.2%	81.6	27.9%	0.49
1997	再造林実施済	153		149		50.5		0.33
	再造林未実施	24		13		40.7		1.70
	計	177	13.6%	162	8.0%	91.2	44.6%	0.52
合計	再造林実施済	627		572		205.4		0.33
	再造林未実施	85		65		110.8		1.30
	計	712	11.9%	637	10.2%	316.2	35.0%	0.44

参考：再造林実施の1ヵ所当たり面積 0.33 ha　1人当たり面積 0.36 ha
　　　再造林未実施の1ヵ所当たり面積 1.30 ha　1人当たり面積 1.70 ha
資料：大分県林業水産部「造林放棄地調査報告書」より作成．

　5年間平均でみても，再造林を実施した1ヵ所当たりの面積が0.41 haであるのに，未実施の場合は1.88 ha，1人当たり面積も実施済みが0.46 haであるのに対して，未実施が2.13 haと，ともに未実施の方が4.6倍広い面積となっているのである．まとまった資金が必要なので広い面積の皆伐をするが，その跡地は再投資の資金がないので放棄しておく，そのような所有者が

増加してきていることを窺わせるのである。

　ところで，再造林放棄の実態を森林組合管轄地域別にみると，再造林放棄件数では佐伯広域の85件，下毛郡の32件，竹田直入の21件の順，放棄面積では下毛郡の125 ha，佐伯広域の111 ha，日田市の37 haの順，未実施面積率では西高の56.0％，下毛郡の38.4％，佐伯広域の35.0％，日田市の25.4％の順になっている。下毛郡，日田市，西高森林組合管内では再造林放棄の件数はそれほど多くはないが，放棄面積の規模が大きいことが窺える。佐伯広域森林組合管内では，大面積の再造林放棄はそれほど多くはないが，広範囲にみられるという特徴が読み取れる。

　表5−1−2は大分南部流域，すなわち佐伯広域森林組合管内の年度別再造林の有無を示したものである。再造林放棄件数では佐伯広域が85件と最も多く，所有者数65人，面積は111 haで，35％が再造林放棄地（未実施地）となっており，林業所得依存度の高い地域だけに，問題は深刻と言わざるをえない結果である。再造林未実施の件数，所有者数，面積ともに大きくは増加していないものの，県平均より高い比率を示しているのである。

　また，再造林実施済，再造林未実施の特徴をみると，1ヵ所当たり面積は再造林実施済みが0.33 ha，再造林放棄地は1.30 ha，1人当たり面積もそれぞれ0.36 ha，1.70 haとなっており，県平均より少し小面積ではあるが，再造林済みよりも放棄地面積の方がそれぞれ3.9倍，4.7倍の大面積になっている。特に皆伐面積のうち94年度分の49.9％，97年度分の44.6％が再造林放棄地となっており，皆伐しても再造林をしない比率が異常ともいえる高さになっている。また皆伐した林家のうち5年間で11.9％の林家が再造林を放棄している。そして，1ヵ所当たり放棄地面積は，93年度の0.79 haから年々面積が拡大して，97年度には1.7 haと大面積化している。これは，立木価格が大幅に低下する中で，目的の収入額を実現するために1ヵ所当たりの皆伐面積を大規模化する傾向を強めており，それが再造林放棄へと繋がってきているのではないかと考えられる。

　一方，1ヵ所当たり再造林済面積は0.3〜0.4 haで大きな変化はなく，小面積皆伐跡地への造林はほとんど実施されているのではないかと推測される。また，再造林された面積のうち，森林組合に委託していたのはわずかに

表5-1-3 搬出距離別再造林放棄地件数

(単位：件, %)

搬出距離	佐伯広域		大分県計	
	件数	構成比	件数	構成比
100m未満	13	15.3	29	13.7
100〜200	30	35.3	54	25.5
200〜300	20	23.5	47	22.2
300〜400	10	11.8	30	14.2
400〜500	1	1.2	17	8.0
500m以上	0	0.0	16	7.5
無回答	11	12.9	19	9.0
総計	85	100.0	212	100.0
平均	154.5		227.1	

資料：大分県林業水産部「造林放棄地調査報告書」より作成。

11％にすぎず，これは再造林の基本的な部分は今なお林家が担っていることを示している。そして，林家自身が行った1ヵ所当たり再造林面積が0.3haに対して，森林組合に委託したのは0.6haとなっており，小面積は自家労働で，より大面積は森林組合委託で再造林がなされ，さらに大面積は再造林放棄へと繋がる構造になっていることが窺える。

それでは，採算が合わない不利な条件にあるから再造林を放棄しているのであろうか。表5-1-3は，伐採現場からの搬出距離別の再造林放棄件数を示したものである。平均搬出距離は県全体で227m，佐伯広域で154mと，それほど奥地に位置する伐採跡地ではない。また，200m未満の跡地の割合が県全体の39.2％に対して，佐伯広域の場合は50.6％とかなり多い。特に佐伯広域の場合，300m以内が74.1％も占めており，道路から遠く離れているから，採算に合わない不利な林地だからという理由だけで再造林をあきらめたとは考えにくいのである。

4．林家の意識と対応の特徴点

九州，特に南九州は間伐を中心に自力間伐を行う林家の多い地域であり，

大分県南部流域も自力間伐が多いのが特徴である。佐伯広域森林組合の宇目共販所に出荷された素材のうち，7割近くが自伐林家の持ち込み量となっており，自家労働中心の林家がかなり多く存在しているのである。南部流域では，比較的農業が活発で，椎茸生産者が多い宇目町に特に自力間伐を行う林家が未だ多く存在し，宇目共販所はそれら林家の出荷に支えられているのである。もっとも，現在の自伐林家の中心的担い手は50代，60代の年代であり，今しばらくは担い手として健在と考えられるが，後継者が不足しており，10年後の見通しは必ずしも明るくはないのも事実である。しかし，他地域に比してまだまだ活力のある地域といえよう。

そのような南部流域においても，再造林放棄問題が生じており，林家の意識も大きく変化してきているのが現状である。表5−1−4は再造林放棄地のうち今後も再造林の意志のないものを示したものである。件数では85件中23件，27％が再造林の意志がないとしているが，面積的には110.8 ha中59.0 ha，53.2％が今後も再造林する見込みがないとされている。市町村別にみると，宇目町では再造林の意志がないのは面積比で16.7％と少ないが，他の市町村では50％以上が再造林の見込みはないという結果になっている。なかでも佐伯市では再造林放棄地の94.5％，すなわち大半が放置されたま

表5−1−4　南部流域市町村別再造林の意志の有無

(単位：ha，％)

区　分	再造林放棄地(A)		再造林の意志ない(B)		再造林の意志ない比率B/A
	件　数	面　積	件　数	面　積	
佐 伯 市	14	14.5	7	13.7	94.5
弥 生 町	17	7.1	4	3.7	52.1
本 匠 村	9	19.2	3	9.8	51.0
宇 目 町	5	12.0	1	2.0	16.7
直 川 村	35	54.5	7	27.8	51.1
蒲 江 町	5	3.5	1	2.0	57.1
南 部 流 域	85	110.8	23	59.0	53.2
大 分 県 計	212	399.2	72	185.2	46.4

資料：佐伯南部地方振興局林業課調べ (1997年)

まになる可能性が強いのである。

　また，皆伐後に再造林をしていない林家へのアンケート調査結果（71 人）をみると，再造林の「意志がある」42％，「意志がない」34％，「わからない」23％となっており，再造林の可能性が少ない林家の方が多くなっている。また高齢になるほど再造林の意志がない林家が多くなっている。

　再造林を行う意志のある林家の理由の大半は「このまま放置すれば，ますます山林が荒廃していく」（73％）というものであり，森林からの収入目的ではなく，森林保全をしなければならないという意識が強いのが特徴である。そして，再造林の方法としては，「自分で再造林」が37％，「森林組合に委託」が40％，「公団，公社」が23％と回答しており，4 割近くの林家が自分で再造林をするとしているものの，6 割の林家は外部委託を希望している。また，所有規模が大きいほど外部委託希望が多いのが特徴である。

　これに対して，再造林を行わない理由としては，「後継者がいない」（30％），「木材価格が安く今後採算が取れるとは思わない」（22％），「下刈り等管理が困難」（19％），「山に興味がない」（15％）などとなっており，再造林の実施が厳しくなっていることを示している。また今後の森林管理について，「そのまま放置する」と答えたのが71％，「わからない」が25％と，再造林が困難な林家はそのまま再造林放棄をしてしまう可能性を示しているのである。

5．今後の森林管理の課題

　以上のように，活発な林業生産活動を行ってきた大分県南部流域においても，再造林を放棄する動きが強まってきている。自家労働で間伐や森林管理が行える林家は，苦しいながらも森林管理を行っている。しかし，一方では，後継者のいない高齢者は森林管理を放棄する方向を強めているのである。また，比較的規模の大きい森林所有者の中には，必要資金を確保するためまとまった林分を皆伐し，再造林を放棄する所有者が増えているのである。特に大面積を皆伐し，跡地を放置する傾向が強まっていることは大きな問題である。

　このような中で，南部流域においても，今後の森林管理を誰が担い，いか

に良好に維持していくかが重要な課題になってきている。すなわち，林家の経営意欲が減退し，再造林放棄林家が次第に増加する中で，どのような対策で健全な森林管理を実現していくかが大きな課題になっているのである。そこで，今後の対応策として考えられるのは，活力を維持している林家への援助策やそれら林家への経営移譲，森林組合の受託経営体制の確立，公団，公社の分収林拡大などの対策であろう。しかし，その場合，現在のような立木価格の低迷を前提にするならば，再造林が可能となるような水準の補助金の確保は必要不可欠な条件とならざるをえないであろう。もし，そのような水準の補助金が確保できないというのであれば，立木価格の適正水準への上昇が必要不可欠であり，そのためには何らかの輸入規制等を含む価格政策が必要であろう。健全な森林管理の実現のためには抜本的な対策が必要な段階に来ているのである。

（岡森昭則）

第2節　高知県嶺北流域——目立つ地込み立木取引——

1．嶺北流域の概況と分析課題

　林業不振下で木材価格の低迷，林業経営意欲の喪失，伐採跡地の放置など，林業経営の放棄が進む一方，森林資源は徐々に成熟期をむかえ，これの商品化が大きな課題となっている。地域林業確立のためには林業生産を活性化し，素材供給の安定化によって国産材製材等木材産業の振興が図られる必要がある。新たな森林・林業基本法は森林施業計画の林業の担い手として，山林所有者以外の林業事業体をも位置づけ，森林・林業の持続的発展を求めている。木材生産と植林等，森林資源循環の持続的展開は地域林業ひいては日本林業の発展を考える上でとりわけ重要である。

　高知県嶺北流域は吉野川上流域にあり高知県を代表する民有林業地帯で，大豊町，本山町，土佐町，大川村，本川村の5ヵ町村（流域総面積9万6,929 ha）を範囲とし，流域内には大小5つのダムを有し四国4県への都市用水，農業用水およびエネルギーの供給地域となっている。特にその規模において西日本一を誇る早明浦ダムは，四国の水瓶として重要な役割を果たし，

水源地域としての森林の持つ水源涵養機能が重視されている。四国横断自動車道（高知自動車道）が南北に貫通し，大豊インターを有する嶺北は，瀬戸内経済圏への「前進基地」として地域経済の発展が期待されるが，進む過疎化のなかで，人口は減少の一途を辿っている。嶺北5ヵ町村の人口は1960年の4万2,310人が，90年には2万401人と半減，2000年現在で1万7,398人とさらに減少を続けている。

　産業別就業人口（2000年8,476名）も，第1次産業が23.3％（全国5.0％，高知県12.8％）と相対的に高い比率を占めるが，第1次産業の後退のなかで，その比率を後退させている。嶺北流域の総生産額は1999年度実績で574億700万円で，絶対額では若干の増大を見ているものの，内部的には第1次産業の後退が指摘できる。第1次産業の生産額は50億1,100万円で総生産額の8.7％で，高知県平均の5.2％に比べて相対的に高い比率を占める。なかでも林業生産額は38億3,600万円で，第1次産業のなかの60.6％を，高知県林業総生産額の30.8％に達する。木材流通，製材加工等地域での木材関連産業の発展・展開を考えると，嶺北流域にとって林業は大きな経済基盤となっている。

　森林・林業の特徴についてみると嶺北流域の林野率は87％（84千ha），うち民有林が74％を占める。森林面積および蓄積量は国・民合計でそれぞれ8万5,173 ha，1,984万m³で，うちスギが面積で44.1％，蓄積で64％を占めている。特に民有林ではスギが面積（63.6％），蓄積（70.7％）とも高い値を示している。林分構成としては依然として保育・要間伐林分が支配的ではあるが，嶺北流域の森林は成長がよいだけに，高知県平均に比べ成熟度が高い。齢級別（民有人工林）でみるとⅧ齢級が22.5％と最大で，次いでⅦ齢級16.7％，Ⅸ齢級15.8％となっており，林齢的には35～50年生が55.0％を占め，収入間伐および主伐を含め資源の商品化が地域林業の主要な課題となっている。林野所有は一部大山林所有者層が存在する一方，圧倒的に小規模零細層が多く，所有者数で5 ha以下層が67％を占め，50 ha層以上は1％に過ぎない。いわゆる国有林を一方の極に，民有林においては一部の巨大山林所有を頂点に，小規模零細所有層がピラミッド型に存在する多層的な所有形態をとっている。また嶺北流域の森林は村外所有比率が高く，

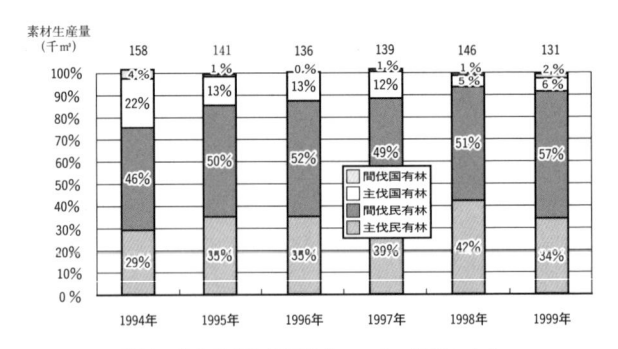

図 5-2-1 嶺北流域の素材生産量と間伐材比率
資料：嶺北流域林業活性化センター資料による。

私有林のうち不在村者が所有する面積割合は 1970 年の 22 ％が，1990 年 36 ％，2000 年には 39 ％（各年次農林業センサス）と増大を続けている。高知県の不在村所有も多様なタイプが見られるが，特に嶺北流域では 1960 年代後半から本格化した早明浦ダム建設（1973 年完成）によって村外流出が進む一方，大豊町などでは地域外資本の山林投資が木材ブームにのってほぼ時期を同じくして進んだ[1]。このような村外所有者が今日，管理不能・経営放棄のもとで林地の手放しが行われている。

嶺北流域の林業活動は森林基盤の充実と各種林業施策の導入などにより，他地域に比べ活発であるが，今日の林業不振の中で例外に漏れず苦境にあえいでいる。本節の主要な課題である嶺北流域の立木取引および伐採跡地への再造林等の実態とその特徴を見ると次のような点が指摘できる。

第 1 に，嶺北流域においても伐採跡地の放置化が見られるが，全国的な動向と比較して，相対的に植林がなされている点が指摘できる。林野庁の 1999 年時点の伐採跡地未造林面積実態調査によると，人工林の転用目的以外で，伐採後経過年で 3 年以上の未植林面積の占める比率が，全国平均で 57.4 ％を占めるのに対して，嶺北流域の場合は 23.2 ％に過ぎず，伐採跡地の放置といった視点からは比較的植林がなされているといえる。

第 2 に，嶺北流域の素材生産内容を見ると，図 5-2-1 からも明らかなように，間伐材のウェイトが高く 1999 年実績で総生産量（国・民計）の 59 ％

第5章 再造林放棄問題の諸相

表5-2-1 所有形態別施業形態と立木販売および生産形態

立木供給主体	施業および立木販売	立木販売および生産形態
大山林所有	皆伐→間伐施業	皆伐・間伐とも請負生産 伐出請負業者：㈱とされいほく他，森林組合等
国有林	皆伐→間伐施業	皆伐：直営生産 間伐：立木販売（森林組合等）
中小山林所有	間伐施業 皆伐	自家労働（自伐林家） 団地共同間伐施業：土佐町森林組合等 立木販売（地込み含む）→地元素材生産業者
地域外森林所有	皆伐 施業委託	立木販売（地込み含む）→地域内外素材生産業者 森林組合等への間伐施業委託 （大川村森林組合への長期施業委託契約）

を占めている。以上のように90年代以降間伐へと大きくシフトしており，このような素材生産の間伐主軸型構造への転換が，素材生産に対して造林対象面積の縮小をもたらしている。さらに，森林施業と関わって基本的方向として森林施業は（皆伐を主とした）主伐から間伐へとシフトし，それを規定する個別的動向として，①大山林所有者の間伐施業への転換，②自伐林家の間伐生産への取り組み，③森林組合などの団地施業への取り組み，といった傾向が指摘できる。

　第3に，嶺北流域では立木取引において地込み立木取引が多く，これがこの地域の特徴といえよう。これは山林所有者の経営放棄を意味するが，特に地域外所有者の地込み立木処分がこれを規定している。村外所有の経営放棄化並びに森林管理能力および経営意欲を失った地域内所有者の，地込み立木販売が広範に存在する[2]。林地購入者は自家山林として所有したり，隣接所有者等へ再販売している。その意味で地込み立木購入者の伐採跡地対応が，林野所有の再編と森林の再生産問題と関わって重要な意味を持っている。

　表5-2-1は嶺北流域の立木市場を形成する森林所有と，そこでの森林施業および立木の販売や生産形態を，大まかに位置づけたものである。それぞれの森林所有階層がどのような立木取引市場を形成しているかが，地域の生産構造と森林の再生産を理解するうえで重要である。嶺北流域の森林の再生

産構造は，立木取引と素材生産視点から以下の4形態に分けられる。

第1は，山林所有者が，請負等によって伐採するもので，会社有林および大山林所有者がこの形態に該当する。中江産業㈱に代表されるが，事例に見るように立木販売ではなく請負生産を軸に，皆伐施業から近年間伐へのウェイトを高めている。これらの請負事業体として一般的に森林組合や民間素材業者の存在が挙げられるが，注目されるのが高性能機械をベースとした伐出請負会社，第三セクターの「㈱とされいほく」の存在とその活躍である。

第2は，山林所有者の管理不能，資金的事情等から地込み立木販売（立木販売も含む）を行う等の取引形態で，中堅素材生産業者や一人親方的素材業者の活動が注目される。皆伐跡地の再造林は林地購入者の素材生産業者が行ったり，裸地購入者が行うなど多様な形態がみられる。

第3は，山林所有者の自伐生産形態で，これは間伐を主体に自家労働を軸に展開しており，一定規模の森林を所有し林業専業的な林家層で，嶺北流域では広範に存在するが，特に土佐町が盛んである。

第4は，近年急速に注目を集めている間伐の集団施業（共同施業）で，施業のロット化を図り，森林組合を始め請負事業体等が高性能機械を軸に取り組んでいるもので，「所有と経営の分離」形態として森林管理の社会化視点から注目されるところである。

以下これら4形態の典型的事例を分析し，素材生産を巡る事業主体がどのような立木取引および生産，再造林を展開しているかを見ていく。

2．嶺北流域の立木取引と素材生産の実態
(1) 会社有林等大山林所有 ──中江産業㈱の実態──

嶺北流域にはわが国の代表的な林業会社，住友林業㈱が隣接の別子山村を軸に四国内に約1万5,000 haを，うち嶺北流域にも大川村・本川村に約2,600 haの高齢級の優良林分を所有している。この住友林業㈱や事例分析の中江産業㈱を筆頭に，400～1,000 ha層の私有及び会社有の大山林所有者が6社業者存在するが，概して大山林所有者層は少ない。

嶺北流域で積極的な林業活動を行っているのが中江産業㈱である。中江

産業㈱の前身は鉱山業で，西日本各地に8鉱山を買収経営，その間嶺北流域を中心に植林事業を開始し，現在全国各地（6府県）に山林を約6,500 ha所有し，年間約2万5,000 m^3の生産を行っている。中江産業㈱の山林経営の中心は四国の山林経営で，土佐町田井に事務所を持ち高知県・徳島県に4,500 haの山林を所有している。これを対象にこれまで皆伐施業を軸に年間60 ha（輪伐期60年）約2万m^3の生産を行ってきた。その後も持続的経営のもとに生産量は維持しているが，90年代に入って生産体系を間伐へとシフトさせ，現在間伐生産量が1万m^3と50％を占める。伐採は皆伐・間伐とも請負形態で，請負事業体は現在4業者と契約し年間契約のもとに生産を行っている。後述の伐出請負専門業者「㈱とされいほく」も，間伐（約6,000 m^3）を請け負っており，事業量の安定的確保に結びついている。間伐等の請負形態は単価契約であるが，中江産業㈱の場合，原木市場価格1万円／m^3以下の材は請負実績には計算されず，請負業者が買い取る（引き取る）仕組みとなっている。これまで中江産業の材は主伐であれ間伐材であれ，土佐町田井の中江事務所併設の土場に集め，仕分け選別して直接製材工場や仲買業者に販売されていた。2000年5月より嶺北木材㈿市場（嶺北木協）と提携し，中江土場を活用しての委託販売方式に切り替え，新たな販売方式のもとで再出発している。このナカエ浜「ナカエ嶺北・木の市」は主として70年生以上の高級材を中心に販売し，中江材以外の材も集められるが，この土場での販売材は市売手数料（7％）の3％が地代（バック・マージン）として中江産業㈱に還元されている。嶺北木協への委託販売によって中江材の買方と流通チャネルは一変し，嶺北流域の流通構造にも大きく影響している。造林・保育は専属的社員（2班10人）による直営請負形態で行っているが，間伐へとウェイトが高まる中で従業員の減少が見られる。

(2) 地込み立木購入と素材生産業者の実態

嶺北流域の立木取引の特徴として地込み立木取引を指摘したが，ここでは㈲吉川林業と一人親方的素材生産業者の山内氏の，立木取引と素材生産および造林等の実態を見てみよう。

1）㈲吉川林業の地込み立木取引と素材生産

大豊町の㈲吉川林業は，先代が地域での造林や間伐の請負を大々的に

表 5-2-2 ㈲吉川林業の地込み立木購入の実態

購入年度	林地の所在地	林地の所有者	面積(ha)	樹齢(スギ・ヒノキ)	販売理由	ha当たり立木代(万円)	素材価格(千円/㎥)	土地売却の有無	直接造林者	販売先住所
1992	大豊町	高知市	8.0	80年		450	26	裸地売却	購入者	安芸市
1995	新宮村	川之江市	10.0	50年	資金事情	154	19	所持	森組委託	所持
1997	大豊町	大豊町	2.4	50年	管理不能	313	17	裸地売却	購入者	大豊町
1997	大豊町	大豊町	2.0	50年	管理不能	275	14	裸地売却	購入者	大豊町
1998	大豊町	葉山村	0.6	57年		317	14	所持	吉川林業	所持
1998	大豊町	徳島県	1.8	45年	管理不能	333	15	植林後売却	吉川林業	大豊町
1998	大豊町	大豊町	0.8	40年	その他	131	13	所持	未造林	所持
1999	大豊町	高知市	4.0	35年	管理不能	138	13	裸地売却	購入者	大豊町
1999	大豊町	土佐町	3.8	40-60年	その他	184	9	裸地売却	未造林	大豊町
1999	大豊町	木頭村	3.3	45年	資金事業	121	13	裸地売却	購入者	大豊町
1999	本山町	高知市	2.1	50年	管理不能	190	15	所持	森組委託	所持
2000	大豊町	本山町	1.4	40年	資金事情	107	9	所持	未造林	所持
2001	大豊町	土佐山田町	2.6	40年	管理不能	100	未伐採			
2001	大豊町	土佐山田町	3.2	41年	管理不能	119	未伐採			

資料:吉川林業提供および聞き取り調査による。
注:1)土地込み立木購入以外立木購入が1件(1998年6.0 ha)
　　2)伐出請負が4件(1993年6.0 ha 大豊町,1997年10.0 ha 大豊町,2000年15 ha 山城町,2001年4.0 ha 大豊町)ある。

行っており,これを現社長の吉川氏が1972年に事業を引き継ぎ独立したものである。当時一般材とともに電柱材や足場丸太を扱い,ピーク時の1975年頃には電柱材を5,000本,足場丸太を1万本程度扱っていた。現在,従業員2名(ほか臨時雇用)で,社長・息子の家族労働を軸とした経営で,年間約5,000㎥の生産を行っている。プロセッサー,グラップル等を所有し,高性能機械を軸に高い生産性を確保している。90年代以降の地込み立木購入実績を見たのが表5-2-2である。近年では一部伐出請負も行っている。土地込み立木購入は仲介業者を通して購入している。購入規模は1件当たり2～5ha程度で,小規模零細層の山林購入が主体となっている。購入価格も立木内容(手入れ状況),伐採搬出条件等の違いにより異なるが,傾向的には価格は低迷している。これまでスギ・ヒノキ林の50年生で300万円前

後していたものが，今日では 200 万円以下に後退，また 40 年生では現在では 100 万円前後に過ぎない。

購入先の特徴をみると，地域内の森林で村外・地域外所有者の森林が多い。地域内所有の地込み立木購入の理由として「山林所有者が立木だけでは売ってくれない」といわれ，販売側の理由は多様であるが，山林所有者の管理不能と経営放棄を反映したものである。また購入視点から生産のロット化を図るため，購入林地の隣接山林についても所有者と直接交渉，場合によっては仲介業者を通して購入している。購入林地は伐採後社員労働で植林を行い，山により自己山林として所有・管理し，資金的事情から転売もしているが，購入者は林地隣接所有者といったケースが多く，結果的に地域外・町外から町内への回帰をもたらしている。すなわち伐採跡地の植林は事業体として通年就労の確保を意味し，その転売の林地移動は林地所有の再編をもたらしている。

2）一人親方的素材生産業者の山内氏の地込み立木取引と素材生産

一人親方的素材生産業者の山内氏は搬出等の生産手段は持たないが，この 10 年間で立木および地込み立木購入を本格化させ，素材生産業者として独立してきた。それまで山内氏は自らも山林を所有し，農家林家として椎茸等の栽培を経営の主軸に，所有林の間伐等山の手入れを行ってきたが，1987 年の自宅周辺の立木購入を契機に本格的に取り組むようになった。その背景には椎茸等の価格低迷など農家の商品作目の不振等，これに代わる取り組みとして立木取引を本格化させたものである。山内氏の立木購入と生産形態をみると，購入立木（地込み）は自らの手（一部雇用労働）で伐採し，搬出は「㈱とされいほく」に請負に出している。そして伐採跡地は裸地売却以外は主として自家労働によって植林をしており放置林は見られない。また氏の立木購入の特徴は，作業道等の開設とセットで生産を行っていることで，山林所有者への説得力を持っている。

立木取引の実態は表 5 - 2 - 3 の通りで，これまでの取引は 8 件でその購入面積は 92 ha に達している。購入林地は本山町およびその隣接町で購入規模は 10～15 ha と，比較的まとまった森林を購入（隣接山林のまとめ買い）するなどロット化を図っている。また表に見るように売却者は高知市在住者が

表5-2-3 一人親方・山内氏の立木購入の実態

購入年度	取引形態	林地所在地	売却者	面積及び所有者数	森林内容（ス：スギ,ヒ：ヒノキ）	伐採	搬出	伐採跡地処理（売却・植林等）	備考
1987	立木	本山町	高知市他	8 ha（6名）	ス：60-70年	山内他	山内氏	所有者植林	作業道開設
1990	立木	本山町		14 ha（2名）	ス：65年(2ha)他40年	山内他	山内氏	山内氏植林	
1992	立木	土佐町	高知市	9.5 ha	ス・ヒ：45年	山内他	㈱とされいほく	山内氏植林	作業道開設
1996	地込	本山町	高知市	11 ha	ス：80年 ス・ヒ：45-46年	山内他	㈱とされいほく	裸地売却	私道開設
1997	地込	土佐町	高知市	16 ha	ス：80年	山内他	㈱とされいほく	山内氏植林	作業道有
1998	地込	大豊町	大阪・高知市	16 ha（3名）	ス・ヒ：50-60年	山内他	㈱とされいほく	裸地売却	幹線林道有
1999	地込	土佐町	高知市	7.8 ha	戦後植林	山内他	吉野川流域	裸地売却	作業道有
2001	地込	本山町	高知市	9.8 ha	ヒ：60年(3割) ス：52年(7割)	山内他	㈱とされいほく	森組委託	作業道開設（森組発注）

資料：山内氏よりの聞き取りによる。
注：立木：立木購入，地込：土地込み立木場入，伐採の「山内他」：一部雇用労働

多いが，売却理由をみると資金的な事情からの売却もあるが，所有者が高齢で後継者も県外在住あるいは山林に関心を示さず，森林管理が不能と言った理由が支配的である。

以下，取引形態の特徴を列記すると以下の通りである。
① 山内氏は地域の森林事情に詳しく，森林所有者を把握している。立木購入において自ら直接所有者にかけあい，販売を促すとともに購入条件および価格交渉を行う。
② 地込み購入も含め販売形態は所有者の意志に任せるが，基本的には周辺所有者を説得し売買契約を結ぶと共に，伐出等の規模のロット化を図っている。
③ 伐採のための作業道を開設し基盤整備を行っており，その手続き等を

自分でやり，森林組合を発注者として開設する。購入に際しそれを条件に森林所有者に働きかける。

④ 搬出は「㈱とされいほく」等に請負いに出しているが，低コストでの請負生産のためには，一定のロット化と高性能機械導入のための道路・作業道の開設が不可欠であり，その条件を満たすような山林購入形態をとっている。

⑤ 伐採跡は自家労働主軸で植林をし，買い手があれば売却するが自家所有林としても管理している。

(3) 自伐林家と間伐生産

　自伐林家は自分の所有山林を対象に，自家労働を軸に所有規模によっては雇用労働をも活用しつつ，作業道等高密度路網の整備のもとで伐出生産等，森林管理を行うもので，間伐を軸に展開している。嶺北流域には一人親方的な素材生産者を含めて自伐林家は100名近くおり，嶺北流域の素材生産の基盤を形成している。特に土佐町を中心に林業研究会が活発な活動を行っており，その構成員が自伐林家として生産力の担い手となっている。なかには自家山林ばかりでなく，近隣所有者の間伐等を請け負うなど，素材生産業者への飛躍も期待できる。

　表5-2-4は嶺北流域の自伐林家の実態を見たものである。かなりの数を見ているが，①生産規模は小さく，年間生産量は100㎥以下が支配的で，平均で93㎥となっている。②また全体的に高齢化が進んでいる。③地域的には土佐町を中心に自伐林家および一人親方的素材業者が存在する。先の山内氏はここで言う一人親方に属する。

　土佐町の筒井氏は25haの森林を所有し，地元の木材市場に勤務していたが，自己山林が間伐期を迎えた約20年前から，専業林家として自伐生産に取り組んできた。作業道はha当たり200mに達し，1988年から96年までに1,650㎥の生産を行った。その後も年間140㎥前後の間伐を行ってきたが，保育間伐から仕上げ間伐段階に入り，間伐生産量を大幅に減少させており，代わって間伐材を建築材や木工加工原料に製材加工している。自己山林からの一定の間伐生産量を維持するために，今後35～40年生林分をha当たり200本に落とす，複層林施業へと誘導していく方向を検討している。

表5-2-4 嶺北流域の自伐等林家の動向

業種別	町村別	業者数 計	業者数 出荷集計対象	生産規模階層(m³) 50未満	生産規模階層(m³) 50～100	生産規模階層(m³) 100～200	生産規模階層(m³) 200以上	年齢階層 50歳未満	年齢階層 50～60	年齢階層 60歳以上	出荷先(m³) 嶺北木協	出荷先(m³) 森連共販	出荷先(m³) 合計	1人当たりの生産量(m³)
自伐林家	大川村	5	4	2	2				2	3	124	42	166	41
	大豊町	9	9	3		4	2		1	8		1,305	1,305	145
	土佐町	25	23	6	7	2	6	3	5	17	2,592	47	2,639	115
	本川村	1	1		1					1	70		70	70
	本山町	10	8	4	3	1		1	5	4	50	401	451	56
	計	50	45	15	13	7	8	4	13	33	2,836	1,795	4,631	103
一人親方	大川村	1	1			1				1	159	0	159	159
	大豊町	6	6	2	1	1	1	3		2		776	776	129
	土佐町	12	9	3	1		4	1	4	5	1,944	449	2,393	266
	本山町	4	3			1	2		1	3	1,396	499	1,895	632
	計	23	19	5	2	3	7	4	5	11	3,498	1,724	5,223	275
自伐林家II		11	9	4	2	2	1	2	7	1	494	468	962	107
その他		11	7	5		1	1			11	144	505	649	93
合計		95	80	29	17	13	17	11	25	56	6,972	4,491	11,464	93

資料：嶺北林業振興事務所資料より作成。
注：自伐林家：自己山林を中心に伐採搬出作業を行い，市場等への素材出荷量が年間おおむね50m³以上である。
　　一人親方：他人の山を中心に請け負いまたは購入して伐採搬出作業を行い，市場等への素材出荷量がおおむね50m³以上である。
　　自伐林家II：林業以外の収入が中心で，自己山林からの生産が年間10m³以上のもの。
　　そ の 他：請負いや立木購入によって自らは伐採搬出しないものや，自己山林からの収入は少なく一人親方等に雇用されたり，農業収入が大半のものなど。

　また森林150ha（人工林率約90％，樹種スギ80％，ヒノキ20％）所有の仁井田氏は，かつて自己山林立木から磨き丸太を生産していたが，これの不振から現在では間伐を主軸に市売市場に出荷している。現在年間10～15haの収入間伐と注文による床柱や桁丸太等の磨き丸太の生産加工で経営を

維持している。氏の経営方針は長伐期，非皆伐施業による環境保全と良質材生産の両立を基本としており，集約施業森林では定期的収入間伐とすべて枝打ち（枝打ち高 8～12 m）を行っている。従業員は仁井田氏と長男，4 男と作業員 4 人を雇用し森林の間伐等管理に当たっている。この森林はよく手入れが出来ており，愛媛の久万地方にも出荷しているが，木材価格の低迷は雇用労働者を抱えた経営を圧迫している。

(4) **施業団地化と間伐のロット化・効率化**
  ――土佐町森林組合の H 型集材方式の実態――

嶺北流域では間伐施業における団地化への取り組みが見られる。土佐町森林組合では大型施業団地を設定し，高密度路網・高性能機械で H 型集材架線方式等により効率的な間伐生産を行っている。土佐町では現在 3 団地が計画および実行段階にあるが，1999 年度から分析対象の毛知田団地，2001 年度から高須団地（230 ha，所有者 88 名，年間施業面積 34～35 ha）に取り組んでいる。嶺北流域林業活性化センターでは 1997 年度から「流域木材安定供給確保推進活動事業」（3 年間事業）を導入し，各町村 1 団地を目標に団地を設定し，集団での森林施業の推進を図っており，その成果の代表的団地が土佐町石原の毛知田団地である。この団地は計画当初 56 名 135 ha（うち 1.5 ha 以下が 32 名で 57％）であったが，自伐林家所有林などが具体化段階で減少したため，現在の施業団地は森林所有者 32 名，施業対象人工林面積 84 ha（林齢 30～50 年生）となっている。年間 12～14 ha 単位で間伐（間伐率 55％）を行い，2000 年度実績で 1,856 m^3，生産性 4.8 m^3／人日を，また 2001 年度実績では間伐率 60％で生産性も 6.0 m^3／人日を達成するなど，施業のロット化と高性能機械体系のもとで高い生産性を確保している（表 5-2-5 参照）。活性化センターが県の嶺北林業振興事務所と共同して取り組んだ最初の施業団地で，計画から合意形成・実行まで約 3 年を要し，生みの苦しみを経たこの団地施業も確実な実績を示すことで，順次団地施業化への兆しが見えており，今後の嶺北流域の施業の方向として期待される。

この共同施業団地への取り組みは活性化センター，森林組合，役場，県林業振興事務所が一体となって合意形成を得たもので，関係機関の組織的連携の重要性を示すとともに，森林管理の「所有と経営の分離」という意味で森

表 5-2-5　毛知田団地の集団間伐の実績

年　度	1999 年	2000 年
作業道開設実績	700 m	220 m
機械の導入 （森林組合）	プロセッサ 1 台 4 胴集材機 1 台	
間伐 面積　利用間伐	12.60 ha	16.33 ha
切捨間伐	1.50 ha	1.98 ha
間　伐　材　積	2,239 m³	1,856 m³
ha 当たり材積	187 m³／ha	114 m³／ha
ス　ギ	2,182 m³	1,812 m³
ヒノキ	57 m³	30 m³
マ　ツ		14 m³
販売　ス　ギ	13,330 円	13,434 円
単価　ヒノキ	22,041 円	22,210 円
マ　ツ		18,209 円
平　均	13,551 円	13,615 円
森林所有者数	7 人	15 人
所有者還元額	8,667 千円	7,153 千円
森林 1 ha 当たり	688 千円／ha	438 千円／ha
生　産　性	3.8 m³／人日	4.8 m³／人日
架線仮設	52.1 m／人日	37.5 m／人日
架線撤去		618.7 m／人日
伐　倒	72.2 m³／人日	31.5 m³／人日
造・集材	4.3 m³／人日	6.8 m³／人日

資料：嶺北林業振興事務所資料による。
注：1998 年に作業道 1,000 m 開設

林管理の社会化の一形態として注目される。

(5) 伐出請負専門会社——第三セクター「㈱とされいほく」——

　「㈱とされいほく」は，産地形成の川上対策の一環として設立された第三セクターの伐出請負専門会社で，高性能機械と給与制の近代的雇用関係の下で運営されている。これまでの事例の中でも中江産業㈱や山内氏の搬出，その他土佐町森林組合の施業団地の伐出請負など，地域の要請に応え多様な

展開を示している。請負専門業者として立木購入は行わないが，高性能機械を軸に徹底した合理化と技術革新による効率性を追求し，地域の林業事業体のサポート機能を果たしている。設立以降紆余曲折はあったが，取扱量は図5-2-2の通りほぼ順調な生産実績をみている。従業員13名を抱え，4班構成で，ここ数年間1万4,000 m³以上の生産を行い，1人5.2 m³／日と高い生産性を確保している。

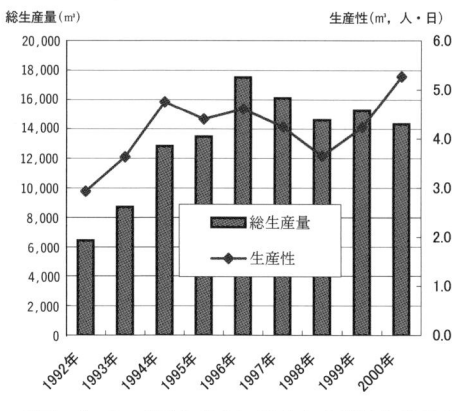

図5-2-2 「㈱とされいほく」の素材生産量の推移

「㈱とされいほく」では従業員1人当たり年間1,000 m³以上を目標としている。事業請負先は中江産業㈱をはじめ国有林，一般素材業者，森林組合，個人など多岐にわたり，2001年度で事業箇所12ヵ所（皆伐4ヵ所・間伐8ヵ所）1万2,110 m³（1,137 m³／人・年）で生産を行っており，嶺北地域における素材生産の担い手としての主要な位置にある。生産性が勝負の高性能機械主軸の請負事業体にとって，事業量の安定確保と施業のロット化が大きな条件であり，第三セクターとしての社会的位置・役割から地域的な施業ロット化のための取り組みが求められる。

3．若干のまとめ

現在の立木市場および素材生産の展開は，国有林を始め大山林所有者の計画伐採を除いては，木材不況および森林管理能力喪失に伴う林地付立木販売の形で展開している。木材不況と木材価格の低迷は，森林管理および林業経営を厳しいものにし，経営の放棄を余儀なくさせている。健全な森林の育成と地域林業経営のための，新たな施業仕組みと効率的な生産方法を模索する必要がある。

現在圧倒的ウェイトを占める小規模零細森林所有者のもとで，戦後の植林

木は大半が間伐期を迎え、その森林管理が国土保全上からもまた個別林業事業体としても大きな課題となっている。しかし実態は構造化した木材不況下で、その生産基盤からして自ら林業経営を維持していくことが出来なくなっている。皆伐であれ、間伐であれ生産コストの削減と効率化を確保するためには、高性能機械主軸の施業体系の確立とそれを達成するための施業のロット化が不可欠である。とりわけ生産性確保が難しい間伐施業ではその必要性が高い。

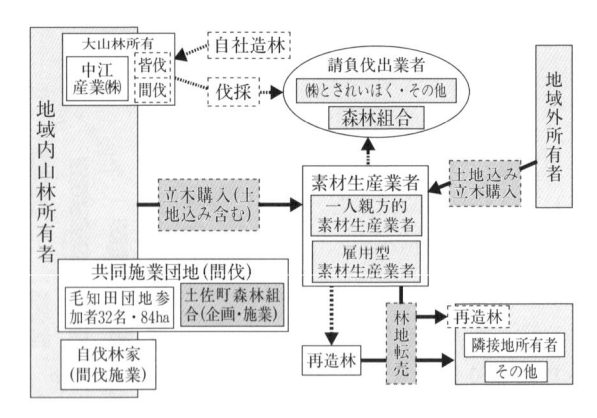

図5-2-3 嶺北流域の立木取引と素材生産をめぐる生産関係構造

嶺北流域の素材生産は図5-2-3に示すように、それぞれの事業体が一定の役割を果たしつつ、地域として組織的ともいえる素材生産体系をつくりあげ、造林事業も担い、土地込み立木取引は林野所有の再編をもたらしている。

伐採は今日の不況を反映し、一部大規模皆伐が地域外所有林を対象に行われてきたが、地域内森林所有林に関しては森林の管理・伐採において、間伐主軸型の生産体系に移りつつあり、この傾向は所有規模階層を問わず見られる傾向である。自伐林家は間伐等の労働作業を自ら労賃部分として取り込むもので、間伐コスト自体が労働収入として確保できるが、雇用労働及び委託経営型の森林経営にあっては、森林所有者に一定の収入を保証し、かつ請負事業体も採算性を確保しなければならない。そのためには生産性の向上とコスト低減が必須で、間伐施業と言った生産体系のもとで、生産性と供給の安定化を図るためには施業の集団化は不可欠である。

会社有林等の計画的伐採は請負事業体の事業の安定確保にとって大きな意味を持ち、また所有の小規模零細性は施業の集団・共同化によって解消する

必要がある。森林所有者を説得し，施業の集団化を図ることは所有と経営の分離を意味し，森林管理の社会化の一形態でもある。こういった生産形態が地域として構造化することが，流域林業確立にとってとりわけ重要である。

（川田　勲）

注
1) 柳高広登「公的資金による荒廃人工林の整備（高知県）」志賀和人・成田雅美編著『現代日本の森林管理問題』全国森林組合連合会，2000年，480～481頁。
2) 遠藤日雄氏は『スギの行くべき道』（林業改良普及双書 No. 141, 2002年，17～18頁）にて，森林経営放棄のタイプで林地付き立木販売を，第2のタイプとして嶺北地域の事例を挙げているが，個別事例と㈶不動産研究所調査の四国の森林経営者の意見から「林業後継者の減少」と「林業経営の先行き不安」などを用材林地下落の要因として，林地込み立木販売のケースが発生していると分析している。

第3節　東京都多摩流域――市民との連携による森林管理――

1．流域林業の概要

東京都の森林は大きく2つに分けられる。すなわち，都の西部に位置する山岳・丘陵地域の森林と，伊豆諸島・小笠原諸島に分布する森林である。流域（森林計画区）に即していえば，前者が多摩流域，後者が伊豆諸島流域である。本節で取り上げる西多摩地区は多摩流域（森林計画区）に属する多摩川，秋川流域の4市2町1村である。その特徴の一端は表5-3-1に示されている。まず，森林面積は都全体の56.0％を占めているが，中でも森林面積が多いのは奥多摩町，青梅市，檜原村，あきる野市といった東京都の奥地に位置する市町村である[1]。所有形態別の森林面積は表5-3-2に示したとおりであるが，特徴的なことは都有林のうち7,816 haは水道局の所管であり，独自の森林施業を行って水源林の整備を行っていることである。本節で対象としている森林は，労働経済局所管分である。

これら市町村の森林・林業は，かつて青梅林業と呼ばれていた。同林業地は大消費地江戸の背後に位置する好立地条件を活かし，既に近世下でその林業構造の輪郭を整えつつあった。明治以降になるとスギ，ヒノキの小角材と小丸太生産（いわゆる四谷丸太）の産地として確立し，以後，1960年代までわが国有数の国産材産地であった。

表 5-3-1　西多摩地域の土地面積，森林面積，世帯数，人口など

流域	市町村	総土地面積 (km²)	森林面積 (ha)	林野率 (%)	世帯数 (戸)	人口 (人)	人口密度 (人/km²)	1人当たり森林面積 (m²)
多摩川	青梅市	103.26	6,500	62.9	45,210	137,208	1,329	474
	福生市	10.24	0	0.0	24,135	61,469	6,003	0
	羽村市	9.91	5	0.5	20,040	55,099	5,560	1
	瑞穂町	16.83	284	16.8	10,360	32,700	1,943	87
	奥多摩町	225.63	21,161	93.8	2,526	8,257	37	25,630
	小計	365.87	27,950	76.4	102,271	294,733	806	984
秋川	あきる野市	73.34	4,421	60.3	23,130	75,334	1,027	587
	日の出町	28.08	1,918	68.3	4,624	16,701	595	1,149
	檜原村	105.42	9,750	92.5	1,019	3,560	34	27,387
	小計	206.84	16,689	77.8	28,773	95,595	462	1,683
合計 (対都比率)		572.71 (24.1)	44,039 (56.0)	77.1	131,044 (2.6)	390,328 (3.3)	634	1,334
都合計		2,186.84	78,689	36.0	4,988,969	11,771,819	5,384	67

資料：東京都労働経済局『東京の森林・林業』（平成12年版）。

表 5-3-2　西多摩地域の所有形態別森林面積　　（単位：ha，%）

所有形態		面積	割合	樹種・その他
私有林		32,526	73.9	スギ，ヒノキ，雑
都有林	水道局所管分	7,816	17.8	スギ，ヒノキ，その他広
	労働経済局所管分	1,398	3.2	
	その他	669	1.5	
市町村有林		1,414	3.2	スギ，ヒノキ，雑
財産区有林		216	0.4	
計		44,039	100.0	

資料：東京都西多摩経済事務所『平成12年度版・事業概要』。

　こうした中で，近世後期から明治期にかけて，「地元経済にリンクされて明治初期に形成された商業資本」[2]が林地を集積して大規模森林所有者になり，スギやヒノキの造林を開始した。しかし，西多摩地区1,456戸の林家（1ha以上）の97％を占める50ha以下層の林家（『2000年世界農林業センサス』）が拡大造林を開始したのは第2次世界大戦後のことである。そのため，

西多摩地区の人工林約26,600 ha（人工林率60％）の大半は、昭和30～40年代に植栽されたスギ、ヒノキ林である（東京都西多摩経済事務所『平成12年度版・事業概要』）。

西多摩地区の素材生産量は年間約15,000 m³であるが、このうち約6,000 m³（40％）を後述のA産業㈱が生産しており、残りを同地区の森林組合と山梨県大月市の素材生産業者が生産している。素材流通の要は協同組合多摩木材センター（原木市売市場）で、ここの年間取扱量は約11,000 m³であるが、このうち西多摩産材は約67％（約7,400 m³）であるというから、西多摩地区で生産された素材の約半分が同センターを経由して製材工場へ流れている計算になる。その製材工場の多くは県外（特に埼玉県）であるが、都内の製材工場の場合、大工・工務店との直接取引が多いという。

2．再造林放棄の実態

(1) 再造林放棄の概要

筆者が素材生産業者、森林組合、森林所有者などから収集したデータを総合すると、西多摩地区における再造林放棄地は、多摩川流域の奥多摩町と青梅市に多く、その総面積は150 ha程度と推測される。しかもその皆伐跡地の1件当たりの面積は10 ha前後のものが多い。というのも、素材生産業者が立木を購入する際の採算ベースが10 ha前後だからである。これに対して、例えば奥多摩町森林組合の2000年度の新植（造林）事業量は2.5 haに過ぎず、なかなか再造林が進展していないことを窺わせている。

(2) 再造林放棄の要因

西多摩地域における再造林放棄の要因としては次の点が考えられる。第1は、なんといっても立木価格の低迷である。つまり、現在の立木価格では再造林の費用を賄うことが到底不可能なことによるものである。第2は、西多摩地域の森林が都市近郊林的性格が強いため、開発・転用の事例評価をもとに、ha当たり300万円という高額の相続税が掛けられ、それでなくても厳しい森林経営をさらに圧迫する原因になっている。第3は、シカの害による森林所有者の再造林に対する忌避感の増幅である。東京都農林水産振興財団は、1999年に奥多摩町森林組合の協力を得てシカの害について調査を実施

したが，その結果，被害は多摩川の北岸に多く見られた。シカは，植栽後2〜5年の幼齢樹の梢頭部を食べるため立木は枯損してしまう。多数のシカが歩いて傾斜地の土砂を攪乱し，被害地の一部は裸地化している所もある。また，稚樹だけでなく成林した林分も被害に遭うケースも見られる。いわゆる「シカの角研ぎ」によるものである。こうした被害に対して，稚樹の食害に対しては不織布製幼齢樹保護カバーを，「角研ぎ」に対しては樹幹に網を巻くなどの防止策を講じているが，材料費よりも手間賃（コスト）が嵩み，なかなか効果を上げられないのが実状である。

(3) 再造林放棄の事例

次に，多摩地域における再造林放棄の事例について，前出，奥多摩町の素材業Ａ産業㈱を事例に多摩地域の再造林放棄の実態に迫ってみる。というのも，先述のようにＡ産業㈱が西多摩地域の素材生産量の4割のシェアを占めていることから，再造林放棄の実態の代表例と位置づけることができると考えるからである。

① Ａ産業㈱の概要

Ａ産業㈱の社長Ａ氏は，多摩地区の森林組合に勤務していたが，1985年にトラックを購入して素材運搬の請負業に転じた。その後，伐出技術を修得し，1987年に法人化して現在の素材生産業になった。最初の仕事は多摩地区内のある財産区（標高1,100 m，面積約33 ha）からスギ，ヒノキの立木（40〜100年生）を購入し，約1万㎥の素材にして搬出した（当財産区の皆伐跡地は森林組合によって再造林されたがシカの害で全滅したという）。この大仕事によって力量を増したＡ産業㈱は，以後，多摩地区で有力な素材生産業者として地歩を固めていった。

現在，Ａ社長とその子息3人，社長の弟1人の計5人で作業に従事し，人手が足りない場合は臨時雇いで補完している。作業手順は大略次のとおりである。まず，チェンソー（25台）で立木を伐倒するが，これには上記5人に臨時1人を加えた計6人が当たる。1人1日600本，計1,200本の立木を伐倒する。次いで，伐倒した立木を集材機で全幹集材する（Ａ社長の次男が担当）。それをプロセッサー1台（三男担当）が枝払い，玉伐りをし，グラップル1台でトラックに荷積みする（Ａ社長弟担当）。トラック（4トン車

2台，10トン車1台）の運転はA社長と長男の2人で担当している。以上の作業工程（立木伐倒から原木市場まで）をコストの面から見ると，平均㎥当たり9,000～11,000円，作業条件が悪くなると，14,000円／㎥になるという。A産業㈱では，行く行くは伐出コストを1,000円／㎥に縮減すべく最大限の企業努力をしている。条件によっては既にこのコストで作業を完遂しているケースもあるというから，わが国の平均的な素材生産業者に比べてもかなりの低コストである。

② 再造林放棄の事例

A産業㈱は，数年前に西多摩地区のある集落の住民19名が町有地を借りて造林したスギ，ヒノキ林（40～50年生）15 haを購入した。住民の借地期間はまだ残されていたが，19名の総意に基づいて売却したものだという。

A産業㈱は，この人工林を購入する際に，毎木調査の終了した段階で，住民側に次のような条件を付けた。すなわち，目通り周囲（胸高周囲）60 cm以上の立木についてのみ立木価格（1,200円／本）を設定し，それ以下のものについては購入しないという条件であるが，A産業㈱にしてみれば，60 cm以上の立木であれば，丸太にして製材した場合，10.5 cm角はもちろんのこと，うまくいけば12.0 cm角も採れる可能性があること，また，当時（2001年7月）の柱取り丸太（末口級14～16 cm，長さ3 m）の市場価格が13,000前後／㎥であること，これに自社の平均伐出コストを勘案すると，現在の低迷する立木価格でもなんとか採算がとれると考えたものと思われる。

これに対して，集落の住民代表からは，目通り周囲60 cmの立木のみを購入されても，町へは伐採跡地を裸地で返還しなければならないので，目通り周囲60 cm以下についてはA産業㈱のほうで適当に処分して欲しいという申し出があり，結局，A産業㈱は60 cm以上の立木を10,000本，60 cm以下を5,000本，合計15,000本を伐採して搬出した。

ところで，集落の住民サイドの借地期間途中での立木販売の理由であるが，A産業㈱，森林組合などからの聞き取りによれば，権利者19名の高齢化が進行しており，自分たちの生存中に立木販売代金を掌中にしたい（立木代金は，造林当時の就労日数に応じて配分する）との考えがあったようである。

伐採跡地は町に裸地で返還されるが，ここに従来どおりスギ，ヒノキを再

造林するか，広葉樹などを植栽するか，あるいは放置しておくか町の方針は未定である。もし，伐採跡地にスギ，ヒノキを再造林し，その後5，6年間下刈りをした場合，通常，その費用はha当たり約260万円かかる。単純に計算しても町は4,000万円の支出を余儀なくされる。町の森林政策にとっては悩みの種であることは容易に想像できるのである。

3．これからの森林管理の方向
(1) 川上・川下の連携による再造林計画

以上，西多摩地域における再造林放棄の要因と事例について述べたが，こうした皆伐跡地の放置は，大都市東京の水瓶の一つである多摩川流域の治山・治水にとっても大きな問題である。そこで，東京都農林水産振興財団では，川上と川下の連携によって皆伐跡地への再造林をしようという構想の実現化に取り組んでいるが，既に同財団と武蔵野市の間で協定が締結されている。その内容は，多摩地域の森林所有者（所有森林面積約100 ha）の22年生の人工林（スギ，ヒノキ）の林床の土壌が荒れているので，間伐を行うことによって日光を取り入れ下草を生やしたいというものである。その協定書を抜粋すると次のようになる。

二俣尾・武蔵野市民の森に関する協定書

　武蔵野市（以下「甲」），財団法人東京都農林水産振興団（以下「乙」），B（以下「丙」）は，荒廃の恐れがある多摩地域の森林を整備するとともに，自然とふれあう機会の少ない都市住民が自然体験のできる場として，甲乙丙が協力して，丙所有の山林の一部を保全しつつ活用することについて，次のとおり締結する。

第1条（目的）この協定は，多摩地域の森林を荒廃から守り健全に育成するとともに，武蔵野市民（以下「市民」という）などが自然とふれあい，地元地域住民との相互交流を図るよう，甲乙丙が相互に協力し，丙所有の山林の一部を二俣尾・武蔵野市民の森として保全し，活用するため，必要な事項を定めるもの

である。

第 4 条（協定当事者の役割）甲は，二俣尾・武蔵野市民の森の保全管理に要する経費分担を行い，乙にその管理業務を委ねるとともに，二俣尾・武蔵野市民の森の森林資源を活用して，市民などが多摩地域の森林の現状や保全の必要性などを学びつつ，森林とのふれあいや林業体験などの事業（以下「事業」という）を実施する。

2　乙は，甲と丙に関わる権利や義務を調整するとともに，別紙 2 の施業方針に基づき二俣尾・武蔵野市民の森について適切な保全管理作業を行う。

3　丙は，二俣尾・武蔵野市民の森を甲が実施する事業に使用させるとともに，事業に必要な範囲において，簡易工作物の築造，土地の形質の変更，立木その他の森林資源の改変など（以下「簡易工作物の製造など」という）を認める。

第 6 条（協定期間）協定の有効期間は，締結した日から平成 23 年 3 月 31 日までとする。ただし，特に必要があると認める場合は，甲乙丙の協議により協定期間を変更することができる。

別紙 2 （第 4 条関係）

施業方針
1　対象森林の現況
　(1)　植栽樹種　　スギ（22 年生）及びヒノキ（22 年生）
　(2)　植栽密度　　1 ha 当たり 3,500 本から 4,000 本
2　保全管理作業
　(1)　新植作業
　　①　植栽樹種　第 7 条で設置する運営協議会で決定する。
　　②　植栽面積　0.33 ha
　　③　作業内容　地拵え，植栽，補植，下刈（植栽後 7 年間実施）
　(2)　間伐作業
　　①　実施回数　2 回
　　②　間伐内容　現地調査を実施し，間伐本数を決定する。なお，経費の範

囲内で，間伐材の搬出を行う。
- (3) 枝打作業
  - ① 実施回数　1回
  - ② 枝打内容　将来残す木を対象に，地上から6.0mまでを標準に実施する。
- (4) 作業道整備作業
  - ① 規格　幅員60cm程度
  - ② 作業内容　間伐作業等に必要な箇所への新設及び既存歩道の改修
- (5) 境界刈払作業
  - ① 作業内容　区域境界の雑草木の刈払い及び立木へのマーキングを実施する。

以上が三者による契約書の抜粋であるが，要するに，武蔵野市はこの山をレクリエーションやいこいの場としてとらえており，また地元住民との交流を図ることを目的としており，市民サイドからの森林への参入であるといえよう。また，武蔵野市ではこの山から出材される間伐材を買い取り，武蔵野市の公園の資材として使用したり，炭にして河川の浄化に利用しようという計画を持っている。

(2) 市民運動による森林管理

こうした東京都ならではの市民と連携した山づくりに1枚噛んでいるのが「東京の木で家を造る会」である[3]。同会は1996年に発足し，2001年9月から「協同組合東京の木で家を造る会」（以下，「東京の木」）になった。多摩地区の森林所有者，工務店，建築家などのメンバーで構成され，事務局は青梅市に置かれている。「東京の木」設立の発端は，1987年の大雪害にまで遡る。この雪害に遭った多摩地域の森林所有者の山を何とかしようと，「浜仲間の会」という小さな組織ができたが，同会が東京の森林所有者との交流会や勉強会を重ねる中で，建築業，製材業，森林所有者などのメンバーで1996年に組織した任意組合が「東京の木」であった。それが2001年9月から「協同組合東京の木」となって現在に至っている。協同組合の組織にしたのは，ヨーロッパの生産協同組合を参考にしたもので，家造り事業を展開しながら市民活動をすることを方針として打ち出したからである。「東京の木」の活

動は，同会の趣旨に賛同した一般の市民や施主を中心とする「ユーザーの会会員」と，木材，建築・設計技術を提供する「造る会会員」で構成されており，前者が75名，後者が森林所有者11名，製材業2社，工務店8社，設計士8名の計29名（2002年1月現在）で活動をしている。

「東京の木」の活動は，実際に木を利用するという立場から，森林の循環利用をめざしている団体，NPO法人「緑のネットワーク」の「近くの山の木で家をつくる運動」の一環，というよりも先導として位置づけられる。したがって，森林所有者から立木を購入する場合でも，市場逆算方式をストレートに当てはめることはしない。「東京の木」では，森林所有者から立木を購入する場合，所有者が十分納得するかどうかは別としても，それなりの立木価格を実現していることは注目に値しよう。結局，「東京の木」の運動は，市場競争に依拠した経済的価値だけではなく，近くの山に生えている木を使うことによって循環型の社会を創出していこうという取り組みである。

以上，西多摩地域の再造林放棄の実態とその善後策について2，3例示した。同地域では東京近郊という立地条件を活かしながら，森林資源の管理という事業に市民が着実に参画し始めていることを窺わせている。今後の森林資源管理の一つの潮流をなしていくものと思われる。

（遠藤日雄）

注及び参考文献
1）西多摩地域は大日本帝国憲法が発布される以前に民衆憲法草案が練られ，自由民権運動の拠点になったところでもある。そのことは，歴史家・色川大吉の名著『新編明治精神史』の中で生き生きと描かれている。
2）太田研太郎「わが国経済的林業の担い手」，季刊『農業総合研究―多摩上流地域の考察を中心として―』，農林省農業総合研究所，1953年1月，54頁。
3）遠藤日雄「森林管理」『早わかり循環社会型の森林・林業』日本林業技術協会，2002年8月。

第4節　北海道十勝流域――捉えにくい再造林問題――

1．はじめに

北海道の民有林部門では，再造林放棄に関して大分県・熊本県のような集中的な調査を行っていない。このことは，再造林放棄地の存在がさほど深刻

な問題として表面化していないことを示す。青森県以南とは植生も土地利用体系も全く異にし、国有林天然林の採取林業とパルプ資本が林業構造を決定づけてきた北海道において、民有林再造林問題は、歴史的・構造的にスギ人工林の保続問題と同列の視点ではなかなか捉えられない。北海道の森林、特に道有林を除く一般民有林[1]における人工林再造林問題は、はたしてどのような局面を見せ、どう位置付けられ、どのような意味を持つのだろうか。

木材産地としての北海道十勝流域は、製材部門がイニシアティブを持って計画的な原木調達システムを確立している点で、論者によって「川下主導型」[2]産地として位置づけられている。再造林問題を捉えるひとつのカギをここに求められないだろうか。

本節では、十勝民有林カラマツ産地を形作る要素、再造林をめぐる主体間の諸相を素描することを通して、北海道カラマツ人工林問題の枠組みを提示する。

2．民有林カラマツの位置

(1) 偏った地域分布，所有構造，齢級構成

北海道の総土地面積のうち森林は67％（558万ha）をカバーし、そのうち国有林が57％と過半を占める。民有林は、道有林11％、市町村有林5％、

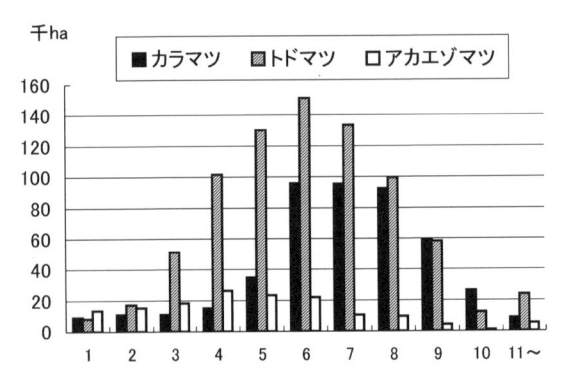

資料：北海道水産材務部資料より。
図5-4-1　北海道における主要人工林齢級構成

その他民有林（私有林）が26％である。天然林の割合が65％と過半を占めるなかで，カラマツ等の造林地は戦後開拓が進んだ十勝・網走支庁など道東の一般民有林（私有林）を中心に分布している。その資源基盤はきわめて短期間に限られた地域で造成された。造林当時，カラマツは坑木，パルプ材等を主要用途として植えられたが，炭鉱閉山や海外チップ輸入の影響をもろに受けて造林面積を激減させた。1950年代半ばに一般民有林で年間28,000 haと造林面積のピークを示し，その後1960年代半ばから減少しはじめ，70年代半ばに激減し，80年代に入ると2,000 haを割り込むまでになった。その結果，図5-4-1に見るように，カラマツはⅠ～Ⅳ齢級が極端に少なく，Ⅵ～Ⅷ齢級に偏った齢級構成となっており，資源保続の上で大きな課題をはらんでいる。

(2) 道産材の主軸になったカラマツ

　国・道有林は両者で森林面積の約7割を占めるが，道有林が2002年，道有林会計の一般会計化，全面積の公益林化をもって木材生産から環境と森づくりを重視した政策へ転換したことをうけて，残された少数派の一般民有林が道産材生産を担当する構図になった。今まで国有林・道有林と繋がってきた木材関連業者の多くは，事業縮小もしくは廃業を選択するか，残されたパイをめぐってより集中的な伐採を行うか，という行動様式を迫られている。

　1999年，道産材の供給構造は大きな転機を迎えた。従来，北海道の木材供給構造は，自給率3割強をかろうじて維持しつつ，輸入材の大半を占める輸入チップの動向と，国有林の伐採量によって基本的には規定されてきた。しかし，1999年を境として，一般民有林カラマツをめぐる情勢が次のように大きく変わった。木材供給量約1,000万㎥（1999年度）のなかで，①国有林伐採量と一般民有林伐採量が逆転し，以後，一般民有林伐採量が国有林伐採量を上回る。②道産エゾ・トドとカラマツの製材原木消費量が逆転し，以後，カラマツがエゾ・トドを上回る。③天然林材と人工林材の割合が逆転し，以後，人工林材の供給が天然林材を上回る。即ち，今後，道産材の供給は，様々な構造的課題をはらみつつも，一般民有林・カラマツ・人工林を軸に展開していくと予想されるのである[3]。世界的に天然林採取から人工林時代へ移行したと言われるなかで，北海道においても，地域的にも所有構造上

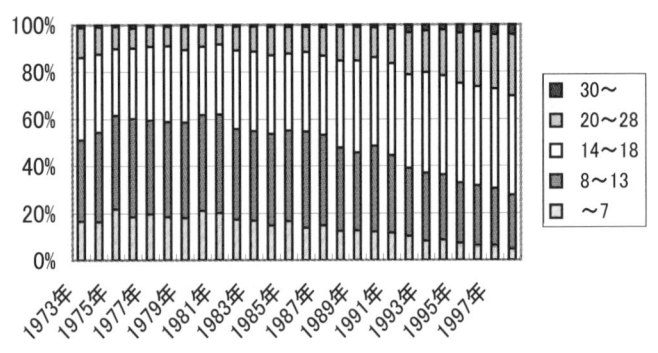

資料：北海道水産林務部資料より．
図5-4-2　製材工場における径級別カラマツ原木入荷量構成比の推移

も齢級構成上も偏在するカラマツ人工林をその中核として据えなければならない構造となった．

(3) **ポスト梱包材への模索**

北海道において，カラマツ素材の用途は，製材が約7割，パルプ・チップが約2割で，製材のほとんどは梱包用材とパレット材に振り向けられているが，チリ産材の流入やメーカー側の「ゼロ・エミッション」対策等の影響を受けて，梱包・パレットの市況は不透明感が強くなっている．一方，カラマツ素材の径級は，1980年代終わりごろから14～18cmの中目材以上の材が過半を占めるようになり，14～18cmが40％，20～28cmが27％，30cm以上が8％と中目以上の径級が7割以上を占めるようになった（図5-4-2）．十勝支庁管内の大手製材工場では，カラマツ資源の大径化を見越して，坑木や，パルプ材，梱包材などの低質材としての利用から一歩進んで，エクステリア部材やウッドブロック，のり面加工，さらには住宅用構造材への利用へ積極的に取り組んでいる．カラマツ製材は，川上からは径級を増していく原木圧を，川下には先行きの不透明な市場を抱えつつ，新たな展望を切り開かねばならない状況におかれている．

3．とらえにくい再造林問題・西日本との大きな違い

北海道水産林務部の調査簿によると，2002年現在，十勝支庁管内の伐採

跡地は 2,084 件，3,752 ha となっている。この調査簿の数字をもとに，各支庁管内の指導普及部門（森づくりセンター）へ現況調査が要請され，再造林放棄地であっても粗密度 3 以上であれば森林にカウントし，逆に届出なしで伐られた場合にも，最終的には林家の事情を汲んで現況に従う。現況主義に徹したとしても，広大な国有天然林及び農地が広がる十勝流域約 70 万 ha において，この数字は深刻なものとしては捉えられていないようである。その背景には，土地利用主体の事情が大きく絡んでくると考えられる。

(1) 森林開発様式と産地形成

北海道一般民有林における伐採は，林業・林産業そのものの要求としてだけではなく，農業・漁業・畜産・馬産・リゾート開発など，森林に近接する地域の経済的要求をダイレクトに受けて大規模なスケールで行われてきた点で，都府県に比べ際立っている。つまり，水産加工のために大量の薪炭が必要とされ，馬産取引の資金入手のために森林が売却され[4]，農業用地・畜産用草地の拡大のために大規模に森が切り開かれ，そしてリゾート用地の開発に伴って森林が転用されてきた[5]。これは，なんらかの経済活動が展開される後背地にある森が，その用途を補完するものとして位置付けられた，辺境地域の森林利用に準えられる。これらの経済活動に付随して伐採された森林からの材が，きわめて短期間に市場を形成し，そこに他律的に川下加工部門が形成された顕例として，1970 年代半ばから 80 年代半ばにかけての農地造成に伴うカラマツ製材産地の形成[6]が挙げられる。それは，川下の要求が産地形成の出発点となったというよりも，全く別部門からの要求がダイレクトに森林に向けられ，そのインパクトが川下の要求を生み出したもので，身軽に動く資本そのものが作り出した産地だと言ったほうがよいであろう。今，同じ十勝流域の木材産地が「川下主導型」として現象しているとすれば，それは要するに，川下資本の要求に対し，川上が弾力性を持って応じられる何らかの都合のよい条件を備えているということである。はたしてそれは，どのような条件なのか。

(2) 林家にとっての森林の意味

原生林の開拓を出発点とした十勝流域の農業にとって，農地と森林との利用区分は流動的である。地形的に連続した農地と山林を持つ地域では，市況

の変動を反映して農地に植林がすすみ，再びその植林地が農地に変えられるようなドラスティックな土地利用変動を経験している。ある農家林家の森林利用を見ることで，林家にとっての森林の意味が西日本とはどのように異なるのかを知るヒントとなると考えられる。

① 農業経営を支援する備蓄林

A家は，十勝支庁O町で畑42.5 ha，山林75 haを保有し，畑作中心に小麦，ビート，馬鈴薯，豆類その他で約4,500万円の販売額をあげる中堅の自営農家である。山林の7割はカラマツを中心としたⅥ齢級以上の針葉樹人工林である。この農家の入植後約100年におよぶ歴史の中で，森林は住居と農地の後背地にあってきわめて重要な役割を果たしてきた[7]。

まず，家計収入の補完として，1953年からの4年間のうち3年を冷害が見舞った折，戦前に植栽されたカラマツを足場材・電柱材として販売することで急場を凌いだ。この時の経験が，農業中心であっても山林を大切にする行動様式を生んだという。また，1970年代半ば，農地を広げて規模拡大をはかる際には，市況が悪化した坑木材生産の代わりにバット材やマッチの軸として，ニレやドロノキを伐採して充当した。その後は，広葉樹チップの生産を続け，沢地などを除いて可能なところをほぼ造林してしまった。

その利用形態は，経営の主軸である農業の市況や農法の変化をそのまま反映させてきた。1960年代初めの燃料革命と農作業の機械化（トラクタ導入），及び1970年の林道敷設，伐出作業の機械化を機に薪採取および農耕馬の放牧をやめた土地へ林種転換造林が進められた。ほぼ同時期に，十勝流域の一般民有林全域で，カラマツ林が一斉に造成され，現在の北海道のカラマツ材生産を支える基盤となった。

このような農家の行動様式において，森林と農地との利用転換を繰り返してきた「相対農林地」ともいえる北海道独特の土地の存在が指摘できる[8]。A家においても，次のように森林→畑→森林→畑という土地利用転換を経験している。即ち，1908年に森林・原野の開墾（森林→畑）を行い，1935年頃に先代を含め家族が多く亡くなった折，耕作不適地に造林し（畑→森林），1973年の規模拡大時には，農地高騰の折でもあり，その同じ土地を再び畑地に転用し自前で農地を調達している（森林→畑）。

② 西日本の自伐林家との違い

　十勝流域における農家林家の行動様式は，西日本中山間地域の自伐農家林家とはあまりに異なる。それは，山間の限られた耕地と山林で多品目少量生産を行う集約的農業と，大規模な耕地で機械化畑作を行う農業の経営様式の違いが，そのまま森林経営に現れているにすぎないとも言える。つまり，経営転換を図る折の行動様式として，前者は規模拡大よりも小面積で収益をあげる集約作目への転換を志向するのに対し（集約的展開），後者は規模拡大を志向し，土地需要が逼迫していれば買わずに自前で調達する（外延的拡大）。森林はそのための安全弁として，家計の安全弁として機能している。

　戦後の燃料革命の中で失った木炭生産による収入を，茶・牛・椎茸等の生産と間伐材収入に頼った九州脊梁山地の農家林家経営では，円高と市場開放による耕種部門，畜産部門の市況悪化を山林収入で補填し，さらに間伐材の市況が悪化する局面で皆伐を選択し，それが90年代以降の再造林放棄の広がりとして現象している。これに対し，面積にして数十倍～百倍もの規模を持ち，戦後日本農業が目指した専業的自立経営を実現させてきた十勝流域の農家林家経営においては，森林は農業経営の背後に備蓄林として控え，常に伐られねばならない状況にさらされることはなかった。

　しかし両者の場合とも，この農家の行動が戦後造林木の伐採を生み，新しい木材流通・加工体制を作り上げる原動力となったことは特筆すべきである。即ち，前者では経営的苦境に陥れば陥るほど自伐間伐材及び主伐材が多く生産され，これが川下加工・流通の原木入手を支え，1980年代後半以降のスギ並材大量生産体制を作り上げた。後者の場合は，逆に農業規模拡大の圧力が強ければ強いほど森林が多く伐られ，それが原木圧となることで，1970年代半ば～80年代半ばにかけてのカラマツ小径木の素材生産及び加工・流通体制を新たに作り出した。つまり，前者は集約経営の一部を取り崩すという形で，後者は経営を外延的に拡大するという形で現象したのである。

(3) 所有と利用の幸運？な関係

① 農業経営内部での位置付け変化

　激しい土地利用転換を繰り返した地域においても，2002年現在，土地の逼迫感は収束したと見られる。農地においては，昭和一桁世代が農業からリ

タイアするのをひとつの画期として，傾斜地や遠隔地等，条件の悪い耕地から耕作放棄が進んでいる。生産者に対し土地が過剰となった今，かつてのように条件不利地域や林地までも農地に転換するという圧力は生まれない。利用転換を繰り返した舞台となった「相対農林地」は，農業生産上の劣等地として耕境から離脱していると推測される。

一方，森林造成もとうに一段落している。カラマツを含む道の造林面積はピーク時から一貫して著しく減少し，1999年には約7,000 haで30年前の約10分の1となっている。また，一般民有林カラマツの齢級構成は，予定伐期齢を超えた林木が大半を占めるようになり，成熟期を迎えたといえる。このような中で，より優良な農地を保持しつつ農業生産を続ける農家にとって，自家保有の森林に対する意識は，以前とはかなり違ったものになっていく。戦後凶作等の危機に，森林からの収入によって農家経営維持を助けられた経験を持つ先代と，山林の境界も分からない現役世代との間で，森林に対する意識のズレは大きい。

さらに，林家世代間の意識の差だけでなく，北海道特有の行動様式も注目しておきたい。先に行った森林組合へのアンケート（第4章）から，林家の地域的な行動様式の違いを垣間見ることが可能である。これによれば，林家が皆伐に踏み切る理由として，九州特に宮崎県では「負債整理」「結婚・進学等の出費」など，林家の事情が優先するのに対し，北海道では「業者の勧め」「計画的伐採」などの理由で，受身ではあるが差し迫った事情があるわけではない。総じて，土地所有者としての意向が後退したために生じた，このような農業経営内部の事情は，川上の材をスムーズに供給したい川下の流通・加工側にとって，好都合に作用するのである。

② 再造林をめぐる諸相

最後に，ある主伐事例を参考にして，主伐経費及び収入，造林事業費の地域的差異を概観しておきたい。相互に条件が異なるため，単純な比較は無理であるが，事業額規模の違いを参考にすることは可能である。

表5-4-1は，十勝支庁のA町で1 ha造林した場合の事業費と補助金額である。9年目まで保育するとして，事業費が約114万円，補助金が町単も含め約80万円，差し引き自己負担額が約34万円である。これに対し，大分

第5章 再造林放棄問題の諸相

表5-4-1 1ha造林した場合の事業費と補助金（北海道と大分県）

(単位：円)

		事業費	補助金	自己負担
北海道				
1年目	造林・下刈・野鼠駆除	703,217	604,478	98,739
2年目	下刈・野鼠駆除	97,212	86,667	10,545
3～4年目	下刈・野鼠駆除	194,424		194,424
5～8年目	野鼠駆除	10,000		10,000
9年目	除伐・野鼠駆除	132,500	107,102	25,398
		1,137,353	798,247	339,106
大分県				
1年目	地拵え・造林・下刈	809,000	550,120	258,880
2～7年目	下刈	605,000	411,400	193,600
9～10年目	蔓切	242,000	411,400	-169,400
11年目	下枝払	161,000	109,480	51,520
13年目	除伐	152,000	103,360	48,640
18年目	保育間伐	180,000	122,400	57,600
		2,149,000	1,708,160	440,840

資料：北海道十勝支庁A町森林組合，大分県林務部聞き取りにより作成。

県では，18年目まで保育間伐するとして事業費が約2倍の215万円，補助金が約171万円，差し引き自己負担が約44万円である。

　上記の再造林費で，1haのカラマツとスギを主伐し，事業単価を一定として販売単価がどこまで下がれば林家の手取りがゼロとなるかをある事例（表5-4-2）を基に単純計算すると，カラマツ5,018円，スギ9,670円となる。北海道は，九州の約半分の事業費で済むために，販売価格がスギの半分近い値段であっても，なんとか手取り分を残すことが可能となっている。参考までに，宮崎県耳川流域の原木市場では，原木平均単価が2000年7月に9,500円／m³台にまで落ち込み，一時理論上の再造林放棄価格を計上している。

　このような経済的理由のほかに，北海道では再造林しなくてもさして大騒ぎにならないいくつかの理由があると考えられる。①傾斜が緩やかであるため，目立たず，危険度合いも少ないこと，②人工林化が進んでおらず，

表5-4-2　ある主伐事例と手取り算出基礎単価

(単位：m³/ha, 円/ha)

	カラマツ	スギ
a 材積	333	264
b 販売単価	6,567	13,748
c 事業単価	4,000	8,000
d 手取単価	2,567	5,748
e 販売額	2,186,811	3,629,472
f 手取り額	854,811	1,517,472
g 再造林費	339,106	440,840
h 手取－再造林費 (f-g)	515,705	1,076,632

資料：十勝支庁A森組，宮崎県A森組資料より．
注：1) h=((b-c)*a)-g 上記の材積a，事業単価c，再造林費gのもとで差引き手取りh=0になる販売単価bを求める．
2) 再造林費は表5-4-1の値を使用．

　木材自給率も低いために，放棄されても大勢に影響がないこと，のほか，再造林を管理する自治体や森林組合にとっても，広大な所管地域のすべてを詳細に把握することの難しさがあると考えられる．道の統計上も，造林面積は主伐面積をほぼカバーしており，再造林放棄地が生まれているとは捉えにくい．

　総じて，北海道一般民有林の再造林をめぐる諸相は次のように捉えることができるのではないだろうか．主伐は行われているが再造林放棄は目立たない．仮に目立つとしても，造林事業量が激減して事業量確保に悩む森林組合等事業体にとっては，困った事態ではない．また，再造林放棄地が減るばかりか，放棄農地等が最終的には森林に編入されて，全体としての森林面積は増えるのではないかとの見方すらある．

　国有林の伐採量が激減して事業量の確保に奔走する素材生産業者，成熟した林分を持ちつつ経営内部での森林の位置付けを変えてきた林家，事業量確保の上で造林適地を探している森林組合，カラマツを主軸とした量産体制へ

の整備を進めてきた流通・加工部門,それを支える安価な素材コスト。現象だけで見ればこの4者の思惑は一致する。所有に対する利用の優越が,こうして成立している。十勝流域のカラマツ材産地が,九州に対比される「川下主導型」として現象したのは,このような所有と利用をめぐる,各主体の状況と相互の関係が作用したためではないかと考えられる。

4．北海道カラマツ人工林問題の枠組み

同時に,こうして十勝流域が「川下主導型」として現象するそれぞれの要因は,十勝のカラマツ林業構造を見えにくくしている。つまり,製材の要求に応えて広大な森林からスムーズに材が出されているように見えるため,問題の所在が摑みにくいのである。スギの場合であれば,急斜面上に迫る伐採跡地の存在は,そこから様々な課題が生じるし,また,何らかの世論形成を促す出発点となりうる。その利用先もある程度のシェアを持ち,地域内でスギをさまざまな場で利用してきた歴史を持つ。カラマツに比べれば,スギ再造林問題は,当事者にとって問題の所在を捉えやすいとも言えるのである。

一般民有林カラマツは,かつて北海道の林業構造を決定づけてきた国有林が方針転換を遂げ,相対的位置を低下させたからこそ前面に出てきた。しかし,それは資源構成上も,市場展開の上でも多くの隘路を抱えている。市場の隘路を克服できない限り,資源構成が好転することは見込めない。その市場は道内需要と分断されている。分断されているから,一般市民には関係ない。おまけに,皆伐したとしても,大して問題視されない。

木材生産から完全に撤退して,自然資源管理をその大きな枠組みとして据えた国有林と道有林,国有林の方針転換により激減した事業量を一般民有林で賄う素材業者,経営内での山林の位置付けを後退させてきた農家林家,カラマツ材市場から分断されている道民,このようななかで,資源の不連続性と市場の不透明性を抱えたカラマツ製材と,これに付随した素材生産業者だけが,その問題の核心にとどまらざるを得ない構造となっている。北海道一般民有林カラマツ林業の枠組みは,以上のように総括できると考えられる。

（山本美穂）

注
1) 北海道では，一般的に道有林以外の森林を一般民有林と呼んで区別しているため，特に断りがない限りこの呼称に従う。
2) 遠藤日雄・石崎涼子「流域林業の類型化に関する一考察」日本林学会関東支部発表論文集，50巻，1999年，9～10頁。
3) 北海道水産林務部木材振興課，平成14年度北海道木材需給見通し，2002年。
4) 坂東忠明「伐採跡地の利用と実態に関する調査—日高支庁管内静内町の事例—」北方林業，Vol. 40，No. 7，1992年，2～6頁。
5) 土屋俊幸・柳幸広登「網走地域における林地転用の実態とその構造（Ⅰ）」第98回日本林学会論文集，1987年，45～47頁，柳幸広登・土屋俊幸「網走地域における林地転用の実態とその構造（Ⅱ）」第98回日本林学会論文集，1987年，49～52頁，土屋俊幸・柳幸広登「網走地域における林地転用の実態とその構造（Ⅲ）」日本林学会北海道支部論集，37号，1989年，199～201頁。
6) 北尾邦伸「北海道のカラマツ製材」半田良一編著『変貌する製材産地と製材業』日本林業調査会，1986年，255～307頁。
7) 藍原健「十勝地方の農林家にみる林野の位置付けの変化」北海道大学農学部森林科学科卒業論文，2000年，7～13頁。
8) 山本美穂「人工林皆伐跡地をめぐる土地利用の諸相—北海道における再造林問題」熊本学園大学経済論集，第7巻，第1・2・3・4合併号，2001年，189～204頁。

第2編
森林資源所有の社会化

第6章　森林所有の構造変化と地域特性

第1節　本章の課題と方法

　本章の課題は，第2編「森林資源所有の社会化」を論ずるにあたって，前提となる林野所有の構造変化とその地域特性について考察することである。

　周知のように，わが国における林野所有の特性は，所有主体の多様性と地域性であり，戦後改革によって開放が断行された農地所有とは大きく異なっている。林野所有の多様性とは，次の5点にまとめることができる。第1に，国有林，公有林，私有林の存在及び私有林においても会社，組合，林家などの所有者が多岐にわたること，第2に，小規模分散所有が多いこと，第3に，所有規模の格差が大きいこと（多数の零細所有が存在する一方で，1,000 haを超える所有規模も存在），第4に，分収林や慣行に基づく入会林野など重層的な所有・利用構造となっている森林が存在すること，第5に，所有目的も多岐にわたるが，木材生産目的の後退が著しいこと，である[1]。

　以上の点を踏まえ，本章では世界農林業センサス（以下，センサスと略す）のデータをもとに，森林資源管理問題を議論する上で重要だと思われる次の3点について近年の動向を分析する。

　第1は，センサスの「地域調査」及び「林業事業体調査」結果を用いて，所有形態別に森林面積の推移を把握することである（第2節）。

　第2は，森林所有の地域特性を，全国農業地域区分による地帯別かつ農業地域類型別（以下，地域類型という）に把握することである（第3節）。これまで，地域特性の分析は地帯（10大区分／14小区分）を用いて分析されてきたが，同一地帯においても地域類型の違いによって，森林所有構造や住民が森林に要請する役割，管理主体も異なるからである[2]。

　第3は，私有林における不在村所有の実態を考察することである（第4節）。不在村所有化は森林管理水準を低下させる最も大きな要因だと考えら

第6章　森林所有の構造変化と地域特性　　　125

れるからである。

　この3点以外にも，森林資源問題を議論する上で，森林の他用途への転用実態や分収造林・分収育林，所有別の資源状況などを把握する必要性があるが，それらについては他稿を参照にされたい[3]。

第2節　森林所有構造の変化

1．所有者別面積変化の概要

　表6-1は所有別林野面積の推移と2000年における地域類型所有割合を示している。2000年における林野面積は2,491万8千haであり，所有形態別

表6-1　所有別林野面積の推移と地域特性　　　　　　　　　　　（単位：千ha，％）

区　　　　分		林野総面積	国有林	民　　　　　有							
				計	緑資源公団	公　　　有					私有
						小計	都道府県	林業・造林公社	市区町村	財産区	
面積 (千ha)	1960年	25,609	7,672	17,120	—	2,969	1,058	—	1,203	508	14,151
	1970年	25,285	7,633	17,652	216	2,761	1,091	75	1,086	384	14,675
	1980年	25,198	7,524	17,674	353	2,948	1,171	264	1,202	311	14,373
	1990年	25,026	7,445	17,581	438	3,138	1,202	406	1,231	299	14,005
	2000年	24,918	7,384	17,534	571	3,324	1,223	477	1,335	289	13,693
面積 変化 (％)	70/60	98.7	99.5	103.1	—	93.0	103.1	—	90.3	75.6	103.7
	80/70	99.7	98.6	100.1	163.4	106.8	107.3	352.3	110.6	81.1	97.9
	90/80	99.3	99.0	99.5	124.2	106.4	102.7	153.5	102.5	96.1	97.4
	2000/90	99.6	99.2	99.7	118.0	105.9	101.7	117.6	108.5	96.5	97.8
構成比	(2000年，％)	100.0	29.6	70.4	2.1	13.3	4.9	1.9	5.4	1.2	55.0
農業 地域 類型	都市的地域	100.0	20.2	79.8	1.1	11.5	3.3	1.1	5.2	1.9	67.2
	平地農業地域	100.0	25.0	75.0	0.9	14.7	5.7	0.8	7.5	0.7	59.4
	中間農業地域	100.0	27.5	72.5	1.5	13.0	4.2	1.9	5.4	1.5	58.0
	山間農業地域	100.0	34.3	65.7	2.9	13.9	5.7	2.3	5.1	0.8	49.0

資料：センサス「林業地域調査」各年版より作成。
注：1）網掛けは全国平均よりも高い比率であることを示している。
　　2）緑資源公団は1990年センサスまでは森林開発公団面積である。
　　3）1960年と70年の公有の細分項目（都道府県～財産区）の面積は林野面積ではなく，「現況森林面積」である。従って，それらの計は公有林野面積計とは異なる。

には，国有738万4千ha（林野面積の30％），民有1,753万4千ha（同70％），うち私有1,369万3千ha（55％）である。

時系列的にみると，林野総面積は微減傾向にあるが，約2,500万haで推移しているのに対して，私有林野が70年以降，毎センサス時のたびに2％以上減少している。面積的には60年から約130万haの減少となっている。国有林野面積も減少傾向にあり，専ら緑資源公団と公有林野面積が増加している。

2．公有林野及び緑資源公団面積の増加

公有林野の内訳をみると，財産区有面積は減少しているが，その他の公有林野面積は増加している。1970年以降，最も面積が増加しているのは林業・造林公社（70年の75千haから2000年には477千haへと，6.7倍）であり，次いで緑資源公団（旧森林開発公団）である。時期的には70，80年代に大きく伸び，90年代も両者を併せて約12万ha，90年比118％へ増加している。

市区町村有林野は，80年代には増加率は小さかったが，90年代になって1,231千haから2000年の1,335千ha（林野総面積の5％）へと約10万ha増加している。市町村による森林の買い上げ資金に対して起債措置がなされた影響があると思われる。

3．民有林における林業事業体数及び保有山林面積の変化

民有林といっても，様々な所有形態があるので，センサスの「事業体調査」によって把握された各種林業事業体の山林保有に関する変化を考察しておきたい。表6-2は，民有林の事業体数（1ha以上）及び各保有山林面積の推移を示したものである[4]。

なお，「地域調査」が属地調査であるのに対して，「事業体調査」は属人調査であり，自己申告に基づいているため，両者間の整合性は必ずしもとれていない点は留意すべきである。

第1の特徴は，事業体数，保有山林面積ともに農家林家が大きく減少していることである。事業体数では1970年の63％，保有面積は66％となっており，面積シェアは2000年に3割を割り込んでいる。

第6章 森林所有の構造変化と地域特性

表6-2　1 ha以上の林業事業体数及び保有山林面積の推移

(単位：事業体数，千ha, ha, %)

		1960年	1970年	1980年	1990年	2000年	構成比(%)	対70年比(%)	
事業体数	林業事業体総数	1,276,293	1,291,390	1,257,669	1,208,138	1,171,747	100.0	90.7	
	林家	1,132,878	1,144,462	1,112,571	1,056,350	1,018,744	86.9	89.0	
	農家林家	1,074,056	1,052,073	952,937	800,913	657,608	56.1	62.5	
	非農家林家	58,822	92,389	159,634	255,437	361,136	30.8	390.9	
	林家以外	143,415	146,928	145,098	151,788	153,003	13.1	104.1	
	会社	2,027	4,941	11,410	14,582	19,951	1.7	403.8	
	社寺	9,020	13,706	14,088	14,796	13,210	1.1	96.4	
	共同	65,192	73,867	69,865	74,177	74,103	6.3	100.3	
	各種団体・組合	1,950	4,972	7,233	8,406	8,263	0.7	166.2	
	慣行共有	62,545	46,094	39,274	36,573	34,578	3.0	75.0	
	財産区	122	757	587	666	639	0.1	84.4	
	市区町村	2,338	2,405	2,464	2,424	2,115	0.2	87.9	
	地方公共団体の組合	175	140	130	117	107	0.0	76.4	事業体平均面積(ha)
	都道府県	46	46	47	47	47	0.0	102.2	
保有山林面積(千ha)	林業事業体総数	10,790	11,794	12,443	12,802	12,256	100.0	103.9	10.5
	林家	5,739	6,161	6,220	6,191	5,717	46.6	92.8	5.6
	農家林家	Na	5,224	4,792	4,097	3,455	28.2	66.1	5.3
	非農家林家	Na	937	1,428	2,094	2,262	18.5	241.5	6.3
	林家以外	552	5,633	6,223	6,610	6,539	53.4	116.1	42.7
	会社	720	1,031	1,368	1,509	1,548	12.6	150.2	77.6
	社寺	69	132	111	145	122	1.0	92.2	9.2
	共同	515	619	563	659	548	4.5	88.6	7.4
	各種団体・組合	73	195	359	404	381	3.1	195.0	46.1
	慣行共有	1,561	1,343	1,167	1,133	1,061	8.7	79.0	30.7
	財産区	15	140	93	81	90	0.7	64.4	141.2
	市区町村	1,034	1,004	1,199	1,127	1,192	9.7	118.6	563.4
	地方公共団体の組合	42	48	47	29	20	0.2	42.8	190.5
	都道府県	1,022	1,120	1,316	1,524	1,577	12.9	140.8	33,546.0

資料：興梠克久「民有林における山林保有主体の動向」『林政総研レポート，No.61』㈶林政総合調査研究所，2002年，69頁，表2-1-1を修正，加筆したものである。元資料は，センサス「林業事業体調査」である。

第2に，非農家林家は事業体数で3.9倍弱，面積で2.4倍の増加となっている。しかし，農家と非農家を合わせた林家の保有シェアは2000年には5割を割り込んでいる。

　第3に，林家以外で保有面積シェアが高い事業体は，都道府県（13％），会社（13％），市区町村（10％），慣行共有（9％）である。会社は1970年の5千弱から2000年には約2万事業体へと急増している。面積では1.5倍であるため，小面積所有の増加を意味しており，その多くは林業生産目的ではなく，開発目的だと予想される。

　第4の特徴は，事業体によって保有面積規模が異なっていることである。2000年における1事業体当たり山林面積をみると，林家が5.6 haに対して，共同が7 ha，慣行共有31 ha，会社が78 ha，財産区141 ha，市区町村563 ha，都道府県33,546 haである。

第3節　森林所有構造の地域特性

1．地域類型別にみた森林所有構造の特性

　農業地域類型別に森林所有構造をみると（前掲表6-1），国有林野率は「都市的」が20％，「平地」25％，「中間」28％，「山間」34％の順で高まる。逆に，私有林野率は，「都市的」が67％，「平地」59％，「中間」58％，「山間」49％と徐々に低くなっており，山間地域では森林の過半は国公有林である。

　公有林と緑資源公団の森林分布は地域類型によって異なり，公社・公団は中・山間（公団は特に「山間」），市区町村有は「平地」，財産区有は「都市的」と「平地」，都道府県有は「平地」と「山間」で所有割合が高い。

2．地帯別地域類型別にみた森林所有

　表6-3は，更に地帯別の違いを含めた林野所有構造の地域特性について把握するために，地帯別かつ地域類型別に国有，公有（緑資源公団を含む），私有林野率を示した表である。

　地帯別平均をみると，国有林野は北海道，東北，北陸，北関東，東山，南

第6章　森林所有の構造変化と地域特性

表6-3　地帯別地域類型別にみた林野の所有構造　　　　　　　　　（単位：％）

地帯名	国有林野率					公有林野率					私有林野率				
	都市	平地	中間	山間	平均	都市	平地	中間	山間	平均	都市	平地	中間	山間	平均
全　国	20	25	27	34	30	13	16	14	17	15	67	59	58	49	55
北海道	60	34	51	62	55	12	20	16	18	17	28	46	32	20	28
都府県	15	18	21	26	22	13	12	14	16	15	73	70	65	57	63
東　北	33	32	36	53	42	12	11	14	12	13	54	57	51	35	45
北　陸	11	11	25	23	22	10	13	13	17	14	79	76	62	60	64
北関東	14	12	33	54	36	7	5	7	8	7	79	83	60	39	56
南関東	5	1	9	19	9	11	3	16	29	17	83	96	75	52	74
東　山	9	13	24	28	25	37	29	27	32	31	54	58	48	40	44
東　海	8	6	10	18	15	11	9	15	13	13	81	85	75	69	73
近　畿	5	7	2	7	5	8	8	14	17	14	87	84	84	76	80
山　陰	2	6	6	9	8	12	10	14	19	18	86	84	79	71	74
山　陽	5	3	5	8	6	14	7	12	21	16	81	90	83	70	77
四　国	9	5	5	18	14	10	17	10	11	11	81	78	86	71	75
北九州	15	10	11	13	12	12	12	14	15	14	73	78	74	72	74
南九州	21	18	32	29	29	12	9	11	17	14	67	73	57	54	58
沖　縄	2	1	10	59	29	25	68	58	27	45	73	31	32	13	26

資料：2000年センサス「林業地域調査」結果より作成。
注：公有には「緑資源公団」も含む。

九州，沖縄の7地帯で20％を超えている。全国的な地域類型別では「山間」で高く，「都市的」で低かったが，北海道では「都市的」（60％）も「山間」（62％）に匹敵する高さである。南九州では「中間」が高いこと，沖縄では「山間」で国有林が極端に多いなど，地域類型別にも特徴を有している。

公有林野率が最も高いのは沖縄（45％），次いで東山（31％）であり，他地帯は20％未満である。沖縄では「平地」（68％），「中間」（58％），東山では「都市的」において37％と高い。また，南関東は「山間」において29％と高い。私有林地帯（東海，近畿，中国，四国，北九州）においても地域類型別にみると，「中山間」の公有林野率は10％を超える。

「山間」市町村において最も私有林野率が低いというのは，全地帯の特徴であり，公的所有が重要な位置を占めている。

第4節　不在村所有化の実態と「地元管理可能森林」

1．私有林における不在村所有森林の増加

表6-4は1970年以降の在村，不在村所有面積の推移を示している。70年には私有林の15％にあたる2,117千haであった不在村所有面積はセンサスのたびに増加し，2000年は25％の3,321千ha（県内不在村2,008千ha，県外不在村1,313千ha）を占めるに至っている。不在村者の内訳も県外不在村者の割合が高まっている。過疎化が激しく，同時に列島改造ブームによる林野開発需要が旺盛であった70年代に比べると，不在村化の動きは鈍化している。しかし，90年代も引き続き10ポイントを超える不在村所有の増加がみられる。

森林の不在村化は歴史的に形成されてきたものであり，幕藩期からの山林地主の形成過程，木材市場の展開度，戦後の経済成長期における林地の需給構造（特に開発需要），過疎化の進行程度など様々な要因が絡み合っている[5]。近年では，相続に伴う都市在住子弟への所有権の移転というのも，不在村化の増加要因となっている。こうした要因の重層性は，市町村によって森林の不在村所有面積率を大きく異ならせる結果となっている。

2．不在村所有の地域特性

表6-5は，不在村所有率別市町村数を地域類型ごとに集計したものであ

表6-4　私有林における在村者・不在村所有面積の推移

（面積：千ha，構成比・増減率：％）

区　分		1970年		1980		1990		2000		増　減　率		
		面積	構成比	面積	構成比	面積	構成比	面積	構成比	80/70	90/80	00/90
総　数		14,206	100.0	14,100	100.0	13,794	100.0	13,482	100.0	△ 0.7	△ 2.2	△ 2.3
在村者		12,089	85.1	11,452	81.2	10,791	78.2	10,161	75.4	△ 5.3	△ 5.8	△ 5.8
不在村者	総数	2,117	14.9	2,648	18.8	3,003	21.8	3,321	24.6	25.1	13.4	10.6
	県内	…	…	1,621	11.5	1,819	13.2	2,008	14.9	…	12.2	10.4
	県外	…	…	1,027	7.3	1,184	8.6	1,313	9.7	…	15.3	10.8

資料：センサス「林業地域調査」各年版より作成。

表6-5 農業地域類型別にみた市町村の不在村所有率分布　　（単位：市町村数，％）

私有林の 不在村所有率	都市的農業地域		平地農業地域		中間農業地域		山間農業地域		計	
	市町村数	(構成比)	市町村数	(構成比)	市町村数	(構成比)	市町村数	(構成比)	市町村数	(構成比)
10％未満	207	(27.3)	193	(27.8)	292	(28.1)	148	(20.0)	855	(24.8)
～20％	170	(22.4)	189	(27.3)	365	(35.2)	170	(23.0)	936	(27.2)
～30％	130	(17.2)	108	(15.6)	195	(18.8)	162	(21.9)	635	(18.4)
～40％	68	(9.0)	65	(9.4)	86	(8.3)	88	(11.9)	322	(9.4)
～50％	39	(5.1)	38	(5.5)	46	(4.4)	63	(8.5)	195	(5.7)
～70％	36	(4.7)	21	(3.0)	38	(3.7)	76	(10.3)	185	(5.4)
70％以上	21	(2.8)	6	(0.9)	16	(1.5)	31	(4.2)	88	(2.6)
私有林なし	87	(11.5)	73	(10.5)	0	(0.0)	1	(0.1)	226	(6.6)
合計	758	(100.0)	693	(100.0)	1,038	(100.0)	739	(100.0)	3,442	(100.0)

資料：2000年センサス「林業地域調査」結果より作成（図6-1も同じである）。

る。全体では，不在村率10～20％の市町村が936（27％）ともっとも多く，10％未満（25％）と合わせて，過半数の市町村は不在村所有率20％未満である。しかし，不在村率30％を超す市町村も一定数ずつ段階的に存在し，70％を超す市町村が全国で88も存在する。地域類型別にみると，50％以上が不在村所有によって占められている市町村は，平地農業地域で最も低く4％，次いで「中間」5％，「都市的」8％であり，「山間」は107町村で15％である。「山間」では70％を超す町村も31（4％）にのぼる。

　県別にみると，不在村所有面積率が最も高いのは奈良県で50％，次いで和歌山県48％，以下30％を超えるのは群馬県，神奈川県，沖縄県，東京都，栃木県，徳島県，岐阜県の8都県である。戦前来の先進林業地域と首都圏，及び沖縄で高いことがわかる。一方，最も低いのは佐賀県7％であり，長崎県と山口県の3県が10％を下回る。

3．森林の「地元所有」面積率の地帯別地域類型別差異

　最後に，森林の所有構造と私有林の不在村所有化の地域構造を把握するために，「地元所有」森林面積割合を見ておきたい（図6-1）。「地元所有」森林とは，市町村有と財産区有，在村の私有林面積の合計を指しており，町村内居住者の意向によって森林資源の管理が可能である，という意味で用いて

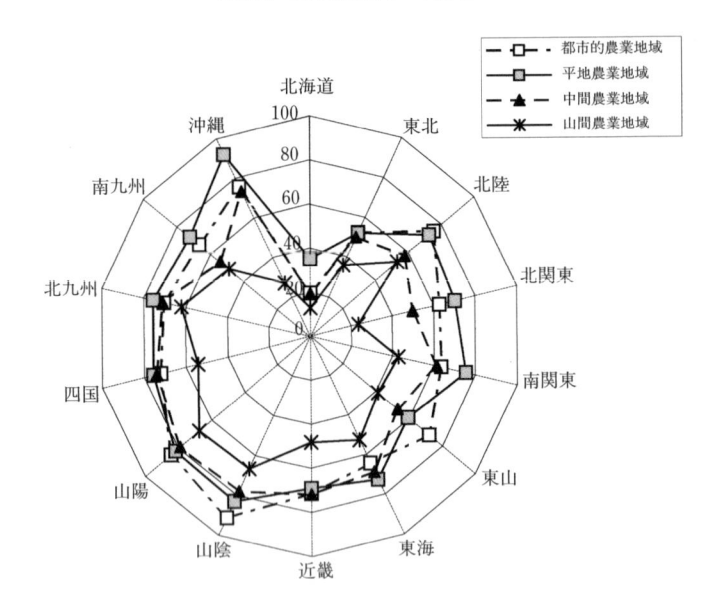

注:「地元所有」森林とは、在村所有者私有林、財産区有林、市町村有林面積を合計した面積を指す。

図 6-1 地帯別・地域類型別の「地元所有」森林面積率

いる。

どの地帯も概ね,「平地」が高く,次いで「都市的」,「中間」,「山間」という順である。里山地帯を「平地」～「中間」とすると,北海道,東北,東山で地元所有が低く,他地域では東日本で概ね60～70％,西日本で70～80％が地元所有といえる。一方,「山間」が他よりも10ポイント以上低い地帯も少なくない。

北海道では国有林,道有林比率が高い上に,私有林の不在村化が進行しているので,「地元所有」森林率は極端に低く,「平地」以外は20％にも満たない。一方,「山間」で60％を超えているのは山陰,山陽,北九州である。

第5節 まとめにかえて

以上,森林所有構造の変化と地域特性について見てきた。地帯及び地域類

型によって森林の所有構造は大きく異なっており，森林資源問題を議論する際，次の2点を留意することが必要だと考える。

第1は，「地元所有」森林面積が低い市町村の問題である。今日，森林法の改正に伴い，森林資源管理における権限が市町村に委譲されてきており，その役割が重要となっている。しかし，「地元所有」が少ない市町村においては十分な対応ができない場合も多いと思われる。特に，財政的にも，人的（自治体職員数等）にも制限が多い「山間」市町村において，居住者のみではなく不在村所有者に対して，適切な森林保全を勧奨するのは多くの困難が予想されるところである[6]。

第2は，林家以外の保有山林の資源管理についてである。森林資源管理の担い手問題は，これまで主に私有林の林家保有森林を中心に議論されてきたが，その保有率は低下しており，林家以外が保有する私有林及び国公有林に関する資源管理問題の解明が急がれている[7]。

（佐藤宣子）

注
1) 三井昭二「森林所有」（日本林業技術協会編『森林・林業百科事典』丸善，2001年所収），494～495頁を参照にした。
2) 農業地域類型とは，社会経済変動に対して比較的安定している土地利用指標と人口集中地区（DID地区）の面積割合を主な基準指標として，都市的地域，平地農業地域，中間農業地域，山間農業地域の4つの地域に分類したものである。基準に従って，市町村と旧村単位での地域区分がなされ，旧村単位での分類の方が類型それぞれの特徴が鮮明に把握できる。しかし，林業地域調査は属地調査の基礎単位が新市区町村であるため，本章では新市区町村単位での4つの地域類型を用いている。地域類型に関しては，児島俊弘『農業センサスの世界』農林統計協会，1993年，220頁を参照のこと。
3) 拙稿「森林資源の現況と地域特性」及び「森林資源からみた林業生産の地域性と森林保全」（餅田治之編著『日本林業の構造変化と再編過程―2000年林業センサス分析―』農林統計協会，2002年）を参照のこと。
4) 各事業体の保有規模別面積を分析することによって，所有の階層性を明らかにすべきであるが，紙幅の関係上割愛する。詳しくは，興梠克久・原研二「民有林における山林保有主体の動向―林業事業体調査の分析―」（『林政総研レポート，No.61，林家経済の基礎的研究（Ⅰ）―2000年世界農林業センサスの分析―』㈶林政総合調査研究所，2002年所収）を参照されたい。
5) 柳幸広登「不在村所有の動向と今後の森林管理問題」（志賀和人・成田雅美編著『現代日本の森林管理問題―地域森林管理と自治体・森林組合―』全国森林組合連合会，

2000年，80～105頁。）
6）市町村林政における不在村所有対策の難しさに関しては，拙稿（岡森昭則氏と共著）「『分権化』時代における自治体林政の展開—熊本県の間伐対策事業の分析—」，『林業経済研究』Vol.46, No.2, 2000年，31～36頁を参照にされたい。
7）興梠氏によると，林家の森林保有面積シェアは47％まで減少しているが，用材販売シェアは64％を占めていると試算している（興梠前掲書（注4）72頁）。このことは，森林・林業問題における林家研究の重要性を指摘すると同時に，森林資源の利活用と適正管理という面では，会社等の林家以外の保有山林が多くの課題を抱えていることを示唆するものである。

第7章　市場と森林

はじめに

　わが国の1990年代は「失われた10年」と総括され，21世紀に入った今日でも回復の兆しがまったく見えていない。この間，構造改革論者による規制緩和，民営化が声高に叫ばれてきたが，彼らの理論的なよりどころになっているのが主流派経済学，すなわち新古典派経済学[1])である。

　ところで，三ツ谷誠は戦後日本経済の転換点として「プラザ合意」(1985.5)，「ベルリンの壁崩壊」(1989.11)，「山一証券，北海道拓殖銀行の経営破綻」(1997.11)の3つを挙げ，次のような戦後日本経済の枠組みを提示している[2)]。すなわち，戦後日本経済の存立条件は朝鮮戦争（1950年勃発）によって付与された。これによって米ソ対立を軸とする冷戦構造の枠組みが形成されたからである。そして，以後，「ベルリンの壁崩壊」までの約40年間，冷戦構造は日本の生命維持装置（守護神）の役割を果たし，この与えられた条件の中で，わが国は欧米へのキャッチアップを目指し経済成長を遂げた。「プラザ合意」はその成長の頂点であったといえる。

　しかし，「ベルリンの壁崩壊」によって軍拡競争に勝ち，共産主義イデオロギーを葬り去ったアメリカが，自国のルールを再び自由主義陣営に突きつけたのは当然のことであった。そのルールとは間接金融優位，国家優位の「開発型経済体制」から，直接金融優位，民間優位のルールの中での競争という体制への強制移管であり，市場を中心に据えた経済体制への全世界の統一であった，というのが三ツ谷の見方である。

　つまり，「ベルリンの壁崩壊」を契機として，「冷戦は終わった。もうこれ以上日本をのさばらせておくわけにはいかない」[3)]と，アメリカ自身が自国の競争のルールを突きつけてきたのである。これがグローバリズムの正体であり，それ故グローバリズム＝アメリカン・スタンダードという理解が妥当

性を持っているわけである。そして，このルールの考え方の根本を形成しているのが市場原理主義であり，その学問的支えになっているのが新古典派経済学なのである。市場原理主義の貫徹とは徹底した商品化のことであり，そこでは「性」も「臓器」も「思想」も商品化してしまうのである。

　こうしたルールを無批判的に受け入れたのがわが国の構造改革派（構造改革そのものに反対するつもりはないが）であり，第1編で詳細に報告されている再造林放棄の問題も，じつはこうしたグローバリズムの中で惹起していることを再認識する必要があろう。ではこうした状況に，わが国の森林・林業・木材産業はどのような対応をすべきなのだろうか。とりわけ，森林成長の営みが光合成による有機物の生産に依存しているという大前提を置いている以上，市場がこの前提条件そのものを破壊することは即森林破壊につながる危険性を孕んでいる。しかし，その一方で木材産業界は，グローバリズムのもとでの熾烈な市場競争を強いられている。それでは適切な森林資源管理が行われ，かつ市場競争力のある木材産業を育成するためにはどのような仕組みを創出すればよいのであろうか。本章の課題は，この仕組みを考察することである。

第1節　市場の評価

1．「第3の道」模索の重要性

　上記の課題にアプローチする際に，最初に議論しておくべき重要な問題がある。市場をどのように評価すべきかという難問である。最近のわが国の森林・林業界では，「地産地消」（例えば「近くの山の木で家をつくる運動」）や「産消連携」（例えば産直運動）などの反市場的な取り組みが，あたかも森林・林業・木材産業振興の救世主であるかのような論調が少なくないが，このような反市場的姿勢はほんとうに森林・林業・木材産業振興につながるのであろうか（誤解のないよう一言すれば，筆者は地産地消や産消連携を批判しているのではない。「『近くの山の木』の運動」には賛意を表明している）。この問題は，じつは市場をどのように評価すべきかという問題と深く関わっているのである。例えば，新古典派経済学の主張する市場原理一辺倒の経済

に任せるのか,それともマルクス経済学の一部が主張するような市場廃絶なのか,あるいは市場のもつ潜在的な可能性に着目してその維持を図るのか,はたまたその中間なのかという問題である。これ自体大きな問題であり,筆者の能力では解決できない。そこで以下では,上記の問題意識の範囲内で,市場評価に関する議論の簡単な整理を試みてみよう。

現在の各経済学流派の市場評価についてごく大雑把に整理すると,①新古典派経済学の市場に対する全幅の信頼,②マルクス経済学の一部にみられる市場廃絶論,そして,③前者でもない後者でもないいわば「第3の道」の3つに分けられるだろう。この中で大手を振って闊歩しているのが新古典派経済学にほかならないが,冷戦時代に新古典派経済学に対するアンチ・テーゼとして一定の地歩を固めていたマルクス経済学の主張,例えば,市場万能の時代だからこそ「市場機構の歴史依存性あるいは制度依存性,市場機構に内在または随伴する動揺と軋轢,市場の浸透力に画された限界などの問題に本格的に取り組んだ古典的研究」[4]すなわち『資本論』の有効性を強調してみても,往時の説得力に欠けることは誰の目にも明らかである。

このように考えてくると,①でもない②でもない,つまり③の道が浮上してこざるをえない。1891年,ローマ法王レオ13世によって出された「レールム・ノバルム」(Rerum Novarum)は,当時のヨーロッパを中心とした世界が直面していた深刻な問題を「資本主義の弊害と社会主義の幻想」(Abuses of Capitalism and Illusions of Socialism)という言葉で印象づけた。それから100年経た1991年,ヨハネ・パウロ2世によって「新しいレールム・ノバルム」が出されたが,その中心的テーマは「社会主義の弊害と資本主義の幻想」(Abuses of Socialism and Illusions of Capitalism)という予言的言葉であった。宇沢弘文は,この2つの言葉を紹介しながら,「社会主義国はこぞって,市場制度を導入して,資本主義体制への道を歩もうとしている。しかし,資本主義諸国もまた,社会主義の国々に比して,優るとも劣らぬような内部矛盾をもっていることを人々ははっきり認識する必要がある。資本主義か社会主義か,という問題意識を超えて,人々が理想とする経済体制は何かという問題提起が,ローマ法王によってなされたことに対して,私たち経済学者は,謙虚に,また誠実に対応しなければならない」[5]と警鐘を

鳴らしている。③すなわち、「第3の道」が模索される所以である。

2．「第3の道」論者による市場評価

ただ、ここで問題になるのは「第3の道」を志向する論者の中でも、市場に対する評価は一様ではないことである。例えば、明確に「第3の道」支持を表明している佐和隆光は、「自由な市場経済が資源の『効率的な配分』をかなえることを認めるにせよ、その反面、所得格差を是正したり、『排除』としての不平等をなくするという機能を、市場経済は残念ながらもちあわせていない」[6]としたうえで、「厚生経済学の基本定理」[7]、すなわち「完全競争はパレート最適を達成するし、任意のパレート最適は完全競争により達成される」[7]を命題とする絶対的市場主義（グローバリゼーション）から、「少なくとも当面は、ハイエクの相対的市場主義に同調せざるをえない」[8]と市場のもつ機能に一定の期待を寄せている。そして、「グローバルな市場経済は、地球温暖化のみならず、地球環境の汚染・破壊を防除する力学を内蔵していない。したがって、地球環境の保全のためには、グローバルな『市場の力』を制御する権限をもつ機関の設立が必要とされる」[9]という主旨の持論を展開している。

佐和とは流派を異にし、反グローバリズムの姿勢を明確にしている金子勝も、自らを「市場主義にも反対ですが、コミュニタリアンでもない」[10]と表明しながら、「いわゆる貨幣的な交換を媒介に物が交換されるという意味での市場と（私の考えは）通底してあります。市場の働きが決定的に変わるのは、土地や労働に所有権が確立して以降です」[11]と市場の機能について一定の評価を下したうえで、次のように整理している。すなわち、新古典派経済学は「労働・土地・貨幣といった本源的生産要素は、市場で生産されないがゆえに、『希少性』を有するとされ、それゆえにこそ、私的所有権を前提とする市場メカニズムがこれらの資源を最も有効に配分できるのだと主張」[12]するが、「いま一度、市場と自由という観点から『所有することの限界』の意味を問い直してみなければならない」[12]とする。それを森林（林地）と関連の深い土地に限って整理すると以下のようになる[13]。

①　土地は通常のサービスとは異なり、生産することができず消費され尽

くすこともない（したがって，土地の価値そのものはGNPに入らない）。

② 土地は移動性のない非貿易財である。そのために，土地は流動性に大きな制約を抱えている。

③ すべての土地には所有者が存在し，通常は頻繁には取引されない。相続・移動・借金などやむを得ない場合を除いて，土地の売買は限られている。

④ 土地は固定性があり，通常の財と違って消耗したり消費し尽くされることがないゆえに，投機の対象になりやすい。

⑤ 土地と自然的条件に制約されて市場の調整が効きにくい農業は，しばしば他の産業から取り残される傾向を生む。また自由貿易だけに任せると，その国の農業自体が大きな打撃を被るケースが生じる。

このように「市場とコミュニティの密接な関係の基底には，本源的生産要素を『所有することの限界』という問題が潜んでいる。すなわち本源的生産要素の市場化の限界に対応して，セーフティーネットを媒介とする社会的共同性がなければ，人々は自己決定をなしえないという相互関係を生み出す。問題はこの相互関係のあり方なのであって，市場を廃絶することによっても，決して近代的人間の分裂という問題は止揚されない。かくして，セーフティーネットを張り替えながら，絶えず自己決定権と社会的共同性の相互関係を問い詰めてゆく戦略的思考が必要」[14]としている。

以上2人の代表的な見解を簡単に見たが，佐和のいう地球環境の保全のための「グローバルな『市場の力』を制御する権限をもつ機関」と，金子のいう「セーフティーネット」には共通するものがある。いずれも市場の暴走を阻止する何かを市場に埋め込まないと，マーケットの暴走を抑えることはできないという考え方である。ただ，より具体的に説明しているのは金子であるので，もう少しそのセーフティーネットの内容を吟味してみよう。

第2節　市場とセーフティーネット

1．経済学における人間像

セーフティーネット論議に入る前に，経済学における人間像について触れておこう。まず，新古典派経済学が議論を展開する際の人間とは，「合理的

経済人」といわれるもので，それは平たくいえば，①短期的，長期的に将来を見通せる人間，②他人にかかわりなく自己利益を追求できる人間，③最小費用で最大利潤を求めようとする人間となる。もっとも，この人間は現実の人間ではなく，「文化的，歴史的，社会的な側面から切り離されて，経済計算のみにもとづいて行動するような，ある抽象的な存在を意味している」[15]ことはいうまでもない。つまり，①〜③のように行動すれば，市場メカニズムが自動的に働いて，最も効率的に資源を配分してくれるというものである。

しかし，実際の社会では実にさまざまな人間によって市場が動いている。1998年にノーベル経済学賞を受賞したアマルティア・センは，こうした「合理的経済人」を「合理的愚か者（rational fool）」と喝破し，「純粋な経済人は事実，社会的には愚者に近い。しかしこれまで経済理論は，そのような単一の万能の選好順序の後光を背負った合理的愚か者（rational fool）に占領され続けてきたのである。人間の行動に関係する〔共感やコミットメントのような〕他の異なった諸概念が働く余地を創り出すためには，われわれはもっと彫琢された構造を必要とする」[16]と問題提起をしている。そして，セン自身の「彫琢された構造」構築の手がかり，換言すれば「合理的経済人」から離れるための手がかりとして，「共感」と「コミットメント」という2つの概念を提起している。ここで「共感」とは，「他者への関心が直接に己れの厚生に影響を及ぼす場合に対応」[17]する概念であり，例えば，「他人の苦悩を知ったことによってあなた自身が具合悪くなるとすれば，それは共感の一ケースである」[17]。一方，「他人の苦悩を知ったことによってあなたの個人的な境遇が悪化したとは感じられないけれども，しかしあなたは他人が苦しむのを不正なことと考え，それをやめさせるために何かをする用意があるとすれば，それはコミットメントの一ケースである」としている[17]。

佐和隆光は，センの「コミットメント」に「使命感」という日本語訳を与え，その一例として，「環境を守るという使命感に駆られて行動する人がおれば，他人への思いやりが私利私欲を抑え込む」[18]ケースを挙げている。そして，「人びとの価値優先順位のポスト・マテリアリズム化は，コミットメントとシンパシーを効用・利潤最大化に優先させる傾向をよりいっそう強くす

るであろう」[18]と新古典派経済学の「合理的経済人」にとって代わる人間像として，センの提示した2つの概念を評価している。

2. セーフティーネットの概要

さて，金子の説くセーフティーネットとは概略次のようなものである[19]。第2節1で見たように，実際の社会ではさまざまな人間の行為から成り立っており，そこには一見して，市場競争と正反対の行為も含まれる。例えば，「市場で競争すること」と人間同士が「信頼し協力すること」は，相容れない正反対の行為のように見える。前者が優勝劣敗の世界であるのに対して，後者は互いに信頼して助け合う世界であり，しかも不公平や不平等が生じないように配慮されるのが通常である。もちろん，新古典派経済学でも「協力」が描かれていないわけではない。例えば，ゲーム理論を用いる場合，あくまでも自己利益になる限りで他人と「協力」すると説明される。しかし，こうした自己利益から説明できる「協力」関係は，人間同士が「協力」する動機の一面しか表現されていない。仮に，自己利益のために他者との「協力」関係を利用するといっても，実際には，人間は将来発生する自己利益自体を見通すことができない。それゆえに，現実の人間は多くの不安や困難などのリスクを抱えている。そして，市場経済が不安定化するにつれて，一人ひとりの人間では処理しきれない共通のリスクが，社会全体に及んでくるという重大な問題が生起してくる。市場社会において，継続的な「協力」関係が制度化されていくのも，こうした将来的リスクを社会的に共同で処理する必要性があるからである。

このように考えると，「市場で競争すること」と「信頼し協力すること」という一見して相容れない正反対の行為は，実は相互補完の関係にあり，市場経済はこの逆説のうえに成り立っている。つまり市場競争の世界には，信頼や協力の制度が奥深く埋め込まれており，相互信頼を前提とする「協力の領域」があってはじめて「市場の領域」もうまく作動するのである。この信頼や協力の制度に当たるのが，リスクを社会全体で分かち合うセーフティーネットである。以上が金子のセーフティーネット論の概要であるが，森林資源管理の場合，具体的にどのような制度が考えられるであろうか。

第3節　森林・林業・木材産業におけるセーフティーネット

1．「協力の領域」と「市場の領域」の設定

　これを考える素材として，1995年度の『林業白書』を例に，これまでの原木供給の考え方についてみておこう。『白書』は，原木の安定供給実現のためには，川上から川下まで視野に入れた総合的な対策が必要であり，川下で生じた利益の一部を立木価格が相対的に高くなる形で還元する仕組みをつくるべきと主張している。いわゆる川上・川下一体化論であるが，この根底には森林所有者が市場逆算方式を暗黙に了承する姿勢で，製材加工業界の利益の「おこぼれ」にあずかろうという発想がある。こうした考え方に対して「さもしい」という批判はまったく的はずれである。というのも，立木価格とは森林所有者にとっては地代であり，その地代は経済学的には産業利益の一部の二次配分だからである。ここでは立木価格は市場逆算方式で他動的に決定され，森林所有者はこの価格を甘受せざるをえない。しかも，近年のような立木価格≒0では森林経営（森林管理）は成り立たない。どうすべきか。これが根本問題であり，ひいてはわが国の森林・林業・木材産業の根本問題でもある。

　このような川下が川上に犠牲を強いる歪な形の一体化ではなく，両者が信頼関係をもとに協力できる体制を創出し，これを基礎にグローバル化に応戦して「勝つシステム」を構築する必要がある。そのためには，先述の金子に倣っていえば，川下（伐出業＋製材加工業）＝「市場の領域」，川上（森林経営）＝「協力の領域」という新たな座標軸の設定が必要であろう。つまり，森林・林業・木材産業版セーフティーネットであり，グローバル経済下で余儀なくされている立木価格≒0の状況を，市場の効率と分配の公正のバランスをとりながら克服する方向である。別言すれば，分配の公正を実現しながら原木の安定供給体制を確立し，それを背景に木材産業界の市場競争を機能させる方向である。

2．立木代＝0の原木供給システム

　そこで考えられるのが，立木代＝0の原木供給システムである。その考え

表7-1 森林の有する多面的機能の貨幣評価

項目（機能）	評価手法	評価額
二酸化炭素吸収	代替法	1兆2,391億円／年
化石燃料代替	代替法	2,261億円／年
表面浸食防止	代替法	28兆2,565億円／年
表層崩壊防止	代替法	8兆4,421億円／年
洪水緩和	代替法	6兆4,686億円／年
水資源貯留	代替法	8兆7,407億円／年
水質浄化	代替法	14兆6,361億円／年
保健・レクリエーション	家計支出（旅行用）	2兆2,546億円／年

資料：『平成13年度・森林及び林業の動向に関する年次報告』（第154回国会〔通常〕提出），55頁。
注：1）原資料は日本学術会議答申「地球環境・人間生活にかかわる農業及び森林の多面的な機能の評価について」及び同関連付属資料。
　　2）機能によって評価方法が異なっていること，また評価されている機能が多面的機能全体のうち一部の機能にすぎないことなどから，合計額は記載していない。

方を説明すると以下のようになる[20]。森林所有者が自己所有林地に資金を投下して人工林を育成したことによって，その人工林は国土保全，水資源の涵養，地球温暖化の抑制が発揮される。例えば表7-1は，日本学術会議から答申された森林の有する多面的機能の貨幣評価額である。注記のように，機能によって評価方法が異なるので合計額は記載されていないが，あえて単純合計するとその額は70兆円に達する（これは人工林の機能の貨幣評価額ではないので，この金額そのものを議論するつもりはない）。

いま，森林所有者の人工林への投資額と人工林が公益的機能を発揮する価値が同じであると解釈すれば，国が森林所有者から人工林（立木）を簿価で買い取ることはけっして不自然ではない。国は，森林所有者から購入した立木を，立木代＝0で川下＝「市場の領域」に引き渡し，木材産業はこれを製材加工して消費者に販売するという仕組みであるが，まったくタダで引き渡すというのは現実味に乏しいから（立木の伐出費用を誰が負担するのかという問題もあるので），その価格設定については今後詰めていく必要性があろう。

ただ，このような考え方に対しては，市場における交換の議論ではなく，

国家による再分配の議論（例えば，不況時における土木事業など）ではないかという批判があるかもしれない。たしかに，森林・林業・木材産業を「市場の領域」と「協力の領域」で括ると，前者は市場機構を通じての，後者は国家による所得の再分配の議論になることはその通りである。しかし，新古典派経済学が資源配分の効率性のみを対象として，所得分配の公平性については関心の外であったことが，再造林放棄問題を引き起こした原因の一つであったことを考えれば，制度としてのセーフティーネットを組み込むことの必要性については理解が得られるのではなかろうか。もう一つは，「もともと国土保全，水資源の涵養，地球温暖化の抑制など公益の働きを不特定多数の国民に無料で提供していること自体が自由経済では説明できないのである」[21]から，2つの領域に括ったほうが今後の議論がしやすくなると考えられる。さらに，都市住民や消費者の人工林管理に対する考え方をみても，2つの領域区分に大きな間違いはないと考えられる。例えば，農林水産省統計情報部が1999年9月に公表した「農林水産情報交流ネットワーク事業・森林の多様な機能の持続的な発揮についての意識・意向」調査結果がそれである。その中で森林の管理や整備の担い手として，林業者の77.5％が「森林所有者」と回答したのに対して，消費者の69.7％は「国や地方自治体」と回答し，また，森林管理の費用負担についても林業者の7割が「森林所有者」と答えたのに対して，消費者の約8割は「国や地方自治体」と答え，消費者のかなりの部分が「国や地方自治体」の森林管理の費用負担を認めている。

3．「所有」から「利用」への概念転換

しかし，仮に立木代＝0の原木供給システムについて理解を得られたとしても問題は残る。肝心の皆伐跡地の再造林をどのような形で実現するかである[22]。そのことについての考え方は以下のとおりである。議論をわかりやすくするために，2つの見解を紹介しよう。一つは，再造林に大して公的資金の費用負担による分収造林施策を講ずべきとの提案である。その際，森林所有者の分収歩合を大幅に引き下げ，出資金及び造林者たる森林組合の歩合を大幅に引き下げて公的資産の比重を高めるとしている[23]。もう一つは本書第

5編終章で論じられている堺正紘の長期伐採権制度である。

　筆者も，この2つの提案に基本的に賛成であるが，2点ほど私見を付け加えたい。一つは，森林資源管理の社会化の地平を切り拓く立場から，林業における「所有」から「利用」への概念の転換の必要性である。これは，従来の森林所有と森林利用（経営）の分離という狭い考えではなく，「所有」から「利用」への概念そのものの転換を意味している（ただし，これは森林所有の否定を意味するものではない）。

　「所有」とは，「ある主体——国，政府，企業，団体，個人など——が人（もしくは組織），モノ，カネ，情報などについて『抱え込む』『囲い込む』こと」[24]であり，「『所有』の仕組みのもとでは『抱え込む』『持つ』ことに価値があり，時間の経過に伴ってメリットが大きくなるような関係にある。したがって，『所有』する側，される側の関係は長期的で，継続的，固定的，また安定的であり，外部に対しては閉鎖的である」[24]と指摘されている。これに対して「利用」は，「ある主体と別の主体が，それぞれの利益になるように双方の良いところ，強いところを役に立つように互いに用いる関係を指す。自分の外部に存在している資源を積極的に活用し，同時に自分がもっている資源を他者に活用してもらう関係である。たとえば，企業が業務を専門業者にアウトソーシングし効率化を図る，企業と企業が提携関係を結ぶといったように，自分にないものを他者に求めて活用する」[24]，つまり優れた力を相互に活かした関係のことである。今後の人工林管理のあり方を考えるうえで，きわめて示唆に富む発想である。林業における森林「所有」から「利用」への概念転換が求められている。

む　す　び

　以上，市場と森林の相互関係について，既存の文献に依拠しながら整理を試みた。簡単にまとめれば次のようになろう。

①　市場主義でもない反市場主義でもない，いわば「第3の道」を模索する中で，今後の森林資源管理のあり方が求められている。

②　その場合，川下（伐出業＋製材加工業）＝「市場の領域」，川上（森

林経営）＝「協力の領域」という新たな座標軸の設定が必要であろう。つまり，森林・林業・木材産業版セーフティーネット制度の創設である。

③ ②の「協力の領域」については国家による再分配の議論という批判があるかもしれないが，グローバリズムを思想的な面から支えている新古典派経済学が所得分配の公平性についてはまったく無関心であったことを考慮に入れれば，制度としてのセーフティーネットを市場に組み込むことについては一定の理解が得られると思われる。

④ 今後の森林資源管理の地平を切り拓くために，林業における「所有」から「利用」への概念的転換が必要である。

(遠藤日雄)

注および引用文献
1) 新古典派経済学は反ケインズ的性格を色濃くもった経済学で，サプライサイド経済学，マネタリズム，合理的期待形成仮説など多様な形態をとっている。なお，新古典派経済学とは古典派経済学（スミス，マルサス，リカードなど）の教義を継承し，分析手法を洗練化させた学派（マーシャル，ワルラスなど）のことであり，経済人や企業の合理的行動を前提に，価格機能や賃金調整に果たす市場の役割に全幅の信頼を寄せ，これらの調整がうまくいけば需要と供給が一致し，人々にとって最適の経済状態が実現されると説く学説である。
2) NHKスペシャル『失われた10年』のための，「寄稿家のみなさん，及び会員のみなさんへの編集長・村上龍からの質問QL 002」に対する三ツ谷誠（東京三菱証券IR室シニアマネージャー）の回答 (http://jmm.co.jp/jmmarchive/t 001000.html)。
3) 野口旭『経済対立は誰が起こすのか』筑摩書房，1998年，7頁。
4) 伊藤誠・野口真・横川信治編著『マルクスの逆襲―政治経済学の復活―』日本評論社，1996年，9頁。
5) 宇沢弘文『社会的共通資本』岩波書店，2000年，17頁。
6) 佐和隆光『市場経済の終焉―日本経済をどうするのか―』岩波書店，2000年，215頁。なお，佐和は同書で使用している「第3の道」は，ブレア首相の提唱する「第3の道」，すなわち「市場主義にも反市場主義にもくみしない」とほぼ同義であると述べている。
7) 同上，30頁。
8) 同上，29頁。
9) 同上，221〜222頁。
10) 金子勝・井上達夫「市場・公共性・リベラリズム」『思想』No.904，1999年，7頁。
11) 同上，12頁。
12) 金子勝『市場』岩波書店，1999年，90頁。

第 7 章　市場と森林　　147

13) 同上，92～93 頁．
14) 同上，94 頁．
15) 宇沢弘文『経済学の考え方』岩波書店，1989 年，79 頁．
16) アマルティア・セン著（大庭健・川本隆史訳）『合理的な愚か者・経済学＝倫理学的探求』勁草書房，1989 年，146 頁．
17) 同上，133 頁．
18) 佐和，前掲『市場経済の終焉』，156 頁．
19) 金子勝『セーフティーネットの政治経済学』筑摩書房，1999 年，54～57 頁．
20) 田嶋謙三「やっぱり……。林野庁の林業敗北宣言」（『日本の森林を考える』通巻 12 号，「日本の森を考える」編集室，2002 年）及び遠藤日雄「プロローグ―スギの利活用と地域森林管理―」（遠藤日雄編著『スギの新戦略 II―地域森林管理編』日本林業調査会，2000 年）を参考にした．
21) 田嶋，前掲論文，38 頁．
22) 近年，人工林については間伐を繰り返しながら管理をしていくのが適切，したがって，皆伐には否定的な見解を示す向きが少なくないが，筆者は小面積皆伐は人工林施業の選択肢の一つであると考えている．また，皆伐した森林所有者の中には，あるいは森林・林業研究者の一部には，皆伐跡地に再造林せずに放置しておいても，アジア・モンスーン地帯に属する日本では，やがて後継樹が生育し将来的には極相（森林）に達すると弁明する向きがあるが，その是非を問うのは本質的な問題ではない．より重要な問題は，自国に 1,200 万 ha に及ぶ人工林資源を擁しながら，木材需要の 8 割を外材で賄うという野放図な木材輸入を前提にこのような議論がなされることの是非である．
23) 手束平三郎「国民経済における森林・林業のビジョン」『林業経済』No. 599，林業経済研究所，1998 年．
24) 大野剛義『「所有」から「利用」へ―日本経済新世紀』日本経済新聞社，1999 年，5～6 頁．

第8章　素材生産業

　　　　はじめに——問題の所在と課題の設定——

1．問題の所在

　素材生産業とは立木を伐採し，それを丸太にする生産過程のことであり，伐出業あるいは造材業とも呼ばれている。この規定自体は何ら問題ないのであるが，素材生産業を林業生産の中でどのように位置づけるのかということになると，実は厄介な問題が残っている。それをごく大雑把に述べると次のようになる[1]。

　かつて林業経済学界において，木材生産に関して天然林採取と育成的林業との関係が問題になり，この中で故鈴木尚夫は育林資本＝土地資本説を提唱した。鈴木は，林業における森林は農業における土地に比定される。森林は林地と立木を併せた総体であるから（例えば，林道はまさに土地に合体する土地資本である），育林という行為は実はこの森林の改良，つまり土地改良に該当し，本来的な林業生産（あるいは林業経営）とは，立木を伐採しそれを丸太にする素材生産にほかならないと説いた。

　歴史的に見た場合，天然林採取が育成的林業に先行するが，天然林が林業生産者にとって「土地」の一部であったと同様に，育成的林業においても人工林は林地と合体した「土地」として立ち現れる。要するに，森林経営とは森林を保有し，造林や保育などの活動を行うものであり，林業経営とは素材生産ということになる。したがって鈴木説の立場に立てば，森林経営とは資産として森林を保有し，その維持だけを経営の最低限の目的として一定の期間を耐え過ごすものとして位置づけられ，その性格は資産保持的（あるいは利子生み資本的，地代取得的）という言葉で表現されるようにきわめて消極的なものにならざるをえない。そして，素材生産過程は素材生産業者（あるいは素材生産資本）が担い，育林過程は森林所有者（あるいは育林資本）に

よって担われるのである。

　以上が鈴木説の概略である。筆者はわが国の林業構造認識に際して基本的に鈴木説を支持しているが，残念なことに同説は林業経済学界の共通認識には至っておらず，したがってこの説に対して異論を唱える向きも少なくない。冒頭，「厄介な問題が残っている」と述べたのは直接的にはこのことであるが，実はこの問題は，本章の主旨，すなわち今後の森林資源管理の担い手として素材生産業者を措定しようとする筆者の考え方の是非にも派生して来ざるをえない。したがって，小論には多くの批判があることは容易に想像できる。

2．課題の設定

　その批判は甘受するとしても，現在，より重要なことは，鈴木説の当否の検討よりも，立木価格$\fallingdotseq 0$（ゼロ）を背景に森林経営基盤が崩壊しつつある中で，林業経営＝素材生産を森林所有と関連づけながらどのような新しい森林資源管理の仕組みを創出していくのか，その展望を示すことであろう。この点に関連して成田雅美は，両者の関係について次のような鋭い指摘をしている。すなわち，「農山村民の生活のための土地利用という視点から，現代的な土地利用として『森林経営』のもつ社会的性格に期待が寄せられていると思われる。とすれば，都市・農村計画の枠組み（の）中に，地域資源の社会的な管理という視点から，『林業経営』の生産基盤の整備としての『森林経営』を含む，新たな『森林経営』の構築が求められているのではなかろうか」[2]。噛み砕いていえば，存立基盤を喪失しつつある森林経営（森林所有）を，林業経営（素材生産）の視点からどのように再編し森林資源管理を行っていくのか，その林業構造を展望することが今求められているということになろう。

　そこで以下では，①森林経営（森林所有）とその対極に位置する素材生産業者の性格を検討し，②素材生産業者が何故森林資源管理の担い手たりうるのか，その根拠について検討を加える。①及び②を踏まえ，③森林・林業基本法の新たな林業構造の理念を素材としながら，今後の森林資源管理のあり方と素材生産業者の位置づけについて問題提起をしてみたい。

第1節　森林経営（森林所有）の性格

　森林経営の性格の第1は，資産保持的という言葉に象徴されるようにきわめて消極的な性格を帯びていることである。資産保持的とは「森林所有或いは保有の目的が，基本的には林業経営としての将来構想を持ったものではなく，単なる資産として家計上の緊急の出費等に備えた長期の定期預金的性格を有するもの，（中略）つまり，一般に計画性を持たず，生産性に対する目標もなく，利潤追求的なものでなく，又，市場に対応する意欲も比較的低い」性格をもった森林所有のことである[3]。にもかかわらず，森林所有者が趨勢的には減少傾向を示しながらも，素材生産量が安定しているのは何故か。それは，「零細所有者の伐採の契機となるような確率的な現象――病気，結婚，進学等々――の発現率が，一定の拡がりにおいては大数の法則に従って安定していること，地域の林業振興の見地から，または，自己の経営の維持存続を図るため，一定の素材生産を確保すべく山林所有者に働きかける森林組合，または，素材生産者の活動があること等」[4]が考えられるが，いずれにしても，市場動向に弾力的に対応しながら自らあるいは組織的に素材生産調整を行うなどの契機に乏しいといわざるをえない。

　こうした森林経営の性格は，造林技術の低位性に起因しているものと考えられる。森林所有者，特に小規模森林所有者の造林は，①自家労働力でしかも農家の余剰労働力で容易にできること，②育林労働の投下量そのものが少ないこと，③老若男女のいわば半遊休化した労働で間に合うこと，④造林に必要な資金は苗木代程度であること（これとても造林補助金を受ければほぼ現金支出はない）[5]などの手軽さによってもたらされたもので，そもそも経営といった観念からはほど遠いのが実状である。いわば「暇の蓄え」としての域を出ない代物である。したがってそこでは，将来の需要動向を見据えて，造林面積を調節したり，将来有利な伐期齢を設定することなどはほとんど不可能であるから，外材を含めた川下の需給動向に規定された丸太価格から諸経費を控除した市場逆算方式による立木価格を甘受せざるをえない。これが第2の性格である。

　第3の性格は，第2の性格と関連するが，資産保持的とほぼ同義に用いら

表 8-1 主伐の実施状況　　　　（単位：％）

区　分	主伐実施林家／41年生以上人工林保有林家数		主伐面積／41年生以上人工林面積	
	1990年	2000年	1990年	2000年
全　　国	8.0	5.5	2.5	1.7
3 ～ 5 ha	5.3	3.4	2.5	1.4
5 ～ 10 ha	6.1	4.4	2.4	1.5
10 ～ 20 ha	7.9	5.8	2.4	1.6
20 ～ 30 ha	11.6	7.8	2.6	1.4
30 ～ 50 ha	14.3	9.9	2.8	1.6
50 ～ 100 ha	18.8	14.4	2.5	1.9
100～500ha	26.5	23.3	3.0	2.4
500 ha 以上	30.9	42.6	1.7	1.3
北　海　道	17.2	8.5	12.9	5.7
東　　北	6.7	4.0	3.6	1.6
北　　陸	3.9	2.6	1.0	0.7
北　関　東	6.9	5.4	1.7	1.1
南　関　東	4.7	4.1	1.5	0.9
東　　山	3.9	2.9	0.7	1.6
東　　海	9.9	5.4	2.2	1.3
近　　畿	5.2	5.1	1.5	1.0
山　　陰	9.9	6.6	2.8	1.8
山　　陽	9.5	9.8	2.9	3.6
四　　国	6.5	4.0	2.1	1.0
北　九　州	12.7	6.8	3.1	1.8
南　九　州	27.9	15.3	5.9	6.3
沖　　縄	100.0	0.0	5.9	0.0

資料：興梠克久「林家」（『2000年林業センサスにみる日本林業の構造と森林管理』，2001年3月，全国農林統計協会連合会）。

れる地代取得的という性格によって規定される消極性である。森林所有者が立木を販売して掌中にする立木代金は利潤の範疇には属さない。それは林業地代である。したがって，森林所有者は「資本が生産する剰余価値の一部の二次的再配分をうける地位を与えられ，副次的で寄生的な支配関係としてあらわれる」[6]のである。このように，森林経営の目的は地代取得の増大で

あって商品生産ではない。したがってそこには，J. シュンペーターの説く技術革新＝新結合（innovation）によって利潤がもたらされる仕組みは存在しない。森林経営の最大関心事は，地代取得増大に寄与する樹種や品種の選定であり，せいぜい林道や作業道開設であるのはこのためである。

以上のような森林経営の財産保持的性格は，「木材需要があるにも拘わらず，林家の大部分が生産性を向上して，市場に対して少しでも有利な条件を作ろうとする努力が一般に極めて低く，又，共同化して施業の合理化に努めようとする事例も極めて低い」[7]結果を招来しているのである。表8-1は，1990年と2000年の『林業センサス』によって主伐の実施状況の動向を示したものである。これは便宜上40年生以上の人工林を主伐可能林分とみて，その林分の伐採林家，伐採面積を1990，2000両年で比較したものである。これからも明らかなように，人工林が成熟化している南九州でさえ，主伐面積がわずかに増えているものの，主伐実施林家はむしろ減少しているのである。

第2節　森林資源管理の担い手としての素材生産業者の評価

1．企業家（起業家）としての素材生産業者の可能性

これに対して，素材生産業者の行為は，たとえそれがどんなに小規模の域を出ないものであっても，経済学的には商品生産である。この意味では，素材生産業者は企業家であり，条件次第では起業家にもなり得る素質を備えているといえよう。それでは企業家（起業家）の本質とは何か。それは，前出シュンペーターの説く新結合＝イノベーションである。もっとも，シュンペーターのイノベーションは中小企業から大企業まで当てはまるものではなく，「近代のイノベーションは大規模な研究所に大勢の専門の研究者を雇用して，大規模な装置を使っておこなわれるので，市場支配力をもった大企業が中心と」ならざるをえない[8]ことは当然であるが，その可能性をもったものとして素材生産業者を位置づけることはできよう。

ところで，新結合＝イノベーションとは，①新しい財貨，あるいは新しい品質の財貨の生産，②新しい生産方法の導入，③新しい販路の開拓，④

原料あるいは半製品の新しい供給源の獲得，⑤新しい組織の実現[9]のことであるが，ここで留意しなければならないことは，シュンペーターは「『誰でも〔新結合を遂行する〕場合にのみ基本的に企業家であって，したがって彼が一度創造された企業を単に循環的に経営していくようになると，企業者としての性格を喪失する』と考えていることである。すなわち，シュンペーターは，企業者を循環の軌道に従う『単なる経営管理者』から明確に区分し，真の企業者は発展においてのみ現れるという」[10]ことである。

　素材生産業者が企業家（起業家）である限り，シュンペーターの説く新結合も可能であると考えられる。しかし，この一方でわが国の素材生産業者は，年を追って衰退しているのが実態である。その理由はいくつかあるが，その最も大きな要因はわが国の素材生産業者の歴史的展開過程に根ざしていると考えられる。そこで，わが国の素材生産業者の歴史的位置づけをしておこう。

2．素材生産業者の歴史的位置づけ
(1) 戦前期

　「封建的資本主義搾取たる農村に於ける大経営の商品生産に，最も容易に適応するのは森林経営である。都市制度が木材を最も需要ある商品となすや――そしてそれは當時なほ石炭や鐵によつて代わられてゐなかったし，從つてまた燃料及び建築用材として比較的には今日よりずっと多く用ひられた――領主は森林を得んとした」[11]。「森林及び牧場經營は，どんなにでも擴げることが出來る。前者は，それを集結するための中心點を必要とせず，經營本據を必要としない。その粗放的なる形態に於いては，收穫即ち材木の伐採，運送が，それに要する唯一の勞働である。木は天候の影響を感ずることがない。從ってそれは倉庫に堆積される必要がない。人は，それを伐倒した所に放置して，時と機會が市場に持って行くことを有利とするまで待ってよい。木材運搬用滑路，水流に於いては，木は自分で動いて行く」[12]。上記は，カール・カウツキーの『農業問題』（1899 年）からの引用である。文脈から窺えるように，ここでの「森林経営」とは素材生産（伐出経営）にほかならない。カウツキーの指摘するこの大規模素材生産は，典型的には 19 世紀以降のアメリカで見られたが[13]，実はわが国でも近世後期から明治初期に見られ

た。封建領主に庇護された特権商人（時代は異なるが，紀伊國屋文左衛門を想起）による入会林野などを対象とした天然林の大量伐採である（蛇足になるが，天然林といえば雑木林を連想しがちであるが，当時は大径のモミやツガなどの天然林が潤沢に賦存していた）。これによって素材資本の定立化の展望が拓けたかにみえたが，明治初期の土地官民有区分によって零細・分散的森林所有構造が形成され伐出資本としての正常な（資本制的）発展が阻害される結果になった。その後第2次世界大戦中に，地木社と一体となった強制伐採の進行によって，一時，素材業が潤った時期もあったものの，所詮は他力本願的なもので，やがて民間の先進林業地や秋田などの国有林地帯で，素材生産業者は製材資本の傘下に取り込まれ，その従属性が露わになった。

　以上のように，わが国の素材生産業者は，戦前期において既に素材資本として上昇発展する途を閉ざされ，製材加工資本への従属性を余儀なくされ，この性格をもったまま戦後期をスタートすることになった。

(2) 戦 後 期

　戦後の素材生産業者は大きく次の5つのタイプに分けることができる。すなわち，①製材資本が購入した立木の伐出作業請負をする素材生産業者，②1人親方的素材生産業者，③パルプ・チップ資本の伐出作業請負をする素材生産業者，④国有林地帯の素材生産業者である。

　しかし，1970年代に入ると，伐出労働賃金の上昇や原木市売市場の整備などによって，製材資本は傘下の伐出労働組織を経営外へ放出し，これを森林組合が新たに伐出労務班として再編する事態が見られた。また，外材チップの輸入や国有林経営の悪化によって，あるいは素材生産業者自身の老齢化などによって，②，③，④の素材生産業者も地盤沈下を起こしていった。この結果，『2000年林業センサス』によれば，わが国の素材生産業者（「素材生産サービス事業体」も含む）の数は表8-2のようになった。

　以上のように，わが国の素材生産業者は既に明治初期の土地官民有区分によって，ノーマルな資本としての発展を阻害され，製材加工資本への従属性を余儀なくされたのである。したがって，今後の新しい林業構造を展望する場合には，素材生産業者の二面性，すなわち経済原理論段階における企業家（起業家）としての可能性と，歴史的状況に規定された製材加工資本への従

表8-2 組織形態別林業サービス事業体数・素材生産事業体数

(単位：事業体，％)

区分		計	育林サービス事業体	素材生産サービス事業体	素材生産事業体
実数	総数	7,340	3,337	1,021	2,982
	森林組合	1,017	955	37	25
	各種団体・組合	229	181	22	26
	会社	2,074	771	327	976
	個人	4,020	1,430	635	1,955
割合	総数	100.0	100.0	100.0	100.0
	森林組合	13.9	28.6	3.6	0.8
	各種団体・組合	3.1	5.4	2.2	0.9
	会社	28.3	23.1	32.0	32.7
	個人	54.8	42.9	62.2	65.6

資料：柳幸廣登「林業サービス事業体等の概況」(餅田治之・志賀和人『2000年林業センサスにみる日本林業の構造と森林管理』，全国農林統計協会連合会，2001年11月)．

注：1) 素材生産サービス事業体→素材生産請負が主の事業体。素材生産事業体→立木買いが主の事業体。
　　2) 割合は四捨五入のため内訳と総数が一致しない場合がある。

属性をきちんと認識しておく必要があろう。

第3節　地域森林資源管理の担い手としての素材生産業者の可能性

1.「地域林業資本」と素材生産業者

　もう1つ，素材生産業者を地域森林資源管理の担い手として議論する場合に見落とせないのは，素材生産業者の伐採箇所の移動性である。すなわち，採取的林業（天然林の伐出のこと—筆者注）における素材資本は，「一たび森林を伐り尽くしたら，二次林が成立するまで，すなわち，短くて20年，長くて100年以上もの間，他所に移動してしまい，一箇所に定着しないことを特徴としている」[14]。しかし，これが育成的林業，すなわち人工林を造成し，伐採→再造林→伐採→再々造林…の育成的林業構造が確立された場合には，

素材資本はどのような行動をとるであろうか。もちろん，素材生産業の属性としての移動性は免れ得ない。けれどもこの段階では，採取的林業段階のように，飯場などを設けた大規模な素材生産ではない。昨今のスギ並材の集荷でも，その採算距離はせいぜい半径300km以内である。とすれば，素材生産業は自ずと地域の森林資源管理，別言すれば一定地域の森林の循環利用に自ら参画することによって，自己の存在意義を主張せざるを得ないのではないだろうか。

これに関連して北川泉は，「素材生産と森林資源管理との有機的結合を可能ならしめるためには次の諸条件を具えた資本の存在を必要とする。すなわち，①社会的・制度的に地域に限定され，地域とともに自らの永続を図るよう運命づけられていること，②山林所有に連携し，伐出に先行する保育過程をもコントロールすることが可能なこと，③しかも自らは土地所有者でなく，それゆえに資本としての飛躍・革新が可能であること，等である。このような条件を具えた資本を，われわれは『地域林業資本』と呼称してよかろう。そしてかかる『地域林業資本』としての発展は，中小企業の域を脱し得ない個別の素材生産資本によっては困難で，森林組合に代表される組織体によってこそ展望できるものといえよう」[15]と指摘している。

ここでの問題は，第1に「中小企業の域を脱し得ない個別の素材生産資本」には「地域林業資本」の資格がないのかという点，第2は，第1の裏返しになるが，「地域林業資本」の資格を有するのが「自らは土地所有者で」ある森林組合なのかという点である。

2．「地域林業資本」と森林組合

北川の「地域林業資本」＝森林組合有力説は，半田良一の次のような森林組合認識に依拠している。すなわち，「素材生産販売を中心に森林組合活動が強化される場合，原木の取得や労務の調達に十分の計画性が保たれるのでなければ，資本装備の高度化＝生産力の向上は実現されない。（中略）森組が資本経営として確立し，林業生産近代化の担い手たりうるためには，単に伐出経営たるにとどまらず，育林経営との有機的な統合をなしとげ，原木取得の計画化を図り，さらに進んで林業の生産様式のより高次の発展への萌芽

を培うことが要求されるのではなかろうか。土地所有者を構成員にしていることは，一面では資本経営として純化するさいの桎梏かもしれないが，他面では土地所有者―林木育成という安定した経営基盤のうえに生産組織を定着させうる，という利点をもつわけである」[16]。

半田のこの論文は，森林組合共販と協業の発展から地域林業の担い手としての森林組合の可能性を論じたものであるが，その特徴点は，森林「組合は所有者を構成員としているから生産組織を定着させ，生産力を高める条件をつくりだすことができる，とされている点である。つまり，土地所有の組合であることが，この所論の原点になっている」[17]のである。そして，鈴木尚夫は地域林業の担い手（北川の「地域林業資本」に置き換えてもさしつかえない）としての森林組合に土地組合的性格があることを指摘し[18]，森林組合が素材資本として機能していこうと賃労働を事業内に組織化した場合，森林所有対資本の基本矛盾関係を内包する。すなわち，毎年一定量の素材生産量を確保するためには，「伐採の保続」が要求され，その一方で森林資源の保続生産が要求される。これら2つの矛盾を打開する方策は，「地域林業計画（一応施業案といってもよい）」が必須のものとなる。この「地域林業計画」が現実の問題として行政の上にあらわれない限りは，地域林業政策はたんなるお題目に過ぎないであろう。

結局，北川の「地域林業資本」は，森林所有と素材資本の性格を明確に腑分けし，「森林の合理的利用を軸とした森林計画が，森林所有者団体あるいは組合に課され」[19]，しかも「資源を所有するものが構成する団体である以上，合理的な利用を可能にする計画に服しなければならない」[20]仕組みを示さなかったことに弱点があったと考えられる。

第4節　森林・林業基本法の林業構造論

1．「家族経営的林業」と「林業経営体」

半田の論文が発表された1965年という年は，林業基本法が制定された翌年である。林業基本法の生みの親だった農林漁業基本問題調査会の「答申」では林家，特に家族経営的林家に対してわが国林業の中心的な担い手という

熱い期待が寄せられ，事実，基本法制定以降のいわゆる基本法林政の展開においては，森林所有者の協同組織たる森林組合が林業構造改善事業の実質的な受け皿になった。

ところで，「答申」で出された家族経営的林業（農業を主業としたもので5～10 ha，林業主業で20～30 ha）は，戦前期に農業分野で広範に見られた「共同」概念を農政用語の「協業」に置き換えて，「答申」の「『家族経営的林業』概念に結びつけられてとり入れられ，……基本法でさらに拡張解釈されるに至った」[21]。しかし，鈴木がいみじくも指摘しているように，ここでの「協業」は「『本来的な生産過程』での問題でなければならない」[22]。つまり，その林業における「本来的な生産過程」＝素材生産過程こそが協業の対象であるはずである。

実は，この誤りは2001年6月に制定された森林・林業基本法でも犯されている。同法の第19条（望ましい林業構造の確立）には，「国は，効率的かつ安定的な林業経営を育成し，これらの林業経営が林業生産の相当部分を担う林業構造を確立するため，地域の特性に応じ，林業経営の規模の拡大，生産方式の合理化，経営管理の合理化，機械の導入その他林業経営基盤の強化に必要な施策を講ずるものとする」とある。ここで「効率的かつ安定的な林業経営（林業事業体）」とは，「施業や経営を受託すること等により相当規模の事業を確保し，生産性の高い林業生産活動を行い，これに必要な適切な経費を支出した上で利益を確保できる林業経営」[23]と規定されており，その2010年時点での目標（望ましい構造）は次のようになっている。

まず，「効率的かつ安定的な林業経営」を担い得る林業経営体として，所有規模100～500 haの林家（2,700戸）のうち自営（家族従事者のいる）林家1,100戸，所有森林規模500 ha以上の林家約300戸，所有森林規模500 ha以上の会社約300社，計1,700経営体が見込まれ，これらによって2010年には素材生産で約2割を占めるものと試算されている[24]。

次に，「効率的かつ安定的な林業経営」を担い得る林業事業体として，①造林・素材生産総合型約300事業体，②素材生産主体型約500事業体，③造林事業主体型約300事業体を見込み，林業経営体以外の素材生産を担うという考え方になっている（図8-1）。

第8章　素材生産業

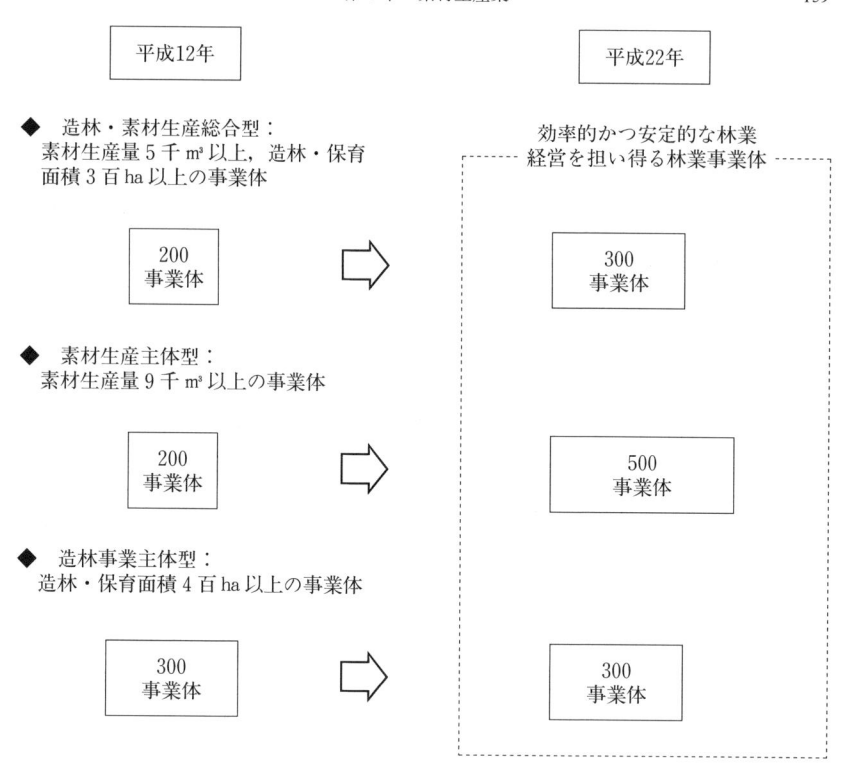

【平成12年】

◆ 造林・素材生産総合型：
素材生産量5千m³以上，造林・保育面積3百ha以上の事業体

200事業体　⇒

◆ 素材生産主体型：
素材生産量9千m³以上の事業体

200事業体　⇒

◆ 造林事業主体型：
造林・保育面積4百ha以上の事業体

300事業体　⇒

【平成22年】

効率的かつ安定的な林業経営を担い得る林業事業体

300事業体

500事業体

300事業体

出所：森林・林業基本政策研究会編『新しい森林・林業基本政策について』地球社，2002年2月，231頁。

図8-1　2010年における「効率的かつ安定的な林業経営」を担い得る林業事業体数

2. 森林・林業基本法の限界

　以上が，森林・林業基本法の「林業構造」の概略である。ここでは林業経営体＝森林所有者，林業事業体＝素材生産業者と理解してよさそうであるが，問題はこのような森林所有者と素材生産業者が並立した構造がほんとうに「望ましい林業構造」なのかどうかということである（たしかに，これまでのように素材生産業者を一方的に排除し，森林組合を政策的に優遇してきた点からは前進しており，この点は大いに評価できると思う）。
　森林・林業基本法の制定に伴って森林法が改正されたが，本章との関連で

重要な改正点は，森林法に即して言えば第11条第1項である。ここでの文言は「森林所有者等は，単独で又は共同して，これを一体として整備することを相当とするものとして政令で定める基準に適合する森林につき，農林水産省令で定めるところにより，5年を1期とする森林施業計画を作成し，これを当該森林施業計画の対象とする森林の所在地の属する市町村の長に提出して，当該森林施業計画が適当であるかどうかにつき認定を求めることができる」となっている。要点は2つある。第1は，「ある一定の規模のまとまりをもった森林を対象として一体的に施業を推進することにより施業の効率化を図ることとし，森林施業計画は一団の森林を対象として作成する」[25]ことになったことである。その具体的な要件は（森林法施行令第3条），(1)面積が30 ha以上で，(2)地形がその他の自然的条件及び林道の開設その他林業生産の基盤の整備の状況からみて造林，保育，伐採及び木材の搬出を一体として効率的に行うことができると認められる森林，とされている。

第2は，旧来は森林所有者が作成することになっていた森林施業計画は，「森林施業計画の計画期間である5年以上，森林の立木竹について使用又は収益をする権原を有し，森林所有者に代わって森林経営を行う者（権原に基づき森林の立木竹の使用又は収益をする者）を森林施業計画の作成主体として追加」[26]することになった（森林法第11条第1項）。なお，ここで権原に基づき森林の立木竹の使用または収益をする者とは，「立木を育て収穫するために必要な植栽・保育・間伐・伐採等の施業行為を行う権原を有する者であり，森林所有者以外の森林施業計画の作成主体は，例えば，5年以上の期間に必要な森林施業の実施を一括して受託した者が想定され」[27]ている。

以上のように，これまで森林所有者が森林施業計画を立てることになっていたが，素材生産業者でも施業計画を樹立できるように法改正が行われた。したがって，素材生産→地拵え→再造林という効率的なシステムの中で施業計画を作成できる素材生産業者が，地域森林資源管理の担い手になり得る素地ができたわけである。この点は大いに評価できよう。

しかし，森林・林業基本法によって，本質的な問題，すなわち，先述の「資源を所有するものが構成する団体である以上，合理的な利用を可能にする計画に服しなければならない」問題が棚上げされている以上，森林資源の

適切な管理は将来にわたってクリアできる可能性は薄いといわざるをえない。

むすび

　それでは，持続可能な森林資源管理あるいは前述した成田雅美の「地域資源の社会的な管理」という視点からは，どのような「林業構造」が望ましいのか。それは，繰り返しになるが，「森林の合理的な利用」の権利を森林資源所有に優先させる林業構造の確立である。その方法はいくつか考えられよう。本書第5編で堺正紘が提起している「長期伐採権制度」もその1つであるし，藤澤秀夫の提起する「団地法人化」もその1つであろう。いずれにしても本来の林業生産＝素材生産を資産保持的森林所有に優越させる構造の確立が不可欠であるが，ただ誤解を防ぐために一言しておくと，それは戦時中のような強制伐採であってはならないということである。

　　　　　　　　　　　　　　　　　　　　　　　　　　　（遠藤日雄）

注及び引用文献
1）福島康記「林業経営について」『山林』No. 1334，大日本山林会，1995年を参照。
2）成田雅美「『林業経営』と『森林経営』」『山林』No. 1333，大日本山林会，1995年，69頁。
3）藤澤秀夫「団地法人化」『林業経済』No. 645，林業経済研究所，2002年，19頁。
4）佐竹五六「林政の当面する課題」『山林』No. 1147，1979年，7頁。
5）黒田迪夫「林野所有の構造と戦後の育林生産の展開」，塩谷勉・黒田迪夫編『林業の展開と山村経済』御茶の水書房，1972年。
6）伊藤誠『資本主義経済の理論』岩波書店，1989年，146頁。
7）藤澤，前掲論文，19頁。
8）後藤晃『イノベーションと日本経済』岩波書店，2000年，25頁。
9）伊東光晴・根井雅弘『シュンペーター ―孤高の経済学者―』岩波書店，1993年，128～129頁。
10）同上，129頁。
11）カール・カウツキー著（向坂逸郎訳）『農業問題・上巻』岩波書店，1946年，46～47頁。
12）同上，253頁。
13）餅田治之『アメリカ森林開発史』古今書院，1984年。
14）赤path武「山村問題の分析視角に関する一試論」『昭和後期農業問題論集23・林業経済』農山漁村文化協会，1983年，291頁。
15）北川泉『素材生産の経済構造―地域林業の担い手としての可能性―』日本林業調査

会，1984年，229~230頁。
16) 半田良一「協業と林業生産—とくに森林組合協業について—」『林業経済』No. 200，1965年，21頁。
17) 「森林組合とは何ぞや(1)—スフィンクスの謎への挑戦—」『林業経済』No. 459，1987年，15頁。
18) 「森林組合とは何ぞや(2)—スフィンクスの謎への挑戦—」『林業経済』No. 463，1987年。
19) 「森林組合とは何ぞや(3)—スフィンクスの謎への挑戦—」『林業経済』No. 465，1987年，28頁。
20) 同上，28頁。
21) 同上，30頁。
22) 同上，30頁。
23) 森林・林業基本政策研究会編『新しい森林・林業基本政策について』地球社，2002年，227頁。
24) 同上，228頁。
25) 同上，102頁。
26) 同上，100頁。
27) 同上，101頁。

第9章　自伐林家の展開局面と森林所有

第1節　本章の課題と分析視点

1．課題と分析視角

　本章に与えられた課題は，家族労働力によって伐出過程を担っている自伐林家の展開について森林所有の「社会化」と関連づけて論じることである。そのために，自伐林家の成立条件と研究視角の変遷を概観し（第2節），国内林業が急速に収縮，「解体」局面にある現段階において，自伐林家がどのような対応をとっているのかを3つのケーススタディを通じて考察する（第3節）。最後に，そうした実態の中に森林所有の「社会化」という方向が見いだせるのかどうか，またそれはどのような「社会化」レベルと広がりを展望しうるのかについて私見を述べる（第4節）。

　ところで，本書の編者である堺氏は，森林所有の「社会化」について，「少なくとも森林資源所有（利用）の一定の社会化，すなわち『伐らない自由・植えない自由』等の社会的なコントロール」と述べ，その担い手像として「高い素材生産力を有し，経営内外の労働力を造林保育作業にも振り向け，伐採後の再造林を担当できる，素材生産者のような林業サービス事業体がふさわしい」とした上で，更に，「森林組合はもちろん，*所有林の枠を越えて伐採や造林保育事業を行う能力のある『機械化林家』等も含めて考えるべき*」[1]（傍点は著者）と位置づけている。つまり，自伐林家に対して，①計画的な伐採と確実な更新，②高い素材生産力，③所有の枠を越えた伐採・育林活動の展開，という3点を要請している。従って，まず以上3点の要件が自伐林家の展開に内在しているのかという視角から検討を行った上で，その視角からはずれた林家の位置づけについて，循環型社会及び森林の多面的機能と関連づけて論じることとしたい。

2. 自伐林家研究の時期区分

自伐林家を対象とした研究は，戦後拡大造林木が間伐期を迎えた1970年代後半になって開始され，森林・林業を取り巻く外部条件や自伐林家成立条件の変化によって，次の3つに時期区分することができる。

第一期は1970年代後半～80年代前半であり，日本経済が低成長に入った時期である。高騰していた木材価格は沈静化し，80年代になると低落傾向となり，スギ並材の原木市場価格が約2万円／m³で推移していた時期に当たる。しかし，木材自給率は79年に30.8％まで低下したが，その後，総需要量が減退する中で外材供給量が減少し，一方，国産材供給量は約3,200万m³で推移し，1984年には木材自給率が36.0％まで回復した。内訳をみると，国有林材の供給量は減少し，民有林からの供給は増加した。国産材時代の到来が予感された時代でもある。

第二期は85年のプラザ合意以降の「経済構造調整」期であり，90年代中頃までである。円高と製材品の関税引き下げが追い風となり，外材の製材品輸入が激増，1995年には国産材供給量は85年に比べ1,000万m³減少して2,300万m³となり，木材自給率は20.5％まで低下する。90年代になるとバブル経済も崩壊し，不況の様相を強め，スギ並材の原木市場価格もジリジリと値を下げ，90年代中盤には約1.5万円／m³まで低下する。しかし，用途別にみると，国産材は製材用では95年段階でも3割台で推移し（従ってパルプなど他の用途では壊滅），縮小したシェアを巡って国産材の産地間競争が激化する時期でもある。

第三期は，1997年以降，現段階までである。住宅着工数は消費税引き上げによる駆け込み需要が過ぎて減少し，同時に消費不況が色濃くなる時期である。更に，この間，木材需給の大きな変化として，「住宅の品質確保」法の施行に伴って素材の性能と工業製品並の均一性が強く要請されるようになったことが挙げられる。象徴的には，住宅柱角が国産材から北欧集成材に取って代わられるという中で，相対的に高価格を維持していたヒノキ材等も大幅に値を下げる。スギ並材の原木市場価格にいたっては各地で1万円／m³を割り込む事態に直面し，2000年には国産材生産量が1,800万m³，自給率18.2％まで低下し，底が見えない林業不況・「林業解体」局面を迎えている。

第9章　自伐林家の展開局面と森林所有　　　　　　　　　　165

第2節　自伐林家像の変容と成立条件（第一期，第二期）

1．自伐林家研究第一期における論点（1970年代後半～80年代前半）

　自伐林家研究の第一期には，主に農家林家の1経営部門に間伐生産が広く位置づけられ，農林複合経営の安定という視角から研究が開始された。高度経済成長が終焉し，時は「地方の時代」の到来を掲げた第三次全国総合計画による定住化構想が打ち出された時期である。生産力論的な点ではなく，山村での定住条件確保という地域政策的な問題意識において自伐林家が注目された[2]。

　当時の「自立林家成立の条件」として，福岡県星野村の実態調査に基づき提示した青木氏によると，「森林所有規模的な表現としては，農林複合経営（米，茶，椎茸，スギを想定……筆者）の場合では，スギ・ヒノキの人工林面積が8～10 haあって，森林資源の構成面や道路網・その他の生産基盤が充実していること。また，林業主導型経営の場合では，スギやヒノキの人工林面積が15～20 ha」[3]としている。更に，森林組合が原木市場の開設や小径木加工工場の設立等によって間伐材の販路拡大をはかること，及び地方自治体が道路網の整備などの生産基盤の拡充をはかることが自伐林家成立の外部条件であることも指摘された[4]。

　以上のように，この時期の諸研究は農家林家経営の一部門として家族労働による素材生産が位置づけられた点に注目し，本章の課題とする「所有の社会化」との関連でみると，第1要件である計画的な伐採と確実な更新という点を満たした自伐林家が主に注目されたといってよい。

　ただし，車や教育費，冠婚葬祭などの間断的な出費に対応して伐採する林家に関して，財産保持的だとマイナスに評価する論者と林家の再生産上において林業が重要な役割を果たしているのであり，「財産保持的」として切り捨てることに異をとなえる論者に分かれた[5]。この点は森林資源管理という側面から今日も林家を評価する際の一つの論点になっており，後述する。

　いずれにしても，定住条件の安定という視点から自伐が捉えられたといってよい。そうした中で，木材価格論という立場から，自伐林家の登場を注目した安藤氏は次のように林家の自伐を捉えていた。

「戦後においては，自家労働力を投入した農民的造林が多く，木材の商品生産者として市場に立ちあらわれつつある。これらの農民的造林による人工林材価格が，小農価格範疇とされる費用価格水準で実現するのか，膨大な地代と利潤を要求する地主資本家的造林による生産価格で実現するか，同一市場におけるこの両者の対抗関係こそ国産材人工林市場の基本的な価格構造といえよう。この点で，中小林家が多く，間伐等採取過程も自家労働で生産しているものの多い宮崎県県北地域では，原木の市場価格が下落しても生産量は増大傾向を辿っている。ここに農民的林業の発展が示されているし，今後の新しい木材価格形成のメカニズムが生まれつつあるといってよい。」[6]

つまり，価値範疇において家族経営（自伐）が社会性を有すること，更にそれが市場価格を規定していけば，生産力という面でも担い手（トレーガー）として位置づけ得ることを展望していたといえる。「所有の社会化」という点では第2の要件への視点である。

2．自伐林家研究第二期における論点（1985年～90年代中盤）

第二期になると，前述のように国産材生産シェアが毎年のように縮小し，更に，農林複合経営として営まれていた木材以外の作物においても，生産条件が著しく狭められた。とりわけ，椎茸は輸出量急減と中国産椎茸の輸入急増，需要の減少によって生産が縮小した[7]。椎茸（特に，原木乾椎茸）は，素材生産の技術面（間伐材伐出技術の習得），経営面（林内作業車等の共用），労力配分面において強く結びついていただけに，自伐林家の分解を促進していった。

しかし，そうした中で，木材産地の動向をみると，戦前来の産地が壊滅的な打撃をうける一方，西日本の戦後の新興林業地，特に九州産地の台頭が見られ，その基層に林家の旺盛な自伐があることが明らかにされる[8]。その自伐林家の性格と持続性について，議論がなされた。

性格についてみると，一つは，椎茸の収入減をカバーするために木材の販売量を増やし，また木材価格が下がる程，所得確保のために伐採量を増加させるといった自伐林家の窮迫的な販売対応（費用価格水準以下での販売）といった側面を筆者は指摘した[9]。これに対して，自伐林家を生産力論的視点

から検証した興梠氏は90年センサスの分析によって50 ha以上層で雇用労働力を縮小し，家族経営化の動きがあることを明らかにした。さらに，個別調査分析によって，その家族経営化は経営後退の現れではなく，林内作業車やクレーン付きトラックなどの小型機械を導入し新たな生産体系へ転換した結果であるとし，「生産力高度化を伴う家族経営への純化という点で積極的な対応であり，中村哲氏が指摘した『近代的機械制小経営』の形成過程」[10]であると位置づけた。また，興梠氏が1994年時点で調査を行った林家では，素材伐出の労働生産性が1.6 m³／人日であることも報告されている。

両者は第二期において両極分解する自伐林家の各局面を捉えたものだと言える。積極的な展開を図る自伐林家の成立条件としては，「行政主導による高密路網化＝小型機械化にむけての基盤整備の進展，流通・加工面での森林組合のバックアップ」[11]と同時に，優れた経営マネジメント能力（労力配分，資金計画，市場対応など）と充実した資源構成（面積や配置，齢級構成など）が挙げられる。「所有の社会化」との関連では，第1，第2要件を満たした林家である。

次に，自伐林家の持続性という論点に関連した議論についてみると，生産性を高めつつ積極的な対応を行っている林家であっても，世代の継承は困難だとの見解が主流であった[12]。つまり，自伐を担っているのは，戦後の拡大造林を担った昭和一桁世代であり，あと10年もすればリタイア期を迎え，高齢化によって自伐力も一気に低下すると考えられていた。

第3節　現段階における自伐林家の成立条件と展開方向

1．2000年センサスに見る林家の動向

本節では，第一，第二期の自伐林家の動向を踏まえ，現段階（第三期）における自伐林家の成立条件と展開方向について検証する。

まず，2000年世界農林業センサスの結果によって，近年の木材不況下にあって，どのような林家の動向が示されたかについて，岡森，興梠，志賀各氏が行ったセンサス分析結果から確認しておきたい[13]。自伐林家論と関連する項目について簡単に結果をまとめると次のとおりである。

① 引き続いて農家林家が減少, 非農家林家が増加し, 不在村化も進行。
② 100 ha 以上層林家数の減少。
③ 林産物販売林家率の大幅な減少。しかし, 素材生産量が大幅に縮小する中, 木材生産に占める林家保有林からの生産シェアは上昇。
④ 下刈りや間伐の実施は一定水準を維持。
⑤ 作業の委託・請負率及び雇用労働依存率の低下, 1戸当たり自営林業従事世帯員数は微増。
⑥ 農業主業林家地帯に比べ, 自営的林家が少なかった恒常的勤務主業林家主体の地域の中に自家労働投入を増加させた地域が存在。
⑦ すべての山林作業で農家林家の方が非農家林家よりも実施林家率は高い。ただし, 非農家林家では全階層で主伐実施率が上昇。
⑧ 間伐の実施林家率は大規模林家の方が高いが, 面積実施率にすると, 中小規模層の方が高い。
⑨ 各指標において地域的な差が大きい。90年代まで林家の活力が突出して高かった九州は引き続き相対的に活発であるが, 素材販売林家率では大きく失速。

　以上のように, 2000年のセンサスは林家の脆弱さと同時に底堅さを示し, 作業の委託・請負化は進んでおらず, むしろ自営化の進行を示した。このことは林野当局が描く将来像とも, 昭和一桁世代のリタイアによって自営性は低下するといった見解とも逆の動向を示す結果となった。林業センサスでは, 家族従事者の年齢構成等は不明であるが, 農業センサスの分析によって, 1995年から2000年にかけて定年帰農だけでなく, 各年齢層で就業人口が増加する傾向が指摘されているところであり, 90年代不況の影響とも密接に関連していると言われている[14]。
　以上のような林家一般の動向の中で, 自伐林家の成立条件はどのように変化し, どのような経営展開を模索しているのであろうか。点的にではあるが, 以下, 特徴ある経営について見ていく。

2．自伐林家の展開局面

事例１：宮崎県諸塚村Ｎ家──自家経営集約化の対応──

諸塚村は90年代まで森林組合や行政のバックアップ，集落（自治公民館組織）単位での日本一の林内道路網整備によって農家林家が高い自伐率を示していた点で有名である[15]。しかし，乾椎茸生産が林家経営の柱であったため，その価格下落は深刻な影響をもたらし，林家の農林業離れが進行した。森林組合の取り扱い材に占める林家の自伐材である販売事業量と森林組合作業班員による林産事業の割合は，90年代初めの７：３から現在は約３：７に逆転している[16]。そうした中にあって，Ｎ家は専業的な農林複合経営として，諸塚村を代表する存在である。

Ｎ家は世帯主（52歳），妻（47歳），父（70歳），母（71歳）の２世代専従による農林複合経営を営んでいる。経営耕地面積は，水田43 a，畑５aであり，椎茸人工ホダ場が30 a（水田減反地）である。個人所有森林は45 ha（スギ人工林21 ha，ヒノキ人工林２ha，クヌギ人工林15 ha，天然林７ha）で針葉樹人工林は５～７齢級が中心である。家族労力は，140人日が耕種農業，椎茸生産に740人日（妻と父が中心），林業に220人日（世帯主が中心）就業しており，雇用労力は椎茸の駒打ちに27人日，間伐の搬出手伝い等に10人日である。年間販売量は乾椎茸1,600 kg，生椎茸800 kg，米1.2 t，間伐材平均100 m³である。

椎茸の栽培方法をみると，品種は春の一斉発生型から，分散発生型の品種に変え，散水による発生操作を徹底することによって，品質の確保と自家労働力で採取できるような体制を確立している。2000年の乾椎茸の販売単価は3,800円／kg（村平均2,100円／kg）を実現している。８年前から消費者への直接販売を始め，「市場では安いが，消費者にとっておいしく使いやすい」乾椎茸を直販に回している。現在，顧客は60名まで広がっている。顧客の反応や感謝の言葉が生産の励みとなっているという。

間伐は尾根と谷を結ぶ作業路（幅員２m）を活かし，クレーン付きユニック車（２t車）を使って，幹線（５m）まで搬出しておく，それを森林組合の８tトラックが加工工場に搬入することで，コスト削減を図っている。伐採搬出の生産性は夫婦２人で４m³（２m³／人日）程度である。

99年には村の産直住宅事業の注文を受け，スギ45年生１ha分を皆伐し（270 m³），葉枯らし乾燥をして搬出した[17]。自分の山の木を用いて完成した

住宅を見学し，オーナーとも対面することができたという。

このように，集約化した高い生産技術と雇用労力を使わず自家労働力の完全就業を目指す経営管理能力に加えて，マーケティング能力を有することが自伐林家としての成立を支えている。しかし，4人が専従しても農林産物の販売高で1,100万円，経費を差し引くと収入は約500万円にしかならず，子供2人（大学生と高校生）の教育費がかかる現在，農林業補助金約250万円（うち林業補助金約120万円，他は村単独の椎茸関連補助金）がなければ経営の維持は成り立たない状況である。後継者となる高校生の長男には帰ってきて欲しいが，積極的に勧めてよいものかを悩んでいる。

なお，N家は孤立して自伐林家として成立しえているのではない点も重要であろう。世帯主は現在，自治公民館組織の中で産業部長を務め，森林組合や役場との協議で決定される地域の間伐計画面積を達成する任にある。その計画達成のために，間伐面積を増加させることもあり，地域全体の伐出量維持に貢献し，ひいては地域林業を支えているのである。また，間伐に不可欠な道路網は，作業路も含めると60 m/haとなり，その整備は，1戸当たり草刈りに年に9人日，側溝開け（つまった砂利を落とす）に3人日の出役で維持しえているのである。

事例2：大分県直川村M家——自伐林家の素材生産請負化——

直川村は大分県南部流域（第1編第5章第1節に既述）の山間部に位置する。そこで農林業を営むM家は世帯主（62歳）夫婦と母親の3人家族であり，耕地面積55 a，山林 32 ha（うちスギ・ヒノキ29 ha，6・7齢級が過半）を所有している。以前は椎茸生産をやっていたが，中止して，米と間伐材生産（夫婦2人で行い，年間100 m³程度）を行っていた。5年ほど前から義弟（山林所有面積約30 ha，隣町宇目町在住）と組んで，素材生産請負を開始した。徐々に依頼者が増え，2001年度は30 a～1 ha／件の間伐（約8割）を中心に，年間15件，約350 m³を生産している。義弟が住む宇目町S地区で，高齢化によって自分では伐り出しできない林家から頼まれることが多く，知人やその口コミで知って，依頼される状況である。また，宇目町内に森林組合の原木市場が開設されたのを機に林家からの依頼も増加した。

請負単価は間伐で1 m³当たり約6,000円である。以前はウィンチ付きの林内作業車（椎茸ホダ木搬出兼用）を使っていたが，それでは作業車への積み

第9章　自伐林家の展開局面と森林所有　　　　　　　　　　　　　　171

込みに手間取るため，2000年から搬出方法を変更した。小型ユンボー（中古）を120万円で購入し，それを集材作業路の開設と材の搬出に用いている。搬出の際は，ショベルの爪にフックを付け，ワイヤーを掛け，林内で玉切りした材を吊り上げて道路端まで出す。近年，同地域の自伐林家の間に急速に広まっている搬出方法であり，地元で「タマコ」と呼ばれる方法である。これによって，1日2人で7～8㎥の搬出が可能となった。

2001年には原木市場価格が1万円／㎥まで下がり，搬出後の市場までの運搬賃（2,000円）と市場手数料約2,000円／㎥，搬出請負料（6,000円）でトントンとなり，林家には間伐補助金のみは残せたという。「1万円から少しでも市場価格が上がれば，その分木材の販売の中から山主の手取りを増やせる。年金を掛けるつもりで山を育て，苦労して働いてきたのを知っているだけに，少しでも残してやりたい」という思いが強い。

また，森林組合の作業班の搬出体系では，こうした小面積間伐はとても採算に合わないだろうという。高性能機械を使用している佐伯広域森林組合の林産事業は，近年皆伐の割合が増加している。このように，M家は森林組合や素材生産業者では引き受けないような，小面積の間伐を小型機械化体系故に引き受け得ているといえる。皆伐も一部行っているが，いずれも1ha以下の小面積であり，それだと所有者が再造林できるという。

最後に，M家の継承についてであるが，後継者である長男（32歳，近隣市在住，会社員）は，定年後に帰村の予定である。現在も，農繁期には農作業に帰り，徐々に山のことも教えていく予定だという。義弟と2人であと10年は地域の林家からの素材請負を続けたいという。

事例3：静岡県天竜流域——自伐林家の組織化[18]——

　静岡県天竜流域は相対的に高価格のヒノキ比率が高いという優位性はあるものの，林業労働者の賃金が高い地帯である。木材価格下落の中で，林家所得を確保するために自営化を図る林家層が存在し，更に県のバックアップもあり自伐林家の組織化という動きが近年注目されている。表9-1は林家グループの実態を示したものである。

　林家の組織化によって，機械の共同利用を図り，集材作業路の開設(700～800円／m)とグラップル・林内作業車による地域の地形等に合わせた間伐材生産の新たな伐出作業体系を模索していることがわかる。「天竜森林の会」の

表9-1 林家が中核となっている林業作業組織の事例

組織名	㈲天竜フォレスター	天竜森林(もり)の会	天竜フォレスターズ・21	春野町フォレスト事業協同組合	H₂O林業グループ
地域	静岡県天竜市	静岡県天竜市・龍山村	天竜市熊・上阿多古地区	静岡県春野町全域	静岡県春野町熊切村・気多村
設立年	1990年	1998年	1998年	1994年	1999年
構成員	地元林家，Iターン者	地元の林業関係者	地元林家	地元林家（前身は林研グループ）	地元林家（所有面積60～150 ha）
人数	8人（30歳後半）	5人と1法人*（平均44歳）	11人	10人	5人（平均43歳）
事業内容	林業作業の請負	集材作業路の開設，機械の共同利用	機械の共同利用	機械の共同利用	機械の共同利用
保有機械	グラップル付バックホー，フォーワーダー，林内作業車，集材機	2.5t積み林内作業車（クローラタイプ），バックホー（ミニショベル・ウィンチ付き）	グラップル付バックホー，林内作業車，小型自走式搬機	ラジキャリー，ひっぱりだこ，クレーン付き3.5tトラック	林内作業車，バックホー

資料：栗栖祐子「林家が主体となった組織化の意義を考える」農林中金基礎研究部『調査と情報』第168号，2000年，4頁に加筆・修正したものである。
注：「天竜森林（もり）の会」を構成する法人とは，「㈲天竜フォレスター」である。

　事例をみると，地区内の人工林は主伐の減少によって長伐期化し，間伐とはいっても60年生というのもあり，大径木化している。そのため，従来の林内作業車（1t程度）では効率が悪く，やや大型のクローラタイプの林内作業車（2.5t，ダンプ機能付き）を導入し，それへの木寄せはウィンチを用い，詰め込みをグラップル付きバックホーで行っている[19]。従来型よりも大型化したとはいえ，プロセッサなどの高性能林業機械を用いた作業体系に比べると小型機械である。導入した作業車は駆動性がよく，この作業体系によって伐出の労働生産性は60年生の間伐の場合で，約3.5㎥／人に高まっているという。機械購入費は約1,500万円と林家が個別でフル装備しようと思うと大

きな負担となるが，共同で購入・利用することによって（半分は県単補助），機械購入費の負担を大幅に軽減している。更に，会員間の情報交換や技術研修によって，各林家の搬出技術も高まっている。

5つの組織のうち，Ｉターン者を含むメンバーで組織されている「㈲天竜フォレスター」では，会員外の素材生産請負を事業としている。しかし，他の4事例では，現在までのところ，作業は基本的に自家山林の間伐を夫婦2人の自家労働力で行い，不足する場合は会員に手伝ってもらう程度であり，地域全体の森林管理を担うには至っていない。

ところで，こうした自伐林家の組織化に取り組めた地区は，歴史的に仲間山の存在や手間替えなどの相互扶助的な慣習が強いという土壌があり，後継者が層として残っていることが共通点として挙げられる（北遠事務所長談）。また，その現代性について考えると，働き方の自由度，つまり自家の農業や兼業従事との調整が簡単で，かつ雇用被雇用の関係がなくフラットな結びつき（言い換えると他人の人生を引き受けなくてよい）であるという意味で，フレキシブルな経営体である。不確実な時代におけるリスク回避の対応ともいえ，持続的だと言えるのではないか。そして，組織のネーミングからもわかるように，地域の環境保全や地域興しといった意識も強いことが予想される（詳しい調査分析は他日を期したい）。

こうした自伐林家の組織化を支援しているのが静岡県の県単独事業である。農山村振興室が所管する「中山間地域農林業整備事業」によって機械購入費の1/2が補助されている。では，こうした自伐林家の組織が森林組合の林産事業を凌駕し，地域林業を牽引するものになるのであろうか。この問いに，県では多様で重層的な担い手の一つであると位置づけるべきだとの考えである（前出事務所長談）。

3．現段階における自伐林家の展開局面

以上，メモランダムに現在成立している3つのタイプの自伐林家について見てきた。確かに，第一期のように自伐林家の経営展開の先に国産材時代を展望できるような状況にはなく，地域的にも，更に地域内においても自伐林家として経営展開をなしうる条件が狭まってきていることは確かである。しかし，自伐林家として新たな展開を遂げている事例が存在することを確認し

た。

　3つの事例において示されたことの第1は，自営化を追求すると同時に，第一期で見られた生産技術段階（椎茸のホダ木搬出技術の間伐生産への応用）から，新たな機械化段階に移行しつつあることであり，伐出の労働生産性の向上が見られることである。第2に，あくまで間伐を中心とし，皆伐の場合も小面積で確実な更新がなされているという点である。第3に，これらの自伐林家は，世帯主の年齢が昭和一桁世代（現在，60歳代後半～70歳代前半）の次の世代または子供の世代（40歳代）であることである。40歳代の場合は，自伐林家展開の第一期に林業に就業した経緯を有し，世代継承を今の段階ではクリアしている。第4に，山村地域に根ざしているという点であり，自伐林家の取り組みが山村の環境保全や都市交流型の地域振興策と結びつく可能性を有している。

　農民層の分化・分解要因の変転について検証した矢口芳生氏によると，労働市場の展開，国際化の進展，情報技術の革新の中で，①生産力体系（労働手段・労働対象・労働力及びその編成）だけでなく，②マーケティングなどの経営管理体系，③景観形成，地域協定等の基礎となるホスピタリティやフィランソロピー，住民とのパートナーシップによる地域環境保全体系の3点を合わせた事業力，地域力を有するかどうかが今日，地域差をもたらしていると指摘している[20]。事例でみた自伐林家は小型機械化体系による素材生産力の向上を実現しつつ，高い経営管理能力を有し，その技術体系が間伐を中心とし，皆伐は小面積で確実な更新がなされているという点で公益的機能を重視したものであり，矢口氏が指摘する総合的な事業力と地域力を持つ経営体だと言える。

第4節　まとめにかえて
――森林資源管理における自伐林家と森林所有――

　最後に，今日の自伐林家を「森林資源所有の社会化」という面からどのように位置づけられるのかを述べ，まとめとしたい。本章第一節で紹介した堺氏の3つの定義に従えば，第一要件である計画的な伐採と確実な更新は3事

例とも満たしていた。第二要件である高い素材生産力に関しても，技術の改良や新しい機械化体系を組み込みながら，労働生産性の向上が模索されていた。素材生産業者等の他経営体との比較が必要であろうが，少なくとも素材生産業者の技術体系（架線集材やプロセッサなどの高性能林業機械化）ではその生産性優位が発揮できないような，小面積皆伐や間伐を自伐林家が担っていることは注目されよう。繰り返しになるが，循環型社会の形成が求められる現段階において，森林の公益的機能の向上および木材生産力の持続といった森林資源管理における社会的ニーズに対して自伐林家の機械化体系に優位性があるのではないか。この点は今後の検討課題である。第三要件である所有の枠を越えた伐採・育林活動の展開については，直川村M家（事例2）で見られたが，諸塚村N家（事例1）では経営面積の拡大よりも集約化が追求されていた。また，天竜流域（事例3）も機械の共同購入・利用が主な目的であり，所有の枠を越えた展開という動きは小さかった。今後，そういう方向性が強まるのかどうかは，2002年度に導入される「森林整備地域活動支援交付金制度」との関連で明らかにする必要がある。

　従って，今日，自伐林家の中で要件①～③のすべてを満たすとなると，極めて限定的となる。しかし，前節で紹介した自伐林家の経営展開および森林所有は，単に私的利益の追求に留まらない「社会性」，「公共性」を有しており，森林資源管理の担い手として位置づけることができよう。

　更に，今日の森林管理問題を考える上で論点だと思われるのは，「財産保持的」林家の位置づけについてである。先の「社会化」条件を満たす自伐林家に注目するのみで十分であるのか，すなわち，「社会化」条件自体についての問いであり，3つの要件はどれも満たしていない圧倒的多数の林家群を「財産保持的」林家と一括して，マイナスに評価してもよいのかどうかである。一括りにするにはあまりに多くのレベルの林家が含まれている。

　急速に国産材市場が縮小する中で，林家は一方で非農家林家化，不在村化，間伐の遅れや皆伐後の再造林放棄，更には林地そのものの売却といった林業生産及び林地所有からの撤退が進んでいる。しかし，センサス結果で見られるように，素材生産は間断的で長伐期を指向しているものの，最低限の保育作業は自家労働力で継続しているという林家が多数存在する。一部では，都

市住民のボランティアの受け入れも行っている。また、こうした林家は道路網の維持管理などの集落維持にとって重要な役割を果たしている。道路網の維持管理は素材生産コストの低減や森林の多面的機能の発揮を図る上で不可欠な作業であるが、事例1～3のような自伐林家だけでは担うことは出来ないであろう。

筆者はこうした後者の林家（間断的な伐採であるが必要な保育作業は実施している）について、森林を保持しているという点で今日的な社会性を主張すべきだと考えている。そのキーワードとなるのが「家産維持」であり、山村社会の維持ではなかろうか。そもそも立木価格がゼロという事態は、資産デフレの極みであり、財産的価値も期待できないということである。市場対応的であれば、皆伐や再造林放棄、素材生産業者への土地込み売却という財産放棄的な動きは当然の帰結である。しかし、多くの林家は財産的価値が低くなっても（なくなっても）、家産として森林を保持し続けているのである。「家産」とは先祖や地域からの預かりものという意識であり、少なくとも他人に迷惑を掛けず、森林を継承するという規範ともいえる[21]。

問題は「家産維持的」な林家も含めた重層的な所有者と経営体を地域総体としていかにマネジメントし（素材供給量の平準化）、地域林業の確立を図るかである。社会化の第三要件を含めて、機械化した自伐林家と地域とのパートナーシップをどのような仕組みで創出するのか、森林組合や市町村の役割も含めた提起が必要である。

（佐藤宣子）

注および参考文献

1) 堺正紘「長期伐採権制度を考える―森林管理の社会化の受け皿として―」『九州森林研究』第55号、2002年、8頁。
2) 代表的なものとして、黒田迪夫編『農山村振興と小規模林業経営』日本林業技術協会、1979年。
3) 青木尊重『中小林家の事例に見る経営戦略』山の幸センター、1985年、99～100頁。
4) 深尾清造「山村における農林複合経営の形成」『農林統計調査』1980年10月。
5) マイナスに評価をした論文として、熊崎実「この20年間の中小林家の経営動向―センサス統計をもとに―」『林業経済研究』No. 101、1982年、プラスに評価したものとして深尾前掲論文を挙げておく。
6) 安藤嘉友「木材価格形成のメカニズムと木材市場の展開構造」鈴木尚夫編著『現代林業経済論』日本林業調査会、1984年、345頁。

第9章　自伐林家の展開局面と森林所有　　　　　　　　　　177

7）国内の乾椎茸生産は1984年がピークで，16,685万t，生椎茸は1988年ピークで82,678tであったが，2000年には乾椎茸5,236t，生椎茸67,224t（うち原木生椎茸は32,567t）まで落ち込んでいる。
8）野田英志「『戦後造林木』が利用段階を迎えた農家林業の現状とその課題」『林業経済』No.509・510，1991年，井口隆史「林家の経営と組織化の変化」北川泉編著『中山間地域経営論』御茶の水書房，1995年など。
9）佐藤宣子「『経済構造調整』下における九州山村の変貌」『林業経済研究』No.125，1996年。
10）興梠克久「『担い手』林家に関する一考察」『林業経済』No.573，1996年，20頁。
11）同前，20頁。
12）牧野耕輔・藤原三夫・泉英二「農家林家による森林管理の可能性の検証―久万林業地を対象として―」『林業経済研究』46(2)，2000年など。
13）岡森昭則「林家は21世紀の森林・林業を担えるか」『山林』1407，2001年，志賀和人「林業における『経営主体』の統計的把握」『2000年林業センサスにみる日本林業の構造と森林管理』全国農林統計協会連合会，2001年，興梠克久「民有林における山林保有主体の動向」『林政総研レポート No. 61，2000年世界農林業センサスの分析』林政総合調査研究所。
14）例えば，田畑保「農業構造の現段階―2000年センサスの分析―」『農業・農協問題研究』27号，2002年。
15）詳しくは深尾清造編『流域林業の展開方向』九州大学出版会，1999年を参照のこと。
16）ただし，諸塚村の作業班は家族経営的なものも多く，作業班員となり（賃労働者化），自家山林と近所の集落内林家の山を請け負って作業を行っている場合も多いのが特徴である（森林組合談）。これは，森林組合を通すことによって，資金回収等のリスクを回避するためと捉えられており，あくまで自伐経営の延長線上ともいえる対応である。他の人の山林を引き受けるという点では，事例2の素材生産請負経営への展開とも言え，所有の枠を越えるという意味で「所有の社会化」の第三要件を満たすことにもなる。その内実についての分析は他日を期したい。
17）諸塚村の産直住宅事業については，矢房孝広「小さな山村・エコビレッジ諸塚の挑戦」『建築とまちづくり』No.294，2002年を参照のこと。
18）組織化の実態については，栗栖祐子「林家が主体となった組織化の意義を考える」農林中金基礎研究部『調査と情報』第168号，2000年を参照した。
19）静岡県北遠農林事務所・天竜流域林業活性化センター「21世紀の林業の可能性を求めて―平成11年度・地域材安定供給ネットワーク・モデル事業報告書―」30頁。
20）矢口芳生「農業構造の改革は可能か―『戦後日本型ユンカー経営＝パートナーシップ型農業経営』視点からのアプローチ―」矢口芳生編著『農業経済の分析視角を問う』農林統計協会，2002年，211～212頁。
21）森林所有の家産的意味の重要性を指摘したものとして，藤村美穂「『みんなのもの』とは何か―むらの土地と人―」井上真・宮内泰介編『シリーズ環境社会学2，コモンズの社会学―森・川・海の資源共同管理を考える―』新曜社，2001年がある。

(謝辞)
　本章は，文部省科学研究「林家の経営マインドの後退と森林資源管理の社会化」（代表・堺正紘）の共同研究者との議論に加え，㈶林政総合調査研究所「公益的機能を重視した森林・林業経営の担い手に関する調査研究」での現地調査や議論から大きな示唆を得た。記して，お礼申し上げたい。

第10章　製材加工の産地システム

はじめに

　木材価格の低迷は林業経営を苦境に追いやり，多くの林業地域で林地の放置化，林業の放棄化が進んでいる。国有林も経営危機に見舞われるなど，厳しい経営実態にあるが，戦後の活発な造林活動に支えられ，人工林資源は確実に成熟しつつあり，森林資源管理とともにこれらの商品化が主要な課題となっており，各地で生産・流通加工体制など産地化への取り組みがなされている。森林資源内容は，国有林の高齢級林分の枯渇と伐期の低下，民有林での戦後造林木の成長など，一般材が大勢を占めている。成長の早い九州地方のスギをはじめ北海道のカラマツなど，すでに伐期を迎えている。製材など産地化への取り組みは背後の資源構成の変化と共に新たな展開を辿り，人工林資源をめぐっての産地及び流通・加工は大きな再編期を迎えている。

　産地製材の展開も量産型の大型製材の展開が各地でみられ，製材過程でのコスト削減と供給の大量・安定化，さらに乾燥へと付加価値化が進んでいる。今日の産地化を考える場合，外材支配体制のもとで複雑な競争関係に置かれた国産材が，これにいかに対抗するか，そのための供給体制といった市場論理と同時に流域を機軸とした循環型構造確立に，産地加工システムとしてどう関わっていくかが問われている。

　現在，国内資源の商品化への取り組みで多様な展開がみられるが，地域構造および供給システムとして大きくは3つの類型が考えられる。

　第一類型は企業型といえるもので，大手企業を軸とした製材から集成材さらにプレカットなどの高付加価値型加工システムである。すなわち個別メーカー群がグローバル化をにらみ資本系列あるいはグループ化を図りながら，技術革新と生産の垂直的統合を進め，需要の変化に機敏に対応しつつ企業および市場の論理のもとに規模の経済を追求しているもので，流域単位を遙か

に越えた広域的活動を行うものである。全国的な大手木材関連総合企業の展開であり，地域を越えて独自の競争論理のもとに展開しており，近年注目される合板企業の国産針葉樹合板への展開などもこの範疇に位置づけられる[1]。

　第二類型は産地型といえるもので，地域資源を背景に産地形成を軸に組み立てられた加工流通システムである。森林資源の成熟を背景に行政的な産地化政策のもとで全国的に展開しているもので，一定の流域を範囲に組み立てられ，森林組合の大型合併等を契機に生産・供給体制の強化と産地の大型化（量産体制）が図られ，プレカットや集成材への取り組みも見られるなど，基盤整備と産地の高度化が図られている。このタイプは市場の論理を軸としつつも資源循環および地域の論理が機能的役割として重視される。

　第三類型はネットワーク型住宅供給とそこでの加工流通体制の確立である。これは住宅供給関連業種すなわち山林所有者，建築業者，製材業者，建築設計事務所などが縦・横断的に連携したものである。「森・木・木造住宅ネットワーク」，「近くの山の木で家をつくる」運動などの類で，環境に配慮し「顔の見える家づくり」など健康素材（自然素材）や国産材（地域）などへの「こだわり住宅」を供給しようとするものである。供給形態としては産直住宅や地産地消運動の一環でもあり，量的発展契機は弱いが，国産材の普及啓蒙，産地のブランド化面で産地形成をサポートすることになる。

　本章では外材輸入により国産材製材および産地がどのような変貌と展開を辿ってきたかを位置づけるとともに，新たな市場条件（資源，需要，地域）のもとで取り組まれている産地化の実態を，いくつかの地域事例からみていきたい。特に森林資源の循環的利用および国産材利用の社会化といった視点から，第二類型の産地型の地域事例を対象に分析した。

第1節　外材輸入と国産材

　高度経済成長下での木材需要の増大と木材価格の急騰を契機に外材輸入が本格化するが，外材輸入は港湾整備と木材団地の形成によって急増した。外材は港湾製材として新たな産地を生むとともに，国産材産地にまで浸透し，原料問題に直面した国産材の大手製材をして外材へと転換せしめた。国産材

への影響は特に米ツガの影響が大きく,これが国産材の供給の主軸であったスギと直接競合し,ヒノキなどとの品質差による価格差をもたらした。特に東京,大阪,名古屋等の中央市場での外材化は中央出荷主体の遠隔産地のスギの後退を余儀なくさせた。

外材支配体制強化の過程で国産材産地は二極分化が進む。すなわちひとつは需要の高度化を背景に外材と直接競合しない非価格競争的なヒノキ等を中心とした高級材製材とその産地化への動きである。もうひとつは外材と競合を余儀なくされたスギ等を中心とした製材の大型化・専門化の動きである。前者は全国的に注目された東濃ヒノキ産地をその代表として,高知県西部地域などでは背後の国有林の高齢級ヒノキ資源を背景に価値歩留まり重視の高級ヒノキ産地を形成してきた。ここでの産地化の契機は地元製材工場による共販組織の産地木材センター(高幡・西部の両木材センター)で,規格の統一と品揃え機能の充実により,四国をはじめ全国より買い方を集め,広域的な販売体制を確立してきた。

一方,一般材の産地化の方向は,製材工場の専門化と生産性の確保により,価格競争力をいかに確立するか,そのための産地の組織化にあった。大分県の日田地方はわが国屈指の規模を誇るスギ林業地帯であるが,背後の資源を背景に戦後一大製材産地を形成してきた。中央からの後退を余儀なくされたスギ製材は,福岡市を始めとする北九州市場を販売圏として再編を進めたが,内部的には原料調達の原木市売市場と製材工場の専門化(径級別・製品別)により著しい生産性を確保してきた。また岡山県の勝山地方などでは,ヒノキを中心としつつも生産形態は大規模化と専門化を特徴とし,基本的には生産性の確保を軸として展開してきた。三重県の松阪地方もほぼ勝山と同じような生産形態での展開を見たが,歴史的には当初日田同様小径木を軸にバタ角等の量産型の製材産地として展開し,外材輸入以降ヒノキを軸に広域的集荷体制のもとで高級材産地へと飛躍してきた。

第2節　製品輸入と国産材産地の再編

1．円高基調と産地の再編

1980年代に入ると製品輸入体制が強化される。東南アジア諸国における資源ナショナリズムの台頭，アメリカ等でも自然保護運動や中小木材業者の原木問題等により丸太輸出規制が強まっていった。産地国における丸太輸出規制のもとでの，85年のプラザ合意に基づく円高基調は，製品輸入化を促進し生産の海外拠点化を進めることになった。わが国への製品輸入は，80年代以降でみると，81年の400万m³が90年代に入り900万m³台に急増，93年にはついに1,000万m³を超えた。90年代後半の不況で若干落ち込むが製品輸入体制は強化されつつある。製品輸入は特に米材を中心に増大しており，96年にはこれが8,267千m³に達し，95年には製品が丸太を凌駕するに

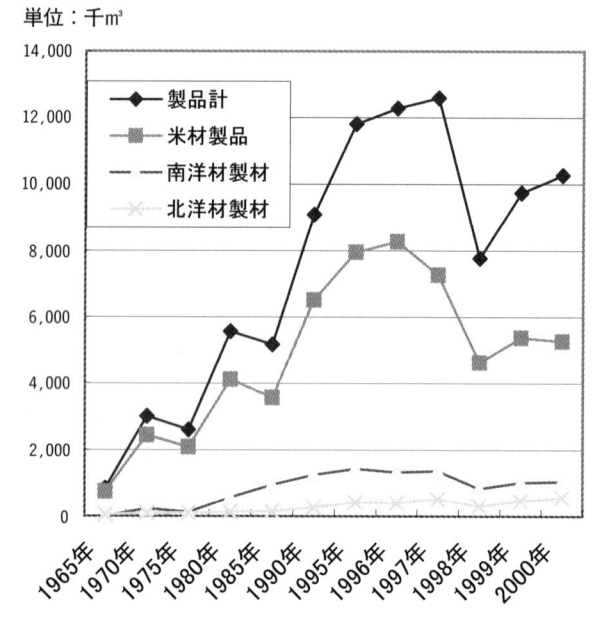

資料：日刊木材新聞社『木材イヤーブック2001』2001年3月による。
図10-1　製材品輸入量の推移

至った。また近年注目されるのが欧州からの製材品輸入で，2000年には200万m³の大台を突破した（図10-1参照）。

これまで丸太輸入に力を注いだ総合商社も，製品輸入やその受け入れ体制の強化，すなわち国内でのプレカット等の2次加工や製品流通体制を強化して問屋・材木店・ゼネコン販売を，また企業グループ関連の住宅企業などの系列化を図りながら垂直的統合を進めてきた。また円高基調下で海外拠点化の動きも強まる。住宅産業などの木材関連産業分野はもとより製材産業でもアメリカ，カナダ，ニュージーランドなどへの海外拠点化を進めた。

外材をめぐる製品輸入体制の中で，国内での外材製材は大幅な後退と再編が進む。国内最大の広島の中国木材㈱のような国内需要構造の変化を先取し，米ツガから米松（平角）へと原料転換を図り，規模の拡大と原木輸入体制強化で輸入製品に対抗しうる港湾大型製材の展開もみられるが，多くの主要な港湾型米材製材などでは後退を余儀なくされてきた[2]。米材産地でわが国を代表する静岡県の清水や和歌山県の田辺では80年代後半から急速な後退を辿った。清水港では米材丸太輸入ピークの1973年の889千m³が90年には310千m³と約3分の1に後退し，再割製材への転換がみられる。またかつて30万m³以上の輸入実績を見，天然良港として名を馳せた田辺地域も1998年には外材輸入港としての閉鎖を余儀なくされている[3]。

2．品確法と新たな動き

90年代に入り木材市場を取り巻く諸条件は大きく変わりつつある。品確法等による近代商品化要請の高まり，また住宅構造の変化と高級材需要の低迷，さらに森林資源成熟と国産材製材の新たな展開など，注目される動きが見られる。阪神・淡路大震災を契機に住宅の耐震性が大きくクローズアップされ，さらに不況による住宅建築不履行や秋木住宅㈱の欠陥住宅と保障をめぐるトラブル等を契機に，住宅供給者の瑕疵保障のための品確法「住宅の品質確保の促進等に関する法律」（1999年成立，翌年4月施行）が成立した。これにより10年間の瑕疵保障や性能表示制度さらに紛争処理体制など，住宅供給者責任が強まった。プレカット流通体制の強化と品確法により，その主要部材としての木材の寸法や強度，品質・性能の明確な供給が要求される

ことになった。すなわち供給サイドには木材のより工業製品化への対応が求められ，クレーム産業といわれる住宅分野でのエンジニアリング・ウッド化を加速している。わが国の木造住宅最大の住友林業㈱では，いち早く管柱等の集成材化に切り替えたが，統計上でも急速に集成材化が進みつつある。住宅での集成材利用も柱材で年間建築数200戸未満の住宅会社で1997年の35.5％から2001年には55.9％へ，また200戸以上の住宅会社ではそれぞれ63.7％，80.2％といった利用状況が指摘されている。また横架材でも年間200戸以上の大手住宅会社で高い利用率を示している[4]。

集成材供給も輸入の増大とともに国内生産も拡大，さらに日本資本の海外進出も見られるなど多様な展開が見られる。2001年のわが国への構造用の集成材輸入量は49万8,000㎥で3年連続過去最高を更新，輸出国でも日本向け生産体制が強化されている[5]。国内生産においても中国木材㈱の集成材への参入をはじめ各社の設備の増設が見られる。わが最大手の銘建工業㈱ではオーストリアへの海外生産拠点化とともに，本社集成材工場隣接地に集成材横架材工場の増設を行うなど，2001年には月間の集成材取扱量は24千㎥を見ている[6]。住宅部材のキャスティング・ボートを握り，まさに「集成材時代」を予測させる中で，国産材製材は基本的には外材製品との競争関係を軸にしつつも，集成材等の高付加価値輸入製品が対立軸に加わるなど，複雑な競争関係を生み出している。近年国産材を利用した集成材への取り組みが産地化の一環として各地で見られるようになり，製材―集成材―プレカットといった産地構造の高度化が産地化の課題となりつつある。

需要面での変化，すなわち住宅構造における在来軸組工法住宅からプレハブ・大壁方式への転換や，和室から洋間化への構造的シフトが注目される。これまで軸組工法を軸に，意匠材としての柱・造作材需要はヒノキ製品等の高級材需要を支えてきた。需要構造の変化は高級材需要の減退と価格の低迷をもたらし，高級材ヒノキ産地に大打撃を与えている。と同時に高齢級の高級材資源の枯渇化が原木供給面からも高級材産地にダブルパンチを与えている。

一方，森林資源の成熟を背景に，国産材製材は基本的に規模の拡大をみている。90年代に入って国内製材工場はバブル経済崩壊の影響を受け中小規

第10章 製材加工の産地システム

表 10-1 90年代の製材工場の動向

		工場数の変化率		製材用素材入荷量(千m³)			変化指数	
		95／90	01／96	1990	1995	2001	95／90	01／95
国産材専門工場	計	−6.3	−10.6	11,415	11,296	9,039	99.0	80.0
	小規模	−14.4	−12.2	1,378	1,162	814	84.3	70.1
	中規模	−1.9	−11.2	5,762	5,071	3,255	88.0	64.2
	大規模Ⅰ	7.1	−12.8	2,736	2,860	1,901	104.5	66.5
	大規模Ⅱ	38.1	26.9	1,539	2,203	3,069	143.1	139.3
国産材・外材併用	計	−18.7	−28.8	15,271	11,483	5,805	75.2	50.6
	小規模	−26.5	−27.6	1,353	977	534	72.2	54.7
	中規模	−15.8	−29.8	8,151	5,960	2,734	73.1	45.9
	大規模Ⅰ	−15.2	−27.2	3,418	2,424	1,321	70.9	54.5
	大規模Ⅱ	0.0	−22.2	2,349	2,122	1,216	90.3	57.3
外材専門	計	−14.7	−32.6	16,840	13,891	9,032	82.5	65.0
	小規模	−23.0	−41.0	313	230	102	73.5	44.3
	中規模	−13.3	−32.6	5,216	3,857	1,827	73.9	47.4
	大規模Ⅰ	−10.5	−31.0	3,873	2,617	1,230	67.6	47.0
	大規模Ⅱ	−11.8	−17.4	7,438	7,187	5,873	96.6	81.7
合　計	計	−13.3	−21.7	43,526	36,670	23,876	84.2	65.1
	小規模	−20.1	−20.5	3,044	2,369	1,450	77.8	61.2
	中規模	−10.9	−23.9	19,129	14,888	7,816	77.8	52.5
	大規模Ⅰ	−6.9	−22.9	10,027	7,901	4,452	78.8	56.3
	大規模Ⅱ	3.8	−4.6	11,326	11,512	10,158	101.6	88.2

資料：武田八郎「統計からみた90年代半ば以降の製材業の動向と特徴」『木材情報』2002年7月による。ただし製材用素材入荷量については1996年度データをカットして作成。

注：小規模層（製材出力7.5～37.5 kW未満），中規模層（75.0～150.0 kW未満），大規模層Ⅰ（150.0～300.0 kW未満），大規模層Ⅱ（300.0 kW以上）

模層は勿論大規模層まで倒産・転廃業を余儀なくされているが，特に90年代後半からの外材工場の後退が目立っている。

表10-1から製材工場の動向を類型別にみると，90年代後半以降外材専門工場が全層的に高い減少率を示しているのに対し，国産材工場は大規模層では90年代以降むしろ増大傾向にある。2001年には素材入荷量も2,388万m³と全体的には低迷するなかで，国産材工場は外材専門工場とほぼ拮抗関係と

なってきている。外材専門および併用工場の大幅な後退に対し，国産製材の大規模層ではむしろ規模の拡大と著しい生産の集中が見られる[7]。国内製材の縮小と本国挽製品輸入のため，製材品の国内需給の外材比率は依然として高いが，国内製材動向としては国産材は国内資源の成熟と産地化政策の中で，各地で量産型製材の台頭がみられるなど，再編を伴いつつ相対的に拡大基調にあり，国産材製材復帰の兆しが見られる。

第3節　産地加工システムの理論と製材展開の諸相

1．求められる新たな産地構造論——地域循環の論理——

これまで国産材市場問題や産地形成を考える場合，外材との対抗を軸にまた産地間競争など市場競争力をいかに高めるか，そのためのコスト削減，生産効率など，いわゆる市場論理のもとに国産材産地のあり方が検討されてきた。基本的には外材との対抗の市場論理が基軸となるが，近年の森林・林業を取り巻く諸条件の変化は，新たな視点からの位置づけが求められているといえる。地域循環の論理である。すなわち産地加工システムが地域森林資源の循環構造にいかに関わっていくか，といった視点である。産地形成及び製材加工システムの中に循環の論理を導入する背景には，次のような理由が挙げられる。すなわち第1に，国産材利用の公共性である。近年環境問題等が大きな社会問題となり，森林の持つ二酸化炭素の吸収，木材の炭素の固定化といった森林・木材の吸収・固定機能が市場の論理とは異なった形で見直され評価されてきている。第2に，流域管理システムの展開である。林野行政の地域政策の主軸である流域管理システムは，森林を緑と水の源泉と位置づけ，国産材供給における地域循環型の供給体制を目指している。第3に，実態として高齢級資源の枯渇化と国内資源の平準化（一般材化）により，原木の広域的流通体系が崩れ，背後資源を軸に産地製材の再編が進み，いかに加工システムを資源循環構造に組み込むかが大きな課題となってきている。さらに第4に地域の論理が位置づけられよう。すなわち地域資源を活用した地域産業の形成である。従来地域産業対策として誘致企業化が図られたが，円高および不況による後退以降，地域資源活用型の政策がとられている。これ

は地域資源の付加価値生産化と地域内総生産の拡大及び資源の循環利用をもたらすだけでなく，地域雇用を生むことになる。流通加工システムなど産地形成の論理は以上のような視点から位置づけられる必要があるが，基本的には市場論理，循環論理，地域論理が三位一体となって流域論理として完結することが重要であるといえる。

すなわち森林資源管理の社会化が木材利用の公共性，木材を中心とする森林資源の循環利用が循環社会の形成との関係で重視されており，その延長線上で，製材加工システムも森林資源の循環利用及び森林資源管理の社会化の一環として位置づけることができる[8]。製材加工システムは基本的にはいかに競争力を高めるか，そのための組織化，近代化が求められるが，地域・循環構造視点からは森林資源管理の社会化に製材加工システムがどう関わっているかといった視点から産地・加工のあり方が求められる。

2．国産材産地製材再編の諸相
(1) 宮崎県耳川流域の製材加工システム――総合供給基地化を目指す――

宮崎県北部の耳川流域は下流の日向市から上流域の諸塚村，椎葉村にわたる1市2町5村の広域エリアで，1990年に出された流域管理システムのモデル地域である。流域森林面積147千ha，森林率は90％に達し，民有林が90％を占める典型的な民有林地帯で，人工林率は62％で樹種はスギ（66％）が主流である。流域内素材生産量は間伐材を中心に408千m^3（2000年）で生産量は増大傾向にある。流通は原木市売を中心に展開している。流域内原木市売（5市場）の取扱量は，流域外出荷を含め266千m^3（2000年）に達している。流域内には製材工場が40工場で，その原木消費量は209千m^3（国産材177千m^3），うち原木市売から約60％を，残りを森林組合や素材業者から直接仕入れており，流域全体に対する素材需給ではかなりの量が，流域外に流出している[9]。

耳川流域では産地化に向けて木材の加工基盤の強化と流通体制の整備が進められ，森林組合も2000年8月には流域単位の大型合併がなされ，全国的にも最大級の耳川広域森林組合が発足した。素材取扱量は12万4,000m^3と全国一の規模を誇り，直営製材工場も5工場運営するなど流域が一体となっ

た取り組みが図られている。流通加工対策の流域拠点として下流東郷町の木材団地には原木流通センター（宮崎県森連）から製材工場さらにスギ構造用集成材工場（1997年設立：宮崎ウッドテクノ㈱）などが立地し，付加価値型の流通・加工拠点を形成している（図10-2参照）。拠点の中核施設「耳川林業事業㈿」の製材工場（設立当初原木消費量30千m³で全国最大）は，東郷木材団地の完成で隣接地に大型原木市売の東郷林産物流通センターの成立とともに，ここから購入するようになった。センター内にも県森連運営の製材工場が併設され，一体的運営がなされている。センターでは大型工場対応型の椪積み，すなわち100 m³の規模の大椪を行っており，大型需要対応型の供給体制を確立している。耳川林業事業㈿もその後人工乾燥機の設置とともに，工場敷地内に柱角専門のノーマン型製材を増設，現在年間35千m³の原木を消費，その製品は関東・関西を主体に出荷している。また宮崎ウッドテクノ㈱は耳川流域の各自治体，県森連，関連木材企業を株主とした第三セクターで，スギの大断面集成材を生産しており，日向市のサンドーム日向（延床面積：4,809 m²）や南郷くろしおドーム（延床面積：3,903 m²）など，屋内運動場に代表される大型設備を中心に，県内外の各種公共施設用に供給

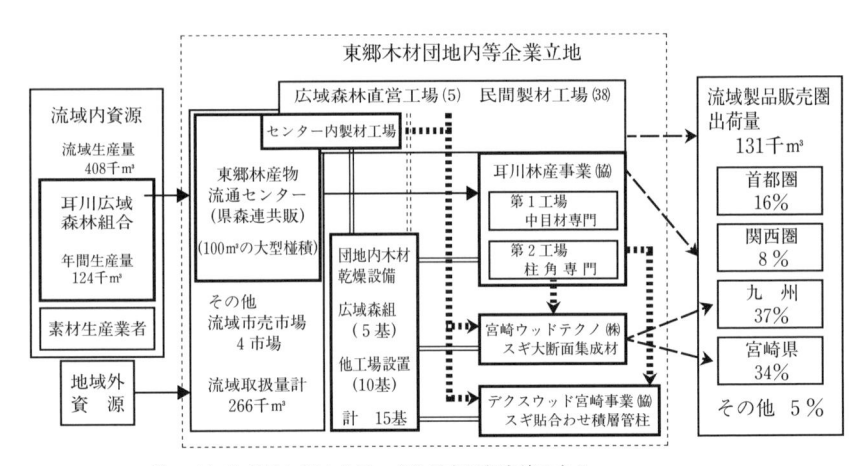

注：1）取扱量に関するデータは平成12年実績である。
　　2）■■■は東郷木材団地エリア内企業で建設中のものを含む。

図10-2 宮崎県耳川流域の高付加価値型産地機構（東郷木材団地の実態）

第10章　製材加工の産地システム

している。集成材用の原料ラミナの調達は団地内製材工場からの仕入れを軸にしており，材料取引をめぐって団地内企業連携が図られている。なお2003年度には隣接地にスギ集成管柱工場を建設の予定である。

　広域森林組合においても，スギ製品はホワイトウッド等の輸入製品に押されグリーン材では太刀打ちできず，乾燥化は避けられないとの認識から，東郷団地内に木材乾燥機（5基）を導入し，乾燥材の供給体制を強化している。さらに森林組合加入のデクスウッド宮崎事業㈲（乾燥機6基）ではスギの貼り合わせ双子柱（2P管柱）の開発など商品開発が進められ，現在工場建設中であり，その原料は耳川広域森林組合加工工場を始め団地内企業からの調達を計画している。このように耳川流域では時代の要請に応えるべく広域森林組合，県森連，業者等が一体となって，流域としての製材等加工基盤の強化と量産体制を進める一方，乾燥および集成材さらに新商品開発等への高付加価値型生産体制が，流域及び団地企業間連携を強める形で整備されつつある。

(2) 高知県嶺北地域 ──下流域との連携による新たな展開──

　高知県嶺北地域は四国中央にあって吉野川上流に位置し，耳川流域同様流域管理システムのモデル地域として注目された代表的林業地帯である（第5章第2節を参照）。ここでは森林資源の充実を背景に産地化に取り組み，原木市売市場の整備や製材加工基盤を強化してきた。嶺北林材㈲を始め，レイホク木材工業㈲（原木消費量約2万m³）など，いずれも原木市売市場への隣接立地で，加工基盤の整備とともに商品開発もなされている。その展開を嶺北林材㈲にみると，この工場は国産材供給体制整備事業の加工部門の第1号として設立され，当初小径木専門工場でスタート，その後原木の中目材の増大により，これ専用のノーマン型製材を併設した。現在原木消費量は不況で若干落ち込み25千m³であるが，原木は隣接の嶺北共販所を始め地域内の原木市売から100％賄う。製品は小径木からは柱角を中目材からは割物を中心に生産している。販売は四国（40％），関西を主体に市売出荷を行っているが，近年乾燥材の要請も高まりすべて製品を天然乾燥している。嶺北地方では現在地域として乾燥材への取り組みを進めており，山元での葉付き乾燥から流通・加工段階での役割を重視し，原木市場の嶺北木材㈲では比重・

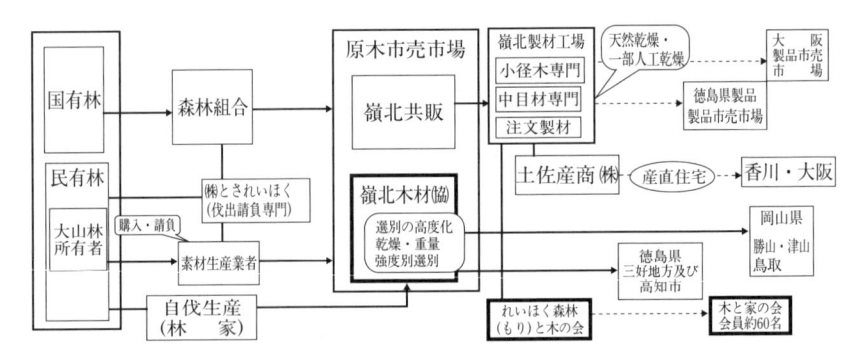

図 10-3 高知県嶺北流域の産地機構（原木市売市場と製材工場）

重量・乾燥度別のコンピューター制御による棧積みシステムを取り入れている。原木流通は地域内需要の限界から吉野川下流の三好地域や高知市などを中心としつつも、交通事情の整備もあって、近年では岡山県の勝山・津山地域へと販売圏は分散・広域化している。

ところで嶺北材販売と関わって注目されるのが、これまで取り組まれてきた産直住宅の展開と、近年の下流の香川県や徳島県との新たな関係である。1986年に嶺北材の販売と銘柄形成を目的に設立された第三セクター「土佐産商㈱」は、千葉県の中堅住宅会社と連携し「材工パック型」の産直住宅に取り組み、全国的に注目されたところである。バブル景気も手伝って増大する需要拡大のもとで、プレカット工場を設立する一方、大工の養成機関を設立するなど産直体制を強化してきた。土佐産商㈱では一時大工を69名かかえ、独自の営業活動を行うなど、多いときには建築（部材）供給棟数も115棟に上ったが、バブル崩壊以降の不況下で組織の再編が行われている。大工の完全独立化と住宅の請負制への転換など、事業の縮小再編を行っているが、嶺北材の販売システムとしての位置・役割は何ら変わっていない。

一方嶺北材を巡って第三類型に位置づけられる事例として、下流との注目される新たな関係が生まれつつある。一つは香川県の設計事務所等を中心に組織されたNGO法人「木と家の会」である。これは基本的に"木を利用することが山の資源を育成することになる"とのコンセプトと、嶺北は水の恩

恵を受けている水源地域という認識のもとに「嶺北材を使って香川県の家をつくる」運動として進められている。現在会員60名（30歳代を中核）を抱え技術，組織，運動のすすめ方等の勉強会を行っているが，メンバーには設計事務所（10事務所）から材木店，大工・工務店や施主（消費者），行政マンと多様で地域的にも徳島，岡山の人も参加している。嶺北地域では山元の建築部材注文の受け皿として「れいほく森林と木の会」を組織している。「木と家の会」の取引対象材を葉枯らし乾燥と製材品の天然乾燥材を条件として取引協定が結ばれている（図10-3参照）。もう一つは徳島市の生活協同組合と土佐町の減農薬米「源流米」の取引提携を契機に活動を森林に拡大したもので，「住ツアー」（2000年から実施）等を進める中で嶺北材利用の気運が生まれたものである。吉野川をめぐる環境問題を背景に「上流の森林が健全である必要がある」との認識のもとに，徳島の建築設計士を中心に「里山の風景を作る会」（2000年会員60名）が立ち上げられ，「里山の家」ブランドの和風軸組住宅で，基本部材は嶺北材を条件に新建材は使用しない健康住宅・自然派住宅を推進している。実績も2000年6棟，2001年3棟，2002年度は8棟を予定している。このように嶺北地域は，水源地域として恩恵を受けた下流住民の上流への関心と交流によって，住宅部材としての木材取引が始まりつつあり，特に環境保全重視の価値観の変化と多様化のもとで消費者運動として展開しており，国産材の新たな販売ルートおよび開拓戦略の一環として注目される[10]。

(3) 北海道と十勝地域——企業間連携による量産体制の確立——

北海道十勝地方はカラマツの産地で，カラマツ資源の成熟と共に大型製材の展開が見られ，年間消費量40千〜70千m³の工場が数工場立地し，これらが年間40万m³と見られる地域原木消費量の80％近くを占める。この地域を代表する製材工場の㈱サトウは，自社工場でパレットを軸に梱包材を年間30千m³生産している。原料調達は協同組合の原木集荷・選別センター「㈿フォレスト十勝」から調達。このセンターは地域内はもとより北見地方などから広域的に集荷し，流通及び価格の安定化を図っている。㈱サトウは地元大手工場「オムニス林産㈿」（原木消費量約50千m³）と業務提携し，ここに原料供給と同時に製品も注文及び一括引き取りを行う等，産地問屋的

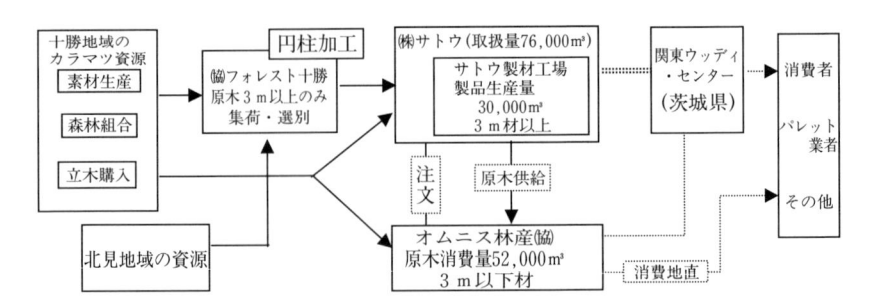

図10-4 北海道十勝地域の産地機構（産地問屋的企業連携の㈱サトウの実態）

機能を持ちつつ企業系列化を図っている（図10-4参照）。この背景には製品価格の低迷により経営的に苦境にあったオムニスの生き残り対策ともいえるが、結果的に意義付けると、工場による原木内容の違いによる原木調達の競合の回避と専門化による生産性の向上が指摘できる。いわば取扱規模の拡大を既存企業の系列化により進めているもので、製品の取扱量は年間76千m³に達する。製品販売は茨城県に関東ウッディ・センターを設立し、ここを営業拠点に首都圏を軸に中京圏までの広範囲な販売市場圏を確立している。全国的に梱包材需要は後退しているが、十勝地方では生産量を拡大しており、特に㈱サトウなどでは外材では対応できない規格外商品を軸に、短期納入方式を確立し市場力を確保している。

第4節　若干の総括

今日の品確法下の木材市場に求められているのは、製材に限定すれば乾燥材でかつ強度・品質・性能の統一、供給の安定など、いわゆる商品の近代化である。と同時に産地体制としてはさらに集成材、プレカット等の付加価値型供給体制をいかに確立するかが問われている。市場が求める多様な要請に応えることが市場力（競争力）であり、地域構造としての産地力である。現在事例分析を含め各地で産地形成・再編・強化に向けての取り組みがみられるが、2001年4月オープンの木材総合流通加工基地「ウッドピア松阪」はその代表的なもので、未だ建設途上にあるが産地構造理論は国産材産地の将

来を先取りした究極のメニューといえる。環境に配慮し，原木市売など組織の統合再編と大型製材，プレカット，集成材加工など加工基盤強化と付加価値化など「規模の経済」と「集積効果」を追求している。特に注目されるのが，多様化した需要に対応のウッドピア・ブランド確立と，信頼に基づいた製品供給のための，製品検査機関「流通検査㈱」の設立とその機能的役割である。団地内工場製品ばかりでなく地域工場製品の品等格付けを行い，地域全体の組織化・ブランド化による品確法対応型の産地供給体制を確立しつつあり，国産材産地の今後の方向を考える上で注目される[11,12]。

すでに指摘したように，産地形成の理論として市場論理を軸とした循環の論理を提唱した。これは単なる市場論理でなく，地域資源循環利用との関係で位置づけようとするもので，資源の平準化（一般材市場化）とともにそれが一層重視される。このような視点からみると，今回事例分析の耳川流域では森林組合等・製材加工等を軸に，地域資源をいかに商品化するかといった視点から産地構造が組み立てられており，資源循環型構造が確立しつつあるといえる。嶺北地域においても流通加工体制が整備されつつあるが，素材の需給バランスから未成熟段階にあるが，下流域との新たな関係が環境重視および水源流域といった視点から生まれており注目される。

現在の産地形成の共通の課題は基本的には産地構造の高度化と産地としての商品の近代化，供給の安定と生産・流通・加工コストの低減であり地域資源の活用である。これらを達成するために，当然ながら各段階での個別的対応として解決していくことが求められる。素材生産の段階では，量的生産とコスト削減には高性能機械の導入と林道作業道の整備，さらに高性能機械作業体系をもたらす施業システムと施業の集団化が欠かせない。また原木市売が原木流通の主流になりつつあるが，需要にマッチした椪積みおよび選木機導入と比重・含水率の付加価値型選木など，原木流通の高度化・近代化が求められよう。製材加工では生産性の確保と乾燥等への付加価値生産への取り組みが必要で，北海道の事例にみるように，企業連携による生産体制の強化など注目される動きが見られた。高付加価値型産地体制に向けて，国産材の集成材生産やプレカット加工への取り組みがみられるが，各生産段階での企業採算性重視の取り組みと個別的限界性を地域システムとして解決していく

ことが求められる[13]。

(川田　勲)

注

1) この類型には国産材を軸に，規模の拡大と多角化を，企業によってはグループ化を通して進め，組織基盤の強化を図っている宮崎の木脇産業㈱や，ヒノキ製材から出発しこれの完全乾燥体制や集成材加工など広範な展開を見ている岡山の銘建工業㈱などがあげられる。また合板企業に関しては，国内合板メーカーが南洋材原木不足とロシア材やNZ材等の外材針葉樹依存からの脱出と，国産材利用と地域林業振興を目的に，技術革新をベースに本格的に国産材合板へ乗り出してきている。セイホク・グループを始めその他の合板企業も相次いで参入しており，国産材の今後の展開が注目される。

2) 中国木材㈱は年商450億円（2000年度）を誇る米マツ製材（本社および岩国工場の年間原木消費量1,667千m³）のトップ・メーカーで，製材を核に乾燥（420基），平角ドライビーム，集成材，プレカット（以上郷原工場）と事業を拡大，販売拠点として本社，岩国支社のほかに岡山，大阪，名古屋，東海，東京，東北に物流拠点をもち全国的に展開している。

3) 清水木産協同組合『木産35年史』1989年3月参照。

4) 山田稔「スギ材利用の現状と課題」『木材情報』2002年6月，7頁参照のこと。

5) 日本向け最大手のフィンランドのFLT社（日本向け専門会社として96年設立）では週7日3シフトで月間4,000m³の生産を行っているが，2001年には第2工場を設立し1万m³体制を確立（『日刊木材新聞』2001年7月18日，同2001年7月26日，2002年1月9日）。

6) 岡山県勝山町の集成材メーカー銘建工業㈱ではオーストリアに現地法人（ストラ・エンソ社）との合弁企業＝ラムコ社を設立，横架材を生産し全量を日本に輸入，またストラ・エンソ・テンバー社よりラミナを輸入し，3m主体に管柱や横架材を生産し，そのラミナの削り廃材を燃料に1時間当たり2,000kWの自家発電（工場，冷暖房活用）を行っている。

7) 武田八郎「統計からみた90年代半ば以降の製材業の動向と特徴」『木材情報』2002年7月。

8) 堺正紘「循環型森林資源管理システムの再生のために」『林業技術』No.713，2001年8月。

9) 渡辺昭治「新興林業地における国産材産地形成の動向と課題―耳川流域の分析―」深尾清造編『流域林業の到達点と展開方向』九州大学出版会，1999年，104～110頁参照。

10) 林野庁『嶺北地域における国土保全に資する地域活性化計画調査報告書』2002年，85～88頁参照。

11) ウッドピア松阪協同組合『松阪コンビナート造成計画に係る環境影響評価準備書』1997年。

12) 林野庁『平成13年度　森林・林業白書』2002年，178～179頁参照。

13) 遠藤日雄氏は『スギのゆくべき道』(林業普及双書141, 2002年) にてスギ集成材の可能性を検証する中で, 気仙川・大槌川流域での高付加価値型産地体制すなわち集成材工場, プレカット工場の経営戦略と住宅産業等との連携・システム化 (地域システム) によるトータル・コストの削減を実証している。

第3編
森林資源整備費用負担の社会化

第11章　森林整備費用負担の諸形態

第1節　課題の設定

　日本は世界でも稀にみる森林に恵まれた国である。そのため森林と人間社会の結びつきは強く，その結びつきも多様性があり地域性を持っていた。たとえば，農業生産に必要な肥料や家畜の飼料は森林から供給された。また家屋用の木材や日々の生活に必要な燃材の調達先としても森林は重要であった。さらにわが国は多雨な気候と急峻な地形であるため，土砂崩れが起こりやすく，降った雨も短時間で海に流出してしまう。そのため土砂流出を防ぎ，水量を安定化させる働きをもつ森林はきわめて重要である。

　わが国では水土保全は長らく林業政策の重点で，水土保全のために植林が奨励されてきた。戦後においても戦争で荒廃した森林の緑化が重点的な課題であった。同時に，木材需要の高まりによる木材価格の上昇が造林ブームを呼び起こした。この造林の担い手は農地改革により生み出された自営農であった。その後，農業の化学化，木質燃料から化石燃料への転換によって広葉樹資源の利用価値が下がり，広葉樹を伐って針葉樹に植え替えるいわゆる拡大造林が本格化した。しかも，拡大造林による針葉樹用材生産林業は，公益的機能も同時に果たしうるとされていた。そして，ごく最近まで日本の森林の多くは木材生産をつうじて維持され，公益的な機能は無償で提供されてきた。ただし，造林補助金などは森林の公益性ゆえに支払われており，そういう意味では公益的機能に対する対価と見なすことも可能である。

　いずれにしても，森林の造成・維持は森林所有者の経済的動機が基本にあり，それを助成によって支えるという形が長らくとられてきた。しかし，現在，木材価格の恒常的な下落により，森林所有者の経済的動機にのみ頼る森林整備が困難になっている。同時に森林に対する納税者の意識も，自然環境や景観の保全，水土保全など木材生産以外のサービスへの要請のウェイトが

第11章　森林整備費用負担の諸形態　　　　199

大きくなってきた。さらに地球温暖化対策の一つとして二酸化炭素を固定し貯蔵する森林の役割に対する関心の高まりである。これらの点から，森林整備の費用負担の観点からみれば次の点が示唆される。第1に森林所有者の経済的動機に頼った現状の森林整備では限界にきていることである。そのため第2に新たな森林整備に対する負担の方法，あり方を議論する必要がある。

　本章では，森林整備の費用負担の現状と課題について述べた後，新たな森林整備の方法として注目されている国民参加による森林整備の現状についてふれる。さらに，森林整備を目的とした新たな財源確保に関する動向を述べることにする。

第2節　森林整備の費用負担の現状と課題

1．国による森林整備に対する助成

　多くの国々で，森林が公益的な機能を持っていることは認識されている。日本は森林に恵まれ，急峻な地形と多雨な気候であり，水土保全をはじめとした森林の公益的な機能への理解は深かったと考えられる。そのため，古くから森林の造成と管理のために森林所有者を奨励する様々な支援策が存在した。日本で最初に民有林に対して林業財政措置が制度としてとられるようになったのは1907（明治40）年の森林法改正によってであった。「これらの措置は当時の林政の重点であった公有林野整理開発を進めるための治山治水，森林組合設立などに主力がおかれていた。その後，大正末期から昭和初期には農山村匡救事業の一環として農山村民の経済更生に資する方向で力が注がれ，さらに軍需物資としての木材需要が高まるにつれて，木材資源の造成が主な目標となっていった」[1]。

　このように，その時々の時代背景や環境によって森林へ期待される機能と役割には変化がみられるものの森林整備に対する財政支援は営々と行われてきた。現在，森林整備に対する財政支援として，造林関係補助事業，林道関係補助事業，治山事業の3つの補助事業が挙げられる。1つめの造林関係補助事業は，森林の有する公益的機能の高度発揮や林業経営の基盤となる森林資源の整備を図るため，森林所有者らが行う植栽，保育，間伐等へ助成する

表11-1　民有林における森林整備の実績（1999年度）

植栽	下刈り	間伐	林道			治山施設
			開設	舗装	改良	
30千ha	261千ha	237千ha	1,105 km	1,297 km	2,040 km	6,000ヵ所

資料：林野庁業務資料
注：実績は自力等を含んだ数字である。

表11-2　植栽，下刈り，間伐実績（1999年度）　　　　　　（単位：千ha）

区分	植栽	下刈り	間伐
造林	20.2	184.5	206.7
うち，公社	2.5	31.1	26.5
公団	6.2	45.6	17.9
治山	3.3	30.5	12.3

資料：林野庁業務資料
注：「造林」は公団および治山を除く民有林の実績で，国庫補助事業，地方単独事業，融資および自力を含む。

事業である。民有林に対する2001年度当初予算は約500億円であった。

　2つめの林道関係補助事業は，効率的な林業経営の展開や森林の適正な維持管理等の推進を図るために，都道府県または市町村等が行う林道の開設または改良に助成する事業である。民有林に対する2001年度当初予算は約762億円であった。

　3つめの治山事業は，森林の維持造成をつうじて，山地に起因する災害から国民の生命・財産を保全し，また水源涵養，生活環境の保全・形成を図るために国または都道府県が行う保安施設事業及び地すべり防止工事に関する事業である。民有林に対する2001年度当初予算は約1,527億円であった。

　これら3つの事業による民有林での実績（1999年度）は，表11-1のとおりである。すなわち，植栽3万ha，下刈り26万ha，間伐24万ha，林道開設1,105 km，治山施設約6,000ヵ所であった。植栽，下刈り，間伐については，造林関係補助事業による実施のほか，森林所有者の負担が生じない公団，治山事業によっても実施されている。その内訳は表11-2のとおりである。

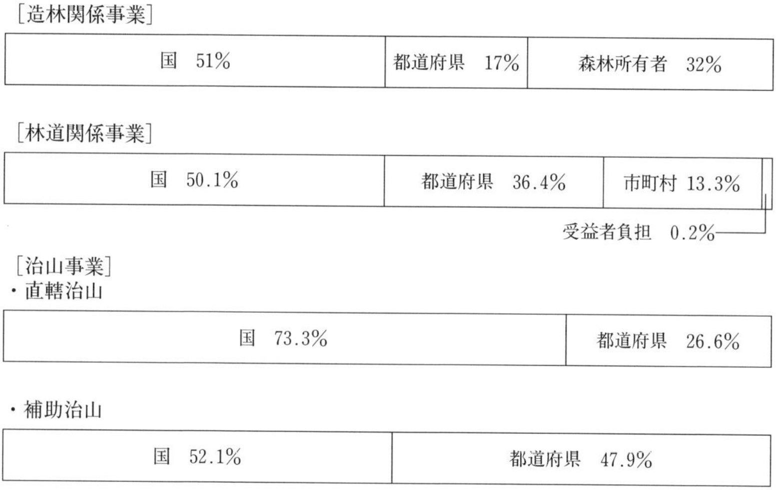

第11章　森林整備費用負担の諸形態　　　　　　　　　　　　　　　201

[造林関係事業]

| 国　51% | 都道府県　17% | 森林所有者　32% |

[林道関係事業]

| 国　50.1% | 都道府県　36.4% | 市町村　13.3% |

受益者負担　0.2%

[治山事業]
・直轄治山

| 国　73.3% | 都道府県　26.6% |

・補助治山

| 国　52.1% | 都道府県　47.9% |

資料：林野庁業務資料

図11-1　森林整備関係公共事業(民有林)の費用負担割合

　さて，上記のように森林整備に対して財政措置が行われているが，造林，林道，治山を実施する際に，その費用負担はどのようになっているのであろうか。それを示したのが，図11-1である。この図によると，造林においては国がほぼ半分，都道府県が17％，森林所有者が32％である。林道事業においては，国が半分，都道府県が36％，市町村が13％の負担で，受益者負担はわずか0.2％である。これらに対して治山事業では，森林所有者や受益者の負担がない。そのため，これによって行われる造林は，公団造林などとともに公的関与と呼ばれている。治山事業では，国の直轄治山の場合，国が73％，都道府県が27％の負担割合で，補助治山の場合は，国が52％，都道府県が48％の負担となっている。

　これらの費用負担の状況からも分かるように，補助の水準がかなり高いところまできている。このことは言い換えると，私有林所有者の奨励を通じた森林整備というやり方の限界を示しているといえよう。

　では，以上のような事業の実施に前提となる林野庁関連の予算の推移を見よう。表11-3によると，林野庁関連予算は一貫して増加してきたが，ここ

表11-3 国の歳出総額と林野庁関連予算の推移　　　　　　　　　　（単位：億円）

	1965年	1970年	1975年	1980年	1985年	1990年	1995年	2000年	2001年
国の歳出総額	36,581	79,498	212,888	425,888	524,996	662,368	709,871	849,871	826,524
うち，林野庁関連予算	333	644	1,356	3,449	3,412	4,012	4,937	4,949	4,924
割合(%)	0.91	0.81	0.64	0.81	0.65	0.61	0.70	0.58	0.60

資料：林野庁業務資料

数年間は横ばい傾向にある。これは国の歳出総額自体が横ばいであり，この歳出総額に占める林野庁関連予算の割合が小さくなっているためである。現在の日本の経済状況から考えると，今後しばらく国の財政が改善されず，林野庁関連予算が伸びることを期待するのはむずかしい。

2．地方における森林・林業に対する財政措置

　地方財政はどうかというと，国と同様に厳しい状況にあることは言うまでもない。こうした中で，1993（平成5）年に森林・山村対策が創設（1,800億円程度）され，さらに1998（平成10）年には，国土保全対策が創設（2,100億円程度）された。これら2つの対策の2001（平成13）年度のメニューは表11-4のとおりである。

　これら2つの対策のほかにも，次のように，森林・山村にかかる地方財政措置の制度の創設と拡充が行われた。すなわち，1996（平成8）年度に森林の公有化の推進を意図した「公益保全林特別対策事業」の対象森林に干害防備保安林等の4号以下の保安林が追加された。1998（平成10）年度に市町村が私有林において間伐等を行う経費を普通交付税に算入するようにした。1999（平成11）年度に市町村における森林・林業執行体制の強化，具体的には単位費用の担当職員数が1名から2名に引き上げられた。2000（平成12）年度には地域材の利用促進対策費（420億円程度）が創設された。さらに2001（平成13）年度には，木材乾燥施設整備，環境物品（木材製品）の購入に対する財政措置がはじまった。

　このように，地方における森林・林業に関連するさまざまな財政措置が創

表 11-4　森林・山村に関する地方財政措置（2001年度）

I　森林・山村対策	
1．林道等の整備の促進	
・ふるさと林道緊急整備事業（起債措置）	1,560億円
2．豊かな森林づくりの推進	
・公有林等における間伐等管理経費に対する財政措置 　　　　　　　　　（普通交付税措置）	500億円
・公有林化の推進（地域環境保全林・公益保全林）（起債措置）	国土保全特別対策 事業の内数
3．豊かな森林づくりを支える人づくりの推進	
・新たな森林管理・経営を担う人材を育成確保するための林業 　　就業者の研修，福祉の向上等に対する財政措置（普通交付税措置）	50億円
・林業管理を行う第3セクターの措置等に対する支援 　　　　　　　　　（特別交付税措置）	継続
4．地域材の利用促進	
・環境物品（木材製品）の導入等による地域材の利用促進のための 　　普及啓発，生産流通対策等の経費に対する財政措置 　　　　　　　　　（特別交付税措置）	40億円（拡充）
・地域材を利用した住宅建設のための利子補給等に対する財政措置 　　　　　　　　　（特別交付税措置）	50億円
・地域材を利用した住宅建設のための低利融資に必要な歳入・ 　　歳出を普通交付税の単位費用に積算	［融資枠 1,000億円］ 350億円
・乾燥材の生産体制を緊急に促進するための木材乾燥施設の整備に 　　対する財政措置　　　　（特別交付税措置）	10億円（創設）
II　国土保全対策	
1．国土保全対策ソフト事業	
(1)　国土保全の見地からの事業　　　（普通交付税措置）	600億円
・森林管理対策の充実	
・Uターン・Iターン受け入れ対策および後継者対策の充実	
・その他都市住民との交流事業	
・第3セクターの活用等	
(2)　上下流の地方団体の話し合いに基づき，水源維持等のため下流団 　　体が行う負担，分収林契約等に要する経費に対し財政措置 　　　　　　　　　（特別交付税措置）	
2．国土保全特別対策事業　　　　　　（起債措置）	1,200億円
・森林が果たしている国土保全機能を守るための森林の取得・整備	
・新規就業者，後継者の確保のための貸し付け用社宅の取得・整備	
・若年層の定住促進のための各種施設の整備	
・都市住民との交流を促進するための施設の整備	
・農山村の景観保全のための施設等の取得・整備	
・国土保全事業を行う第3セクター設立に対する出資等	

資料：林野庁業務資料

設され,拡充された結果,それが十分であるとはいえないものの,地域の事情にあった森林,林業へ助成が展開できる余地が広がったと評価できる。これらの展開は,前述の国による森林整備助成の限界を補うものと期待できる。

第3節　国民参加による森林整備の現状

　前節でみてきた国による森林整備への支援,地方財政措置による展開といった全国で普遍的に行われているもののほかに,森林整備において様々な形態で,様々な地域や主体により,国民,地域住民を巻き込んだ自発的な動きがみられる。こうした動きをここでは国民参加による森林整備と呼ぶことにし,その現状について触れることにする。

　国民参加による森林整備の形態を大まかに区分すると,上下流の連携・協力による地域一帯となった森林整備,緑の羽根募金など国民全体を対象とした取り組み,ボランティアなどの国民の直接的な活動への参加,企業による森林整備への参加などに分けられる。以下では,これらについて簡単にみよう。

　まず,上下流の連携・協力による地域一帯となった森林整備についてである。農業水利団体や水道事業体など直接水を利用するものが,上流の水源地域にある森林の水源機能を確保するために荒廃森林の取得,造林,森林利用制限に対する損失補償を行う例は明治末期から大正初期にみられたという。大正後期以降は分収による県行造林が増加し,これに電力会社や下流の受益市町村が造林費用を分担する例がみられた[2]。

　1950年代後半以降,拡大造林推進策の一環として造林公社を設立して造林が進められた。こうした中で1960年代後半になって下流の県や市などの受益団体の協力をえた滋賀県造林公社や木曽三川水源造成公社などが設立され,水源林が造成された。さらに1970年代後半には,経済発展に伴い水需給が逼迫し,同時に森林整備の段階も森林の造成から保育の段階に移行した。こうした状況に対応するため各地に水源林基金が創設され,水源林の確保や水源林での保育事業に対する助成が行われてきた[3]。こうした基金の代表的なものが,矢作川水源基金,福岡県水源の森基金などである。

国民全体を対象とした緑の羽根募金は，すでに50年の歴史がある。実施主体は，全国段階では㈳国土緑化推進機構であり，都道府県段階では各都道府県緑化推進委員会である。この「緑の羽根募金」の周知度は80％を超えており，2000年度の募金額は24億円に達している。この募金を元に，全国植樹祭，育樹祭の実施，全国緑化キャンペーンの実施をとおして普及，啓蒙活動が実施されているほか，森林ボランティアの育成対策，青少年育成対策などが実施されている。

　次に森林ボランティアについてみよう。ボランティア活動が社会の中で活発になるにしたがい，森林をフィールドとしたボランティアも活性化しており，さまざまな形態でさまざまな活動が行われている。ここでは，森林ボランティアの定義を「一般市民の参加により，造林，育林などの森林での作業（森林や林業に関する普及啓発活動として行うものも含む）を，ボランティアで行うこと」[4]とする。

　わが国の森林ボランティアの特徴を整理すると，まず，設立されたばかりの団体が多いこと，組織形態も任意団体がほとんどであることが挙げられる。ただし，1998年に特定非営利活動促進法（いわゆる「ＮＰＯ法」）が成立したことを機に，この法律を活用しながら市民団体の育成と体質強化を進めることが期待される。また設立動機も，森林の保全や整備への参加を通じた社会貢献活動を行うことを動機とするものや，社会貢献を意識しつつも森林での作業をレジャー，スポーツとして楽しむこと，森林の有する環境保全等の機能について教育もしくは学習を行うこと，などさまざまである[5]。

　さらに，団体の設立，運営方法も多様な形がみられる。いくつかのパターンに整理すると次の通りである。第1に市民が自主的に設立，運営している団体で，これは中心となる熱意を持った人が知人などに呼びかけて森林ボランティア活動を行うようになったものが多い。第2に地方公共団体や公益法人など公的機関が設立のきっかけを作り，その後市民が自主的に運営するようになった団体である。ボランティア団体設立のための煩雑な事務や作業を行政機関が引き受けることは，市民のニーズをとらえ，方向づけていくという行政の新しい役割とみることができる。第3に漁協，企業，企業内組合，社会福祉法人など，既存の団体が森林ボランティア活動を行うようになった

ものが挙げられ，第4に，地方公共団体などが個人のボランティアを組織化しているものが挙げられる[6]。

　森林ボランティアの課題として次の点が挙げられる。1つめに，資金の確保である。ボランティア団体のような市民組織の多くは安定的な財政基盤を持っておらず，専従のスタッフや事務所などの活動の基盤を持っているところは少ない。2つめの課題として人材確保が挙げられる。一般の人々は下刈りや間伐などの森林作業にはなじみが薄く，これらの作業には危険が伴う。したがって，森林作業に精通している指導者の存在が不可欠となる。3つめの課題はボランティア相互の協力，行政との連携が挙げられる。たとえば研修や保険事務など各団体が連携，協力することによって効率的に行える。また，行政はさまざまな情報やネットワークを持っており，行政との連携はボランティア団体にとっては得るところが大きい。他方，行政側も既存の方法にとらわれない市民側に立った発想や行動が求められており，ボランティア団体との連携は行政側にも意義がある[7]。

　このように森林ボランティアには課題が多いし，森林整備上でも現時点ではそれほど大きな意義があるわけではない。しかし，ボランティア活動を通して，市民が成長し，行政側も成長することによって，よりよい森林整備の方向が見いだされることが期待できる。

　最後に企業の森林整備への参加の状況をみよう。古くから製紙会社や鉱山会社が広大な社有林を所有経営する例はみられた。しかし，最近では森林や木材とはまったく関係のない企業による植林活動が盛んになってきている。その形態は様々で，分収林制度の活用や収益を期待しない広葉樹植林もみられる。いわゆる企業の社会活動の一環として，企業による森林整備は位置づけられる。

第4節　森林整備における新たな財源措置をめぐる動向

　これまでの森林の多面的機能に加え，最近になって二酸化炭素の吸収と貯蔵，生物多様性の確保が森林に期待されている。これらの新たな森林の役割は，国際条約によってその遵守が求められている。また，森林認証の必要性

もかなり広まっている。一般化するまでにはまだ時間がかかりそうであるが，木材輸出国を中心とした多くの国々が森林認証に積極的な姿勢を示している中で，日本の林業経営も持続的な経営を取り入れ，それを客観的に示す何らかの手だてが必要となってくるであろう。さらに，森林・林業基本計画において，民有林が，水土保全林，森林と人との共生林，資源の循環利用林と3つの区分をもうけた。そして，多様な森林施業を実現するために長伐期化，複層林化，広葉樹の導入をうたっている。

こうした流れは森林，林業の経営が単に木材生産のみを目的とするのではなく，多様な目的を持って行われるという方向への転換を示すものである。同時にこうした傾向は，森林所有者や経営者側からみると林業経営における新たな負担の増加とみることができる。しかし，前述したように木材価格の低下により林業経営は厳しい状況に追いやられているにもかかわらず，森林所有者は公益的な機能提供に対する対価を木材販売収入と植林や保育時に受け取る補助金によってのみからしか得られない。森林の公益的な機能に対する要請の多様化や質の向上による林業経営の負担増をまかなうためには，やはり補助金の引き上げも考える必要がある。

しかし，前述のように林野庁関係予算は伸び悩んでいる状況である。それゆえ二酸化炭素の固定と貯蔵や生物多様性の確保などに貢献するといった森林整備の新たな目的を達成するために，新たな財源確保が林政上の課題となっている。現時点で考えられうるものの中で有力なのは目的税である。そこで以下では目的税の現状を簡単にみよう。

まず国税では目的税には揮発油税，地方道路税，石油ガス税，自動車重量税，航空機燃料税，石油税，電源開発促進税がある。これらの税収は2000年度で5兆1,619億円で，国税全体に占める割合は約1割であった。これらの目的税のうち揮発油税，地方道路税，石油ガス税，自動車重量税が目的税全体の82％を占め，これらは道路整備の特定財源となっている。

地方税は道府県税，市町村税に分けられる。道府県税の目的税は4税目（自動車取得税，軽油取引税，入猟税，水利地益税），市町村税の目的税は7税目（入湯，都市計画税，水利地益税，事業所税，宅地開発税，共同施設税，国民健康保険税）である。道府県税の目的税の2000年度税収は1兆

7,557億円で，都道府県の税収の約12％を占め，目的税のほとんどが道路整備の財源である。市町村税の目的税の2000年度税収は1兆6,593億円で，市町村の税収の約8％を占めている。

　上記のように国税，道府県税における目的税の大半は道路整備の財源となっている。今後，道路整備に偏った目的税を，環境保全や社会福祉などに広げていく方向がまず考えられる。例えば，化石燃料にかけられている現在の目的税の税収を温暖化対策に向けることなどが考えられる。諸外国においては，1990年にフィンランドが温暖化対策税を導入して以来，北ヨーロッパや西ヨーロッパ諸国においても導入が始まっている。これらの温暖化防止対策税は化石燃料の消費に対する課税が中心で，二酸化炭素排出を抑制することが目的となっている。財源の使途は，一般財源，社会保険料，取得税の引き下げ，省エネルギー補助金などであり，必ずしも目的税化されているわけではない。また二酸化炭素の吸収源となる森林整備に特定されたものでもない。

　日本では温暖化対策において，京都議定書で二酸化炭素の排出量を6％削減することを約束し，そのうちの3.9％が森林吸収分として認められた。そのため，森林整備にかなり重点を置いた対策となっている。森林整備によって二酸化炭素の吸収量を増やす努力も必要であるが，本来，社会全体の省エネルギーや化石燃料の代替の促進も重要である。とくに化石燃料に代替する再生産可能な木材の利用促進を図る必要がある。むしろ木材利用の推進を進めた方が，二酸化炭素排出量の低減には効果的でかつ林業の活性化にも有効であると思われる。森林整備をめぐる目的税の議論においても，そうした木材利用促進を含めた議論が肝要であろう。

　また，森林整備は本来，きわめて地域的な課題で地域に根ざしたものであり，現在のように中央政府がすべてを一元的に決めるべきものではない。森林計画制度において，市町村の役割を重視する傾向にはあるが，地方自治体の関与は今のところ十分ではない。多様な森林整備を目指すのであれば，地方自治体の自主財源の確保が重要な課題となる。2000年4月の地方分権一括法による地方税改正により，地方公共団体が課税自主権を活用して財源確保のために独自課税する「法定外目的税」が創設された。これによって地方

公共団体の課税の選択の幅が広がった。森林整備にも地域の実情にあった多様な対応が期待される。

(堀　靖人)

注
1) 筒井迪夫編著『社会開発と林業財政』宗文館書店, 1976 年, 3～5 頁参照。
2) 小澤普照『森林持続政策論』東京大学出版会, 1996 年, 121～122 頁参照。
3) 注2と同じ。
4) ㈳国土緑化推進機構企画・監修, 日本林業調査会編『森林ボランティアの風』日本林業調査会, 1998 年, 14 頁参照。
5) 同上書, 19～24 頁参照。
6) 同上書, 24～28 頁参照。
7) 同上書, 29～35 頁参照。

第12章　日本の人工林と造林補助金

第1節　日本における人工造林の展開

1. はじめに

　最近の調査によれば，スギの伐採林齢は50年生以下が51％，70年生以下が82％，80年生以下になると91％の伐採量が含まれる。ヒノキでは50年生以下が35％，70年生以下が64％，80年生以下では86％が含まれる[1]。1999年から80年前は1920年であり，現在伐採されているスギ，ヒノキは昭和時代（1926年以降）に作られた人工林を基盤にしていることがわかる。そこで区切りのよい1925年からの造林史をまず概観する。

2. 1925年～1970年頃まで

　日本林業の現代的課題は外材との共存問題であり，自給率が50％以上であった1969年（区切りの関係で1970年とする）までが一つの区切りとなる。70年以前における更新技術は天然更新と人工造林に大別され，天然更新は主に薪炭材生産を目的としていた。しかし，1960年代以降，天然更新は衰退し，用材生産を目的とした人工造林が主流となっていく。したがって，本章では，人工造林を主要な検討対象とする（表12-1参照）。

　1930年代前半までの人工造林は毎年10万ha程度実施され，伐採面積に対し約3割が人工林に転換された。伐採前の森林は天然林であったと推測されるので，毎年10万haの拡大造林が行われていたことになる。当時の木材需要量が薪炭材2に対し用材1の割合であったので，人工造林が3割程度しか占めなかったというのは生産量からみてもうなずける。

　ところで1930年代半ば頃から日本は戦時色の濃い経済体制を形成すると共に，重化学工業の時代を迎え，都市が発達し，用材需要が増大する。しかし，伐採は増大すれども更新が伴わず，徐々に「更新率」（伐採面積に対す

表 12-1　伐採・造林の変化（年平均値）

期　間 （西暦）	伐　採		更新面積			ha当たり 伐採量	人工造 林化率	更新率
	伐採面積 (ha) (a)	伐採材積 (1,000m³) (b)	人工造林 (ha) (c)	天然更新 (ha) (d)	合　計 (ha) (e)=c+d	(m³/ha) (f)=b/a	(％) (g)=c/a	(％) (h)=e/a
1925～29	330,418	49,042	107,395	261,385	368,780	148	33	112
1930～34	398,396	51,434	107,723	243,671	351,395	129	27	88
1935～39	468,840	63,971	119,985	260,592	380,577	136	26	81
1940～44	696,986	97,549	246,970	265,095	512,065	140	35	73
1945～49	719,611	54,519	95,372	375,059	470,431	76	13	65
1950～54	722,626	71,798	359,594	439,804	799,397	99	50	111
1955～59	711,504	74,568	370,521	390,183	760,703	105	52	107
1960～64	630,655	75,267	400,935	262,509	663,443	119	64	105
1965～69	524,121	71,472	362,714	198,539	561,253	136	69	107
1970～74	439,521	57,193	318,593	―	318,593	130	72	72
1975～79	350,492	43,846	200,160	―	200,160	125	57	57

資料：1）1925～1931年：農林省山林局編『第8次山林要覧』，1937年。
　　　2）1932年以降：林野弘済会（共済会）『林業統計要覧』累年版，各年次版。
注：1970年以降の天然更新面積は記録されていない。

る更新面積の割合）が低下する。終戦直後の5年間はひどい状態で，「人工造林化率」（伐採面積に対する人工造林面積の割合）は13％，「更新率」は65％と著しく低下する。しかし，後述するように戦後，造林に対する補助金制度が大幅に変わり，また，日本経済が復興するにつれ，木材需要が急増し，造林ブームが起こる。そうした関係で，1950年代以降における「更新率」は100％を超え，「人工造林化率」の割合も50％以上に達する（表12-1参照）。ただ，1950年代，60年代は薪炭材が「エネルギー革命」によって駆逐される時期でもあり，薪炭林を伐採し，スギ・ヒノキなどの用材林へ転換する動きが顕著であった。そして，戦中・戦後に発生した造林放棄地を1950年代後半には解消してしまうのである。

3．1970年以降

周知のように1970年は木材の自給率が5割を割り込む年である。外材が

表 12-2　伐採と造林の推移（年平均値）

西暦	伐採面積 (ha) (a)	人工造林面積			人工造林化率 (%) (e)=b/a	再造林率 (%) (f)=c/a	拡大造林率 (%) (g)=d/a
		合計 (ha) (b)=c+d	再造林 (ha) (c)	拡大造林 (ha) (d)			
1965～69	524,121	362,314	72,550	289,764	69	14	55
1970～74	439,521	298,593	47,880	250,713	68	11	57
1975～79	350,492	202,256	38,382	163,874	58	11	47
1980～84	292,129	144,840	32,686	112,154	50	11	38
1985～89	266,164	86,772	24,463	62,309	33	9	23
1990～94	215,117	55,936	22,365	33,571	26	10	16
1995～99	127,474	40,529	18,372	22,157	32	14	17

資料：林野弘済会『林業統計要覧』

強くなり，国内林業は停滞を余儀なくされ，その影響が人工造林においても顕著に現れるようになる。

1960年における薪炭材の生産量は1,500万m³であったが，70年には200万m³弱に，そして73年には90万m³台に減少した。それは木材の需要が用材に特化していることを示すものであった。事実としても，70年における用材生産比率は93％であった。したがって，森林の更新方法は用材生産を目的とした人工造林が大部分を占めたのである。

1960年代後半には人工造林化率は68％，69％という高い水準にあったが，国内林業の停滞に伴って次第に造林意欲が減退し，人工造林化率が低下する。80年代半ば頃からは伐採面積の3割程度しか人工造林が実施されなくなった（表12-2参照）。天然更新は少なくなっているので，伐採地の6～7割は造林されないということになる。いわゆる造林放棄地の発生であり，それは1980年代から始まったと推測される。

第2節　林業予算の中の造林補助金

1．公共事業としての造林

戦後の林業予算の最大の特徴は公共事業と長期計画（森林資源計画）であ

表12-3 戦前における造林関係予算の推移　　　（単位：万円）

区　分	1942年	1943年	1944年	合　計
林業予算				
①国有林野管理経営	5,556	6,039	10,640	22,235
②林業試験	68	36	36	140
③一般林政	2,650	5,252	32,410	40,312
④災害復旧	282	332	835	1,449
⑤その他	1,722	21,478	3,082	26,282
合　計　(a)	10,278	33,137	47,003	90,418
造林関係予算				
①公有林野官行造林	223	223	209	655
③民有林造林促進	126	95	—	221
③民有林造林拡充	66	66	—	132
③造林促進施策	198	422	—	620
③造林用種苗	17	79	—	96
③挙国造林促進	—	—	1,514	1,514
小　計　(b)	630	885	1,723	3,238
造林予算の割合（％）	6	3	4	4

資料：林野共済会『林業統計要覧』1955年版を基に作成。
注：その他には森林火災保険特別会計及び薪炭需給調節特別会計が含まれる。

る。1946年（昭和21）GHQ は失業者救済を目的として一般会計とは別枠で「公共事業」予算を計上した。そして，土木事業を中心に労働力を多量に雇用する公共性の高い事業が対象とされ，国有林の伐採事業がこの経費で実施された。翌年には林業関係で治山，造林，林道が対象となる[2]。さらに1948年度には基本的な予算配分の枠組みが作られ，以後今日までこのシステムが修正されながら維持されている。当初の「公共事業」について概観する。

まず，戦前の林業予算は，①国有林野管理経営，②林業試験，③一般林政，④災害復旧，⑤その他の5部門で構成されていた。予算金額は貨幣価値の変動で今日と比べようもないが，造林補助金は民有林（②，③，④，⑤）に充当される予算額の3～6％に過ぎなかった。一般林政費の内容をみても，造林関係費の割合は42年度が15％，翌43年度が13％，44年度に至っては前年度の倍以上の経費が投入されたにもかかわらず，比率は5％に減少し

表 12-4　戦後の造林予算の特徴　　　　　（単位：100万円）

	1948年度	1949年度	1950年度
林業予算			
①一般林政	441	633	1,647
②林業試験	—	—	139
③公共事業	2,225	4,050	5,779
合　計　(a)	2,666	4,683	7,565
造林関係予算			
①森林資源造成法施行	150	360	281
②民有林造林実施計画	414	1,515	1,900
③公有林野官行造林	96	164	171
合　計　(b)	660	2,039	2,352
造林予算の比率 b/a	25	44	31

注：林野共済会『林業統計要覧』1955年版を基に作成。

た。当時は増伐には力が注がれており、造林にはわずかな資金しか投入されなかったのである（表 12-3 参照）。

　これに対して終戦直後の造林予算は「公共事業」が加わったことによって構造が変わる。第 1 の特徴は、公共事業が民有林予算の 83％（48 年度）、86％（49 年度）、76％（50 年度）を占めるようになったことである。第 2 に公共事業の中に多額の造林補助金が計上されたことである。その結果、林業予算に占める民有林の造林補助金比率は 25％（48 年度）、44％（49 年度）、31％（50 年度）と戦前に比較して著しく上昇した。また、後述するように、公益性と経済性の議論に関わり、産業政策としてよりも公益性の側面から公共事業の役割が強調されたのである（表 12-4 参照）。

2．造林の長期計画の策定

　1958 年時点で民有林 116 万 ha、国有林 30 万 ha、公有林 4 万 ha、合計 150 万 ha の「造林未済地」（伐採されたが造林が行われていない森林）があるといわれ、それを早期に解消することが国土管理上、あるいは林業経営上から緊急課題とされた。そして造林計画が樹立され、数年ごとに改訂された。最初の計画は 1946～1950 年を期間とする「強行造林 5 ヵ年計画」であった。

目標造林面積は243万haであり、その内163万haが補助金をあてにする造林であった。その後変更に変更を重ね、「民有林造林長期計画」(1963～1985年)では、1985年までに民有林に1千万haの人工林を造成するという目標が掲げられた。

　1984年度においてわが国の人工林面積は1千万haを超えた。民有林だけで1千万haの人工造林を達成するという計画には到達しなかったが、国有林も合わせて1千万haという壁を越えることができたのである。しかし、周知の如く、人工林は形成されたが、林業は著しく衰退した。

　造林政策の基となる法律は森林法、林業基本法である。森林法(1951年)によって森林計画制度(森林資源に関する基本計画)が、また林業基本法によって「重要な林産物の需要及び供給に関する長期見通し」が作成され、造成すべき森林(造林)の目標値が示された。この2つの計画数値は、中央集権的な林業政策体系の目標値であり、造林補助金もそれを実現するための手段であった。目標に対する達成度は行政評価の指標でもある。

　補助金は林業生産力を引き上げるために活用された。そして、国内林業が衰退すれば補助金を増加して、活動を維持するという状況を迎えるのである。こうした構造を再生産させた一つの要因が公共事業であった。公共事業という予算システムがなければ、今日のような広大な人工林は形成されなかったであろう。また、多くの山村において公共事業(造林補助金)によって雇用が確保されたことも事実である。その限りにおいて公共事業は山村に貢献した。しかし、企業的な林業経営が絶望視される地域においてもスギ・ヒノキの人工造林が行われるケースがあった。どのような森林でも適切に管理しなければならないという命題はあるが、どこでも人工林が最適であるという必然性はない。

第3節　造林補助金をめぐる理念と現実

1．林業の形態変化

　林業は採取林業に始まり、天然林の枯渇に伴って、育成林業へ移行する。原生林と人工林の間に天然二次林や育成天然林などが存在する。また、育成

林業には中部ヨーロッパ（例えばドイツ）のような長伐期（100年程度の伐期）の地域と10〜20年程度の短伐期の地域がある。現在はこれらの様々な林業形態が同時に存在し，競争している。

明治時代における日本の林業は天然林を対象とする採取林業であった。奥地林や北海道等の森林開発などは鉱山と同じような性格を持つ林業であった。都市の家庭燃料として木炭が使用されるようになり，その需要拡大とともに原料生産技術が改良され，造林樹種の選定や二次林の管理技術が向上し，天然更新の森林でありながら，育成林の傾向を強めた。

1960年以降の高度経済成長の過程で薪炭生産は衰退し，用材生産に特化していくが，その過程で用材林業にもう一つの変化がみられるようになった。それは長伐期経営から短伐期経営への転換である。国有林はこの転換を推進し，民有林が追随した。また，天然林は老齢過熟林分と呼ばれ，積極的に人工林へ転換する政策が採用された。しかし，70年代後半から国有林が赤字を形成するようになり，短伐期林業技術は挫折する。これに代わって一部で優良材生産林業が提唱された。だが，この経営も1990年代以降におけるバブル経済の崩壊によって，優良材を使用する住宅需要が減退し，困難な局面を迎えるようになった。そして現在は経営目標のはっきりしない長伐期施業がわが国を支配している。

翻って世界の動きを見ると，人工林材が大量に流通し，短伐期林業が世界をリードするようになっていた。1 ha当たりの年平均生長量は20〜30 m³，伐期は20〜30年，内部収益率は10％程度といわれる経営である。パルプ原料の生産においては10年程度の伐期もある。人工林で育成される木材は次第に農作物化し，植林場所も農場跡地や農場と同じような条件の所に変わり，"Tree Farm"とも呼ばれる。他方，日本の場合，国有林，民有林，大学演習林のいずれをとっても，短伐期林業に関する実践的研究は皆無であり，長伐期を目標にした間伐対策に終始しているようである。

2．森林の公益性

日本では古くから森林には「無形的効用」があるとか，「公益的機能」があるといわれてきた。「公益」とは「国家または社会公共の利益。広く世人

を益すること」(『広辞苑』)である。そして「公益事業」は「公共の利益に関係し，公衆の日常生活に不可欠な事業。交通・電話・ガス・電気などの事業」(『広辞苑』)と説明されている。

他方，「公共財」(「その便益を多くの個人が同時に享受でき，しかも対価の支払者だけに限定できないような財やサービス。公園・消防・警察など」(『広辞苑』))という概念もあり，森林はその一つであるとする見解もある。

人工造林は上述したように，一面では「公益事業」であり，「公益的機能」を増進し，「公共財」を作ることである。その結果，空気が浄化され，騒音が和らげられ，水が浄化され，その便益を多くの人々が享受している。したがって，私有林であっても造林補助金を支給できるという。

林野庁は，1972年に公益的機能の経済評価を行い，12兆8,200億円と試算した。この試算は国民の森林に対する関心を呼び起こすとともに市場が存在しない公益的機能に対する費用負担のあり方，森林の適切な施業のあり方について問題を投げかけた。この試算額は1991年に当時の貨幣価値に換算され，39兆2,000億円と見なされた。更に2000年の見直しによって，日本の森林は年間74兆9,900億円の価値を国民に提供しているとした[3]。

3．造林の経済性

林業経営者が行う造林は経済行為として行われる。それ故に投資に対する利益（利回り）が問題となる。造林補助金はこの利益（利回り）を予測しながら，その水準を維持するために支給されてきた。

戦後の日本における造林は，まず，農家林家と製紙会社によって担われた。特に製紙会社は大規模な社有林の造成や分収造林などを計画したが，1960年代初頭からは海外に資源を求めるようになった。その結果，残された農家林家が主要な政策の対象者となった。

造林補助金の基本的な仕組みは，標準経費を設定し，それを基準に国が3割，都道府県が1割の補助を出すというものであった。補助金を必要とする理由は，㋐造成された森林が水源涵養機能など公益性を持つこと，㋑国民の求める木材需要を満たすこと，㋒山村経済を振興すること，林業固有の問題として，①生産期間が長く，中間収益がほとんどなく，継続的な投資

表 12-5　造林事業収支計算　　　　　　　　　　　　　　　　　　（単位：1,000 円）

年　度	区　　　分		前　価	現　価	地　代	立木販売収入	純収入	利回り
1971 （昭 46）	全額自己負担	地代あり	275	347	1,685	4,213	2,528	4.5%
		地代なし	275	347	0	4,213	4,213	5.6%
	新植補助＋自己負担	地代あり	207	279	1,685	4,213	2,528	5.1%
		地代なし	207	279	0	4,213	4,213	6.2%
1979 （昭 54）	全額自己負担	地代あり	1,158	1,449	3,129	7,823	4,694	2.8%
		地代なし	1,158	1,449	0	7,823	7,823	3.9%
	新植補助＋自己負担	地代あり	851	1,142	3,129	7,823	4,694	3.5%
		地代なし	851	1,142	0	7,823	7,823	4.5%
	新植＋下刈＋除間伐 補助＋自己負担	地代あり	746	995	3,129	7,823	4,694	3.7%
		地代なし	746	995	0	7,823	7,823	4.8%

出典：「昭和 55 年度造林事業附帯説明書」（林野庁造林課）28 頁.

注：①地代は立木販売収入の 4 割。②天城地方スギ収穫表・地位中・伐期 50 年（間伐材積 42 m³，主伐材積 398 m³ で計算）。③立木価格（不動産研究所調べ）46 年 12,040 円/m³，54 年 22,360 円/m³。④賃金 46 年 1,150 円/日，54 年 4,650 円/日。苗木 46 年 9.3 円/本，54 年 47.6 円/本。⑤補助率 4 割，査定係数 135（拡大造林）。⑥前価，後価計算の利率は 5.5 ％。⑥下刈 7 回，つるきり・除伐・保育間伐 1 回，枝打ち 2 回.

が必要なこと，②収穫が次世代によって行われることが多いこと，③通常の金融ベースでは考えられないほど収益性が低いことが指摘された[4]。

　1960 年代中頃までの農山村には，労働力が豊富にあり，造林は農家林家の「労働備蓄的投資」と考えられた。また，農山村では都市銀行の役割は小さく，郵便貯金が主流であった。郵便局はどんな田舎にも存在し，年利回り 4.5 ％の定期貯金が林業投資（造林）の最低ラインと見なされていた。造林政策はこの 4.5 ％の郵便貯金を基準とし，造林活動がそれよりも有利になるかどうかが問題であった（表 12-5 参照）。

　1971 年（昭 46）には補助金なし・地代（立木販売収入の 4 割と仮定）なしで 5.6 ％の年利回りが期待できた。造林補助金が加わると利回りは 6.2 ％に上昇すると推計された。また，分収造林（立木販売収入の 6 割を所有すると仮定）でも当時は 4.5 ％の利回りが期待できるという有利な環境にあった。

　しかし，1979 年頃には，補助金なし，地代なしの場合，3.9 ％の利回りし

か確保できず,同年に新設された森林総合整備事業によって新植から除間伐まで補助を受けてようやく4.8％の利回りが確保された。しかし,地代ありという場合,つまり公社造林の場合,利回りは3.7％と試算され,3.7％以下の金利を使用しない限り借金が返せないという事態が予測された。要するに70年代末には,高率の補助金なくして伝統技術に依存した林業は成り立たなくなっていたのである。

最近の林業白書によれば,スギの利回りは補助金なしの場合,1995年にゼロとなり,その後年々低下し,2000年現在ではマイナス1.7％だという[5]。今日ではスギの造林が経済的行為の対象外になったことを政策当局も認めているのである。しかし,高率の補助金によって2000年でも1％程度の利回りが実現できるという。

周知のように今日の日本経済は深刻で,銀行に預けても金利は10年もので0.1％程度とか,20年もので0.2％程度であり,それに比べて1％の利回りは有利であると言えなくはない。しかし,林業に対する投資意欲はほとんど湧いてこない。

第4節　造林補助金の機能

1．造林補助金の推移

1965年に支出された造林関係補助金の総額は49億円であったが,1999年には502億円と約10倍になった。この間に物価や賃金が上昇しているので単純に両者の金額を比較できない。そこで,賃金ベースで比較してみると農村賃金（日雇い賃金）も伐出賃金もおおむね10倍の上昇がみられる。ということは賃金ベースで評価した場合,実質的にほとんど変わっていないということである。毎年の造林関係補助金で何人の雇用が可能であるか比較すると農村労働者は年間約600万人日（最低約500万人日,最高約700万人日）雇用できる金額であった。また,伐出労働者で計算すると約400万人日（320～410万人日）が雇用できる。他方,造林面積は65年の37万haから99年の4万ha弱へ減少した。10分の1程度の面積になった（表12-6参照）。この間,省力的な技術が普及したわけではないので,1ha当たりに投入さ

表 12-6　造林予算と賃金の比較

年　度	人工造林 面積(ha) (a)	造林予算 (100万円) (b)	農村賃金 (円/日) (c)	伐出賃金 (円/日) (d)	雇用可能数(100万人日)	
					農村賃金 (e)=a/c	伐出賃金 (f)=a/d
1965	372,234	4,987	853	1,220	5.85	4.09
70	354,365	9,109	1,611	2,394	5.65	3.80
75	228,947	18,450	3,640	5,790	5.07	3.19
80	164,200	35,556	5,054	8,550	7.04	4.16
85	106,307	35,098	5,981	9,221	5.87	3.81
90	66,099	40,021	6,711	10,380	5.96	3.86
95	50,407	49,893	7,926	12,622	6.29	3.95
99	39,860	50,259	8,729	12,660	5.76	3.97

資料:『林業統計要覧』
注：雇用可能数＝造林予算÷賃金

れる補助金が大幅に増加したことになる。例えば，60年代には主として地拵え，植え付け，苗木代を対象とした補助金が，79年から始まる森林総合整備事業によって下刈，除伐，間伐へ補助が拡大され，さらに森林組合等の事務経費（諸掛費）を補助金に含めるようになったことも影響している。「査定係数」による補助率の上昇も関係しているであろう。

2．造林技術に与えた影響

造林補助金は標準経費を基準にしているが，政策意図が強まるにつれ，査定係数，諸掛費率，作業主体など新しい要素が追加された。同時に補助金が求めるモデル技術が形成され，都道府県ごとの施業体系として表示される。そして，造林から伐採までの手順や方法や経費が示される。それは技術の向上に貢献したであろう。しかし，やがてそれが技術を固定化させ，国際化に対応した林業技術の発展を阻害する有力な根拠となる。

公共事業費に基盤を置く造林補助金は表12-6でも示したように比較的潤沢に供給された。他方，造林面積を確保することは行政的にも必要であった。結果的にみて，効率的な造林技術を普及させる方向に移行するのではなく，労働多投的な伝統技術をベースに，補助金を増額することによって達成していくのである。

現在の1 ha当たり拡大造林の補助金は，除間伐まで完全に実施すれば150万円から200万円になる。国際競争力のある林業経営の場合，造林コストの目標値はせいぜい100万円であるが，それをはるかに超える補助金が支給されている。補助金があるから技術革新が遅れたと言えなくもない。こうした状況を転換するための新しい仕組みが必要である。

3．未成熟な森林組合資本

造林補助金は単に造林面積を増大させるだけではなく，林業経営者（あるいは森林管理主体）を作ろうとした政策意図が窺える。その理由は小規模な林野所有者では効率的な林業ができないというところにある。

1967年度「団地造林事業」が開始された。これは旧薪炭林からパルプ原料を生産し，その跡地に拡大造林を推進するという政策であった。ただ1団地の最低面積が20 haとされたため，小規模所有者は林地を集団化し，採択基準の20 ha以上にまとめる必要があった。この政策をテコに森林組合を地域のまとめ役として位置づけ，査定係数を170に高め，補助金に諸掛費（事務経費）という新項目を導入し，森林組合を支援した。

1979年森林総合整備事業によって「事業主体」が指定されることになった。事業主体とは補助金の受給資格者であり，市町村，森林組合，生産森林組合，林業公社に限定し，林家を排除した。これ以降，主要な造林補助金は事業主体に支給されることになった。そして事業主体は地域の森林整備計画を樹立し，計画的な造林を推進しなければならなくなった。その結果，林家が補助金を得ようとすると，森林組合と請負契約を結ぶか，作業班員になって自分の山を自分で手入れし，請負事業費あるいは賃金として取得することになるのである。森林総合整備事業に関係する諸掛費が森林組合の場合14％と決定された。

政策の建前論を強調すれば，事業主体が樹立した計画に沿って計画的に造林事業が実施されることになる。計画樹立の際に所有者の同意は必要であるが，以後における森林経営は実質的に事業主体（森林組合）に移ることが期待された。森林組合が一定区域を計画的に管理するという理想型は土地組合論の考え方であった。しかし，現実はそうならなかった。構成員である森林

所有者の経営権は全く変更されることなく維持された。事業が計画どおり行われることは稀で、建前を維持するために、実際の事業にあわせて計画が変更された。むしろ計画変更が日常化し、計画の意味を持たなかったというべきであろう。

60年代末から70年代にかけて造林政策は、団地化、計画化、事業主体の選定などを通じて、森林組合に小規模分散的な土地所有の問題を克服し、地域林業資本として発展することを期待した。しかし、個別経営の経営権は少しも変更されることなく、したがって、森林組合は単なる高率の補助金を実現するための窓口に過ぎなかったのである。

4. 分収造林

分収造林（分収林業）は土地を持たない投資家に林業投資の機会を提供するシステムであったが、同時に土地所有者を支援するシステムでもあった。それ自体は借地林業の一形態であるが、日本の場合、公的機関が分収造林を推進してきたという点で、林地所有者を「公」が支援してきたとも言えなくはない。

そもそも分収造林は利益の分配を前提にした林業に対する投資である。したがって、この造林が成立するためには、利益が発生するような経済環境がなければならない。事実、70年代までは表12-5に示したように収入の4割を地代として支払っても成り立つような経済環境にあった。しかし、今日では、スギ林業は投下資金さえ回収できない状況にある。それにもかかわらず、現在、日本には100万haを超える分収造林が存在し、今でも分収造林が人工造林の3割を占めるという不思議な状態にある。

分収造林が注目されるようになったのは1950年代後半からである。当時は、製紙産業が木材資源を確保するために林地を取得し、積極的に造林した。同時に公有林等を対象にした製紙産業による分収造林も行われた。それを支援するために、分収造林特別措置法（1958年）が制定された。しかし、製紙産業が海外に資源を求めるようになり、推進の機運は消えてしまう。

次の画期は公社造林・公団造林が始まる1960年代からである。60～70年代は、林家の造林投資が顕著に衰える時期であり、また、高度経済成長に

表12-7　人工造林面積・分収造林面積の推移　　　　　　　　（単位：ha）

年度	総数	分収造林総数	分収造林内訳					
			国有	公団	整備法人	都道府県	市町村	その他
1970	354,365	52,370	5,285	20,116	16,749	5,723	1,774	2,723
75	228,947	34,719	1,205	8,927	18,576	3,032	1,509	1,470
80	164,200	35,179	1,568	11,438	16,833	2,998	1,927	415
85	106,307	27,962	3,264	5,585	14,714	2,637	1,548	214
90	66,099	19,484	1,040	7,032	9,290	1,404	667	51
95	50,407	13,990	565	6,854	5,227	839	460	45
99	33,860	9,963	467	6,428	2,486	254	189	139

表12-8　人工造林面積・分収造林面積の推移　　　　　　　　（構成比：%）

年度	総数	分収造林総数	分収造林内訳					
			国有	公団	整備法人	都道府県	市町村	その他
1970	100.0	14.8	1.5	5.7	4.7	1.6	0.5	0.8
75	100.0	15.2	0.5	3.9	8.1	1.3	0.7	0.6
80	100.0	21.4	1.0	7.0	10.3	1.8	1.2	0.3
85	100.0	26.3	3.1	5.3	13.8	2.5	1.5	0.2
90	100.0	29.5	1.6	10.6	14.1	2.1	1.0	0.1
95	100.0	27.8	1.1	13.6	10.4	1.7	0.9	0.1
99	100.0	29.4	1.4	19.0	7.3	0.8	0.6	0.4

資料：『林業統計要覧』「民有林造林施策の概要」

よって山村経済が崩壊しつつある時期でもあった。同時に都市の水需要が増大し，水源林の役割が重視された。こうした事情を背景に，森林所有者の造林に代わる方法として公社・公団造林が推進された。

しかし，1980年代中頃から，国有林経営に示されるように借金が深刻化し，国民の批判にさらされるようになった。公社・公団造林においても借入金は増大し，全般的な事業の縮小，組織の変更（森林整備法人化）が進められた。1990年代以降は公社・公団造林は減少しているが，民間の造林が落ち込んでいるために，分収造林はわが国における人工造林面積の3割弱という高い比率を維持している（表12-7，表12-8参照）。

公社・公団の分収造林に期待する森林所有者は非常に多い。理由は単純である。土地所有者の分収割合が現実の経済状態からみて異常に高いからであ

る。スギ林業では，既に利回りはマイナス 1.7 ％であるが，公社造林の土地所有者の一般的な分収割合は 4 割である。高額の補助金を得ても費用負担者（県など）が 6 割の収入でコストを賄える状況にはない。国民から，なぜこのようなシステムが続いているのか問われた場合，回答に窮する。

ただ，そういう批判を受けつつも，分収林は所有権を一定期間特定の経営者に預けることになり，森林所有者の経営放棄地を有効活用したり，大規模経営を創出することができる有力な仕組みである。こうしたメリットはもう一度考え直してみる必要がある。つまり，分収割合を大幅に変更し，土地所有者には損を与えないが，利益が実現されたときのみに配当できるシステムにするとか，環境林として管理できるような仕組みを作ることである。

5．政策多様化の試み

1990 年以降，造林政策が変わりつつある。その背景としては伝統的な用材林造成のための補助金では国民の新しいニーズに対応できなくなったことが考えられる。具体的には，1991 年造林補助事業を変更し，環境保全を強調するようになったことである。例えば，伝統的な事業（一般造林事業，地域森林資源構造整備事業，特殊林地改良事業）のほか，環境保全を重視する事業（特定森林環境整備事業，健康とゆとりの森林整備事業）を展開するようになった。また，公益的機能を増進するため以下のような施策を推進している。

- 90 年；集落周辺森林整備事業：生活環境保全機能，保健文化機能等の発揮。
- 91 年；健康とゆとりの森林整備事業：従来の体験の森整備事業を吸収。3 年間。
- 91 年；渓流林整備事業：森と水に親しむ森林空間の創出。
- 92 年；マツ林保護樹林帯緊急造成事業：広葉樹林等を早急に造成。
- 93 年；創造の森整備事業：都市近郊で保健・文化・教育機能を重視した森林造成。4 年間。
- 94 年；豊かな森林づくり事業：景観保全，原植生の回復，針広混交林への誘導。3 年間。

95 年；防災林対策森林整備事業：市街地周辺の除・間伐と防火目的の森林整備。
97 年；保全松林緊急保護整備事業：衛生伐を行う。
97 年；居住地森林環境整備事業：都市居住地周辺の防災林，景観林整備。5 年間。

第 5 節　資源管理の社会化

　造林政策と補助金の関係を論ずる中でいくつかの問題点を明らかにした。それを解決していくことが 21 世紀の造林政策に課せられた使命である。
　一つは中央集権的な林業政策のシステムの問題である。森林計画制度や需給見通しは中央政府が予算を獲得するための積算根拠として有効である。しかし，現場に下ろしたとき実効性がきわめて低いと認識せざるを得ない。むしろ地域的な特性を歪める機能しか持たないのではないかという疑問さえ感ずる。したがって，地域の特色を発展させていくためには，地方分権，地方主導の政策立案が不可欠である。その際，国が支援する内容は都道府県職員の教育，林業団体の教育，国民や NPO 等の組織化と教育である。
　二つ目は，地域別（都道府県別）目標を作らせ，積み上げることである。地域別であるから，全国の共通の目標になり得ない事項も含まれる。当然のことながらそれは，現在，林野庁が進めているゾーニングとは違ってくる。
　三つ目は事業主体・管理主体の問題である。個別零細所有者を意図的に排除するわけではないが，森林が全般的に放置状態にあり，境界管理，病虫害等の防除など地域ぐるみで実施すべき課題に十分対処できていない。結論的には森林組合が経営権を持つように権限を強化することである。それは分収林形式でもよいし，団地施業（管理委託契約）のような方式でもよい。ただし，分収造林を採用する際には収入の 4 割を土地所有者がとるというような法外と思える地代を支払うような契約では経営が成り立たない。土地所有者に負担をかけないという程度の地代にする必要がある。
　四つ目は補助金に効率的な経営が展開できるようなシステムを盛り込むことである。現在の造林補助金では，非能率で高額なものほど補助額が多く

なっている。それでは国際競争力を一層低下させる機能しか果たさない。そこで，例えば，面積当たりの補助金とか，事業体を認証し，認証事業体が行う事業に対し一定の割合で補助するなどの仕組みに変える必要がある。また，短伐期林業を導入するための政策や補助金が必要である。

五つ目は公共事業の再評価である。経済政策だけで森林を取り扱うことがほとんど不可能である。「公共財」として森林を維持するための造林政策，あるいは公益的機能を強化するための造林政策が必要である。ただし，その場合，どんな作業をすればどれだけ機能が高まるのかといった科学的評価が必要である。したがって，これを具体化するためには一定の研究と国民の理解が必要である。

このことと関連するが，公社・公団造林は用材林を造成し，一定の経済価値を作り出すことを前提にしている。しかし，針葉樹の用材林が果たして水源涵養効果を持っているのか疑問を持つ者が多い。土地所有者の分収割合をゼロ（同時に土地所有者の負担もゼロ）に変更し，樹種の選択を多様化させ，環境林・水源涵養林を目的に，公共事業費を有効活用した公社・公団造林の推進は一つの有力な森林管理政策の柱になるのではなかろうか。

六つ目は複合政策の推進である。森林は多様な側面を持っているが，林業政策にあまりにも重点が置かれすぎた嫌いがある。今後は，森林の機能を重視し，それに関連する産業や国民が参加できるような連携政策が必要である。林業政策だけでは林業も地域も発展できない。農業政策，林業政策，流通政策や医療政策など様々な政策を総合的に組み合わせ，住みやすい地域社会を作ることが林業を発展させる力になる。そういう観点からも林業政策は地方分権化と不可分のものとしている。

こうした政策転換が図られることによって森林の社会的意味が国民に理解され，森林所有者だけの問題であった造林政策が社会全体の問題として認識され，地域的な力，国民的な力によって管理が行われるようになるものと確信している。

（飯田　繁）

注

1）林野庁『平成11年度素材生産費等調査報告書』2000年，16頁。

2）㈳日本林業協会『林政 20 年史―戦後林政の歩み―』1966 年, 5 頁。
3）林野庁計画課『森林の公益的機能の評価額について』2001 年, 110 頁。
4）林野庁造林課『森林と造林施策』1979 年, 10 頁。
5）林野庁『図説　森林・林業白書（平成 13 年度）』農林統計協会, 2002 年, 98 頁。

第13章　地方財政措置と地方自治体の森林資源政策

第1節　本章の課題と地方財政措置の仕組み

　第11章で堀氏が述べているように，1990年代以降，森林・山村対策（1993年創設，1,800億円），国土保全対策（1998年創設，2,100億円）をはじめとして，地方財政措置という形で地方の森林・林業施策を「支援」する傾向が強まっている。

　本章では，こうした一連の流れを受けて，都道府県段階でいかなる独自施策の展開がみられるかを，間伐対策に焦点を当てて分析する（第2節）。次に，熊本県を事例として，県の間伐促進対策事業の特徴と市町村の取り組み実績を比較分析し（第3節），それらを踏まえて，森林資源管理にとっての地方財政措置の意義と限界について考察する（第4節）。

　ところで，地方交付税は本来，税収の地域格差を是正し，ナショナルミニマムを達成するための財政措置である。しかし，90年代には，「『公共投資基本計画』のもとで，国の景気対策の『受け皿』として，これまでの国の補助金事業に代わって地方単独事業を奨励する」[1]という目的で，地方財政措置が実施されるようになった。具体的には，特定事業の実施に際して地方の起債を認め，後年度に起債額の一部を交付税として措置する場合と，交付税算定方法の見直しによって普通交付税の増額を図る場合がある。前者は国によってメニュー化された事業を地方が選択するという形式であるのに対して，後者は地方自治体の裁量に任されるという点において自治体独自の政策展開の契機となっている。

　98年以降の国土保全対策では，後者の手法，すなわち基準財政需要額を算出する際に，面積を測定単位として重視し，森林面積が大きい市町村に手厚い措置がなされることとなった。筆者が熊本県の市町村について試算した結果によると，市町村の平均で1,500万円，民有林面積1万ha以上の市町

村では平均2,700万円が措置されている[2]。

しかし，近年になって，地方交付税は国と地方の財政危機の中で削減の流れが強まっている。加えて，市町村合併の誘導手段としても用いられているところであり，小規模自治体では交付税算定の補正係数の見直しによって地方交付税が減額されるという段階に至っている[3]。

従って，森林・林業分野での「分権化」や支援策としての地方財政措置を評価する際にも，国及び地方の財政構造も踏まえて，検討することが求められている。

第2節　都道府県段階における間伐促進施策の展開と特徴

1．都道府県による間伐促進施策の展開

本節では，林野庁『間伐にかかる地方単独事業（平成13年版）――地域の森林整備をめぐる多様な取り組み――』を用いて，間伐促進施策の展開と特徴を見ていく。本資料は林野庁が都道府県に照会して作成したものであり，都道府県の間伐促進に関する取り組み事例が92件，市町村の取り組み事例が340件掲載されている[4]。事業区分（独自事業，上乗せ事業）・種別（伐倒補助，間伐材搬出への助成，機械整備への補助・作業道整備への補助・その他（普及活動，間伐材利用製品の展示施設設置経費補助等））・予算額・補助率・実施主体・事業期間・事業創設の背景などが調査されている。

都道府県による間伐促進施策の開始年度（71の事業分）をみると，95年度以前からのものが9，96年度4，98年度10，99年度16，2000年度11，2001年度21となっている。98年度の国土保全対策による森林整備に対する地方財政措置を機に増加している。

2000年度の都道府県事業について事業種別割合をみると，伐倒補助37％（独自事業32％，国事業への上乗せ5％），搬出助成21％，作業道整備補助16％，機械整備への補助8％，その他18％であり，伐倒の独自事業及び間伐材搬出への助成が大きな割合を占める。なお，当資料で把握されている市町村段階の事業では，伐倒補助が62％（うち上乗せ事業45％）とかなり大きな割合を占め，搬出への助成9％のうち3％，作業道等整備への補助

24％のうち8％が，上乗せ事業となっている。つまり，市町村の間伐促進事業のうち，56％が国または県の事業に対する上乗せ事業となっている。

2．間伐促進施策の内容と特徴

2000年度の都道府県による間伐促進施策を種別に内容と特徴について以下，見ておきたい。

(1) 伐倒補助

独自に間伐材伐倒補助を行っているのは26都道府県であり，森林所有者が森林組合に施業を委託して，森林組合が県（もしくは市町村）に補助金を申請する仕組みを取っているものがほとんどである。補助率は平均41％で，実質平均補助額は約87,000円／ha（埼玉の147,000円／ha～青森の62,000円／ha）である。実施主体は森林組合または市町村である。国庫補助対象とならない高齢級間伐（京都と群馬で12齢級まで，富山は13齢級まで）を対象としている場合が多い。

(2) 搬出費助成

搬出助成は19府県が実施しており，島根，岐阜，高知，熊本など事業額が多い県が含まれる。補助額は2,000～3,000円／m³となっている。実施主体は森林組合というものが多く，補助条件として県内の市場や製材所へ出荷が義務付けられており，補助対象は末口径（5 cm以上：静岡，6 cm以上：福井，13 cm以下：岐阜・宮城等）や道路からの距離（道路から45 m以下の距離にあるスギ間伐材は除く：静岡，集積土場から100 m以内の森林は対象としない：熊本）等の制限がある。

(3) 作業道整備補助

作業道等整備補助は16府県が実施している。補助率は事業費の1/2～1/3であり，実施主体は森林組合・市町村・林業公社となっている。補助対象はほとんどが幅員2 m前後から3 m以下の作業道（路）であり，林内作業車が走行可能な路を整備し，生産コストの低減・間伐材利用促進を目的としている。島根6億3,000万円，高知2億4,300万円（搬出助成を含む），大分1億3,300万円の3県が積極的な予算を組んでいる。

(4) 機械整備補助

機械整備補助を行っているのは7県であり，補助率は多くが50%である。間伐材搬出用機械や間伐材加工施設の整備費用に対して補助をしており，間伐材生産コストの低減のみならず，高付加価値化や品質の安定化を目的とする県もある。

3．間伐促進のための県単事業の類型的考察

緊急に間伐が必要な3～8齢級の民有林人工林と2000年度の都道府県による事業歳出額の分布状況を示したものが図13-1である。都道府県によって間伐対策への取り組みに大きな差があることがわかる。最も事業高が多いのは島根県の7億4,000万円（3～8齢級の民有林人工林当たり5,407円／ha）であるが，隣県の岡山県では1,000万円（同83円／ha）という状況である。また，対象面積は少ないが，積極的に1億円以上の県単事業を組み，面積当たりでは事業高が大きい県も存在している。

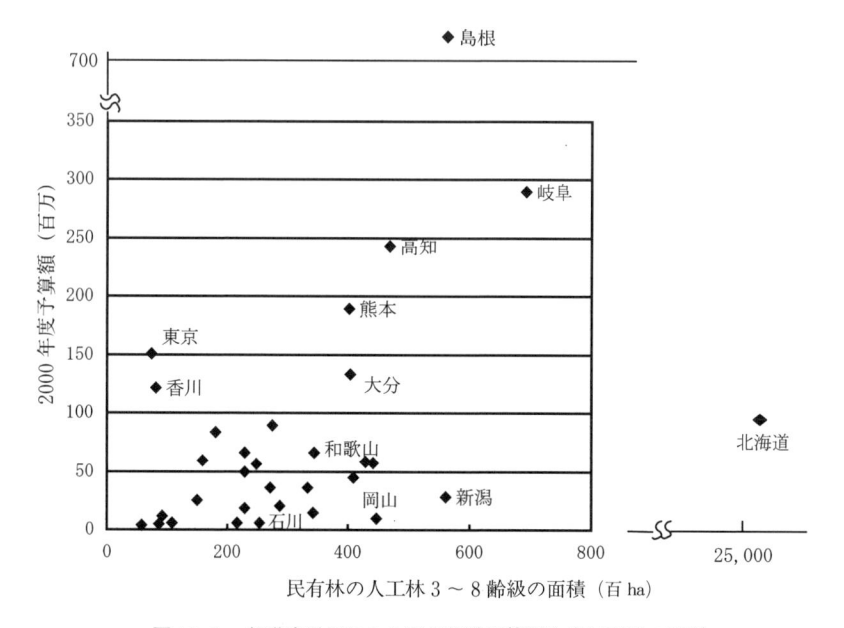

図 13-1 都道府県別にみた間伐促進対策費と森林面積の関係

そこで，以下では，間伐促進対策事業を実施している都道府県から，Aタイプ：3～8齢級人工林面積は少ないにもかかわらず，積極的に独自施策を展開している都県（東京，香川），Bタイプ：3～8齢級人工林面積が2万ha以上で，その面積当たり1,000円以上の事業高となっている県（島根，岐阜，高知，熊本），Cタイプ：3～8齢級人工林面積当たり150円／ha未満である道県（北海道，石川，岡山）に分け，それぞれの間伐促進対策事業の特徴点について考察を行った[5]。ここでは，各タイプの特徴点のみ見ておきたい。

　Aタイプである東京都と香川県は共に，間伐促進事業創設の理由として，森林の荒廃によって間伐の必要性が急務であることを挙げている。東京都では伐倒に対して高い補助率を設定している。香川県は県営事業を対象とし，それを市町村に請け負わせる形態をとっている。

　Bタイプの島根，岐阜，高知，熊本の4県の特徴は，間伐材の搬出費助成や作業路開設などの利用間伐の推進に力を入れている（熊本県については次節で詳述）。間伐材搬出に対しては，面積に応じてではなく，出荷材積に応じて助成がなされており，地域林業の振興が意識され，間伐材の価格支持的な側面を有している。また，市町村を事業主体とし，市町村が事業化したものに対してその一部を県が補助するという手法によって，市町村の参加を促そうとする例もある。

　Cタイプの北海道，石川県，岡山県では，国の事業の上乗せ，もしくは補助種別を限定して事業枠を抑えている点が特徴であり，Bタイプで見られた搬出費の助成は行われていない。

第3節　熊本県における間伐促進対策事業の成果と課題

1．熊本県の森林・林業と間伐促進対策事業の仕組み

　本節では，間伐施策を積極的に展開しているBタイプの熊本県について，事業内容と市町村段階での取り組み実態を分析する。

　熊本県の森林資源の特徴は，人工林率が61％と全国平均の40％よりも高いこと，その中で国の間伐事業の対象外となる8齢級が18％と高いことで

ある。これらの人工林資源を背景に，熊本県の製材用素材の生産量は約73万m³で，全国4位である。しかし，木材価格が長期に低迷する中で，間伐実施面積は89年12,000 haから97年は7,000 haに停滞していた。更に，皆伐後の再造林放棄地が県南の人吉地方を中心に広がり，森林管理上大きな課題として浮上している。

以上のような状況をふまえ，県は97年8月に市町村長をメンバーとした熊本県森林整備協議会を発足させて森林管理の方向を討議し，98年9月に「熊本県における森林整備の在り方について——公益的機能の高度発揮に向けて——」がまとめられた。そこに国土保全対策が創設され，いち早く対応する形で98年12月の補正予算で県単独の間伐対策事業を開始した。

事業は2本建てで，3～7齢級の間伐に対する「間伐材流通促進対策事業」（以下，「流対事業」と略する）と8～11齢級の高齢級間伐に対する「公益的機能発揮森林整備促進支援事業」（「公発事業」と略）が施行された。両事業とも補助事業者は市町村であり，市町村が補助した額の半分について県が市町村に対して助成を行う仕組みである（表13-1）。

「流対事業」の補助対象は，間伐を素材市場等に出荷した場合に，生産経費に対して，出荷材積当たりで交付される。補助額は県内市場に出荷の場合，4,600円／m³（県と市町村がそれぞれ2,300円）が上限である。現在の木材価格水準からすると，かなり大きな補助率となる。従って，当事業は山元が経済的になりたつ水準まで価格を補塡することによって，安定的に原木供給を行うということが狙いであり，生産振興的な意味合いが強い。補助条件は表の通りであるが，特に森林組合との受託契約が必要であり，間伐の担い手を県が森林組合に限定している点で，これまでの国の補助体系を踏襲する形になっている。また，当初は搬出材に関する間伐率や形状に関する制限はなかったが，曲がり材が出荷増によって原木価格が値崩れしたという批判が強まり，2001年度から直材のみに適用されることとなった。

一方，「公発事業」は目的が一斉大面積皆伐の回避と齢級の平準化によって公益的機能の維持増進をはかることとなっている。採択条件としては市町村と森林所有者間で10年の伐期延長協定の締結が必要である。1施業地面積0.1 ha，市町村の申請面積が3 haと小面積でも申請が可能であり，間伐

表 13-1 熊本県における県単独間伐事業の概要と実施状況

事業名	間伐材流通促進対策事業（流対事業）	公益的機能発揮森林整備促進支援事業（公発事業）
事業目的	間伐の促進による，林業・木材産業の活性化	一斉大面積皆伐の抑制や齢級の平準化による公益的機能の維持増進
事業対象	3齢級から7齢級の間伐（搬出集積）材	国庫補助対象外の8齢級から11齢級の人工林の間伐
補助事業者	市　町　村	市　町　村
事業主体	県内の森林組合，森林組合が存しない場合は市町村	市町村，森林組合等
採択条件	①森林所有者と森林組合が受託契約を締結し，間伐材を素材市場等へ出荷した場合 ②分収林は立木所有が私有の場合のみ対象 ③集積土場から100m以内の森林は原則として補助対象としない ④1件当たり3㎡以上	①1施業地面積0.1ha以上，市町村の申請面積3ha以上 ②間伐率は10％以上50％未満 ③市町村と森林所有者間での伐期延長協定の締結（標準伐期齢未満の場合：標準伐期齢よりさらに10年間皆伐による主伐を行わない等） ④搬出・集積は，伐採本数の80％以上を行う
補助率及び補助方法	市町村が間伐材生産経費に対して助成した額の2分の1以内を補助	標準事業量の10分の2を限度として市町村が事業主体に対し補助した額の2分の1以内を補助
県の補助限度額	①素材市場に出荷：2,300円/㎡ 　（市町村分合わせて4,600円/㎡） ②素材市場以外に出荷：1,800円 　（同3,600円/㎡）	①高労務単価地域：45,200円/ha 　（市町村分合わせて90,400円/ha） ②低労務単価地域：38,300円/ha 　（同76,600円/ha）
事業実施状況 市町村数 　98年度 　99年度 99年度当初計画 99年度実績	 40市町村 61市町村 59,250㎥，県当初予算141百万円 72,218㎥（1,792ha），161百万円	 22市町村 62市町村 1,300ha，県当初予算54百万円 1,333ha，54百万円

資料：熊本県森林整備課及び木材流通対策室資料より作成。

注：1）両事業ともに98年12月補正予算から発足した事業であり，98年度は12月～翌年3月までの実施状況である。

2）熊本県には94の市町村がある。

率も10〜50％とかなり弾力的で，強度間伐まで採択される。上限の補助額は90,400円／haであり，m³当たりに換算すると約1,000円になる。

2．事業実績と市町村の実施状況

同事業の99年度における取り組み実施状況をみると，県内94市町村のうち60を超える市町村が事業に取り組み，県の当初予算を上回る事業承認がなされている。特に，「流対事業」は，当初計画材積の122％の要望があがり，県の支出は1億6,100万円にのぼった。「公発事業」と合わせて市町村が間伐に補助した総額は4億円を超え，面積的には3,000ha以上の間伐が推進された。

図13-2は「流対事業」について，図13-3は「公発事業」について，横軸に民有人工林のうち事業対象齢級の面積を，縦軸に99年度の事業実績量（材積及び面積）を市町村ごとにプロットした図である。

「流対事業」において，事業材積が125,000m³と突出しているのは球磨村

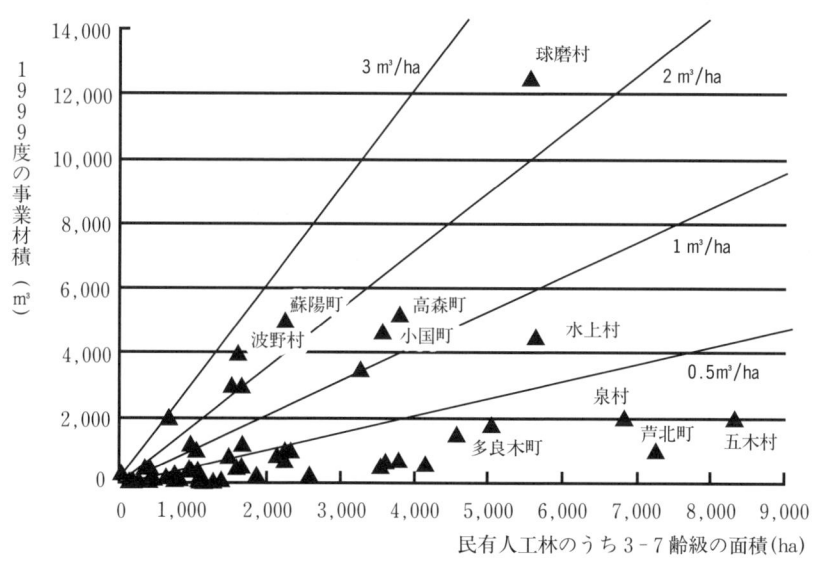

資料：熊本県森林整備課資料および「熊本県民有林資源表」（平成11年4月）より作成。

図13-2 間伐材流通促進対策事業（3-7齢級）への市町村の取り組み状況

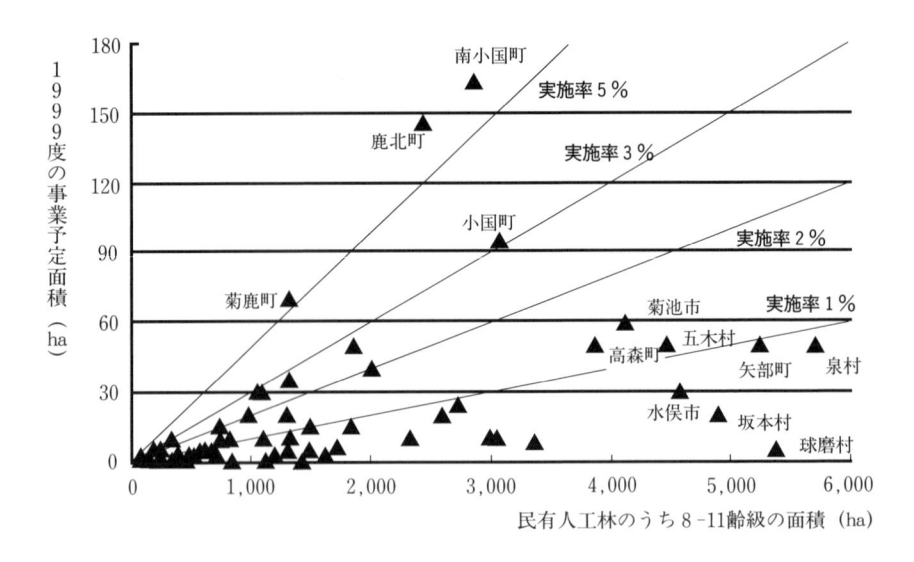

図 13-3 のグラフ（縦軸：1999年度の事業予定面積（ha）、横軸：民有人工林のうち 8-11齢級の面積（ha））

主な町村のプロット：南小国町、鹿北町、小国町、菊鹿町、菊池市、高森町、五木村、矢部町、泉村、水俣市、坂本村、球磨村。実施率 5％、3％、2％、1％の補助線あり。

資料：前図と同じ。
図 13-3　公益的機能発揮森林整備促進対策事業（8-11齢級）への市町村の取り組み状況

であり，県の補助額を差し引いて 2,300 万円を村が予算化している。4,000～6,000 m³ が高森町，小国町など 5 町村である。一方，対象面積が広い五木村，芦北町，泉村では 0.5 m³／ha 以下の水準に留まっている。

「公発事業」実施の特徴点をあげると，①対象面積が 1,000 ha 未満の市町村は取り組んでいないか，採択される最低条件の 3 ha というのが多い，② 1,000～3,000 ha の町村は取り組み方に大きな差があり，再造林放棄地が多い県南地方ではあまり取り組まれず，県北と阿蘇地方の市町村が積極的である，③ 3,000 ha 以上の町村の実施率は 1.5％ 未満にとどまっている，ことである。また，「流対事業」では積極的である球磨村は，8～11 齢級が 5,000 ha を超えるのに当事業予定はわずか 5 ha にとどまっており，どちらの事業に重点を置くのかについては市町村の独自性がみてとれる。

3．市町村における実施格差の要因と事業効果

以上のように，両事業への取り組み方は町村によって大きな温度差があり，

間伐も県一律に進んでいるわけではない。そこで，両事業に対する取り組み方が異なる6つの市町村を選定し，市町村担当者及び関係の森林組合で聞き取り調査を実施した。詳しくは他稿を参照にして頂きたいが，聞き取り調査から次のような効果と課題が明らかとなった[6]。

搬出助成を行っている「流対事業」は第1に，森林組合の事業量確保に大きな役割を果たしている点が指摘できる。近年，林産事業が急減し，林産作業班の仕事確保に悩む森林組合にとって，「流対事業」によって「息を吹き返した」状況にある。更に，若手林業労働力確保を計画する森林組合もみられた。

第2は，林家収入の増加及び自伐生産の展開を促すという効果をもたらしている。例えば，高森町は阿蘇外輪の原野造林地帯であり，農業用トラクターでの木材搬出が可能な林分が多いという優等地としての条件に加え，林家の農業就業率が高く，夏場の高冷地野菜産地である。こうした林家が冬期に間伐を自家労力で実施している。なお，高森町では独自に，自伐の場合でも林道端からの運搬を森林組合に委託すれば，補助金交付の条件を満たすこととしている。

逆に，「流対事業」への取り組みが低調な泉村では森林組合林産班の高齢化が進んでいて，林産事業を直ちに拡大できない状況である。また，山が急峻で道路網の整備が遅れているため，切り捨て間伐ならば推進可能だが，搬出コストが高く，4,600円を現在の木材価格に嵩上げしても伐採圏に入らず，間伐では森林所有者が収入を得られる森林は少ないという奥地山村故の根本的な問題を抱えている。

一方，「公発事業」取り組みの特徴点は，積極的な自治体では現在のところ再造林放棄問題は深刻化していない点である。鹿北町ではこれまで町独自に間伐を推進し，特に道路網の整備に力を注いできた（林内路網密度は50m／ha）。7齢級以下はほぼ間伐が完了し，資源的にも8齢級以上が増加しているので「公発事業」に取り組んでいる。金額的には十分ではないが，これまで助成されなかった高齢級間伐への助成開始は，所有者への間伐指導を行いやすくなったという。

これに対して，「公発事業」に消極的な町村では，その理由として，10年

の皆伐抑制が補助額の割に林家にとって強いしばりであるため，積極的に取り組めない点が指摘された。また，再造林放棄は不在村林家によるものが多いが，県南の球磨郡の町村では不在村者は補助対象外としようという申し合わせを行っている。厳しい自治体財政の下で，村内居住者優先に財政支出を行いたいというのが理由である。

　更に，両事業ともに取り組みが低調な市町村に共通している点は，財政状況が悪いこと及び市町村の林業担当職員数が少ない点である。経常収支比率が高まり，ほとんど独自の施策を展開できない自治体もあることが明らかとなった。

第4節　地方財政措置による森林・林業施策の意義と限界

　以上のように，地方自治体による間伐促進施策は98年度の国土保全対策が開始されて以降，件数的に増加し，その内容は基盤整備を重視する自治体と間伐材搬出コストの補填をする自治体，対象齢級を引き上げる自治体など様々な独自色を持った政策展開がなされていた。地方財政措置の効果といえる。

　同時に，予算額に示される間伐促進施策の展開は，都道府県段階や市町村段階においても大きな格差があることが明らかとなった。森林の適正管理に対する重要性及び緊急性の認識差，地域経済における林業の位置づけの違いもさることながら，自治体の財政状況によって左右されていた。

　しかも，はじめに述べたように，今日地方交付税特別会計の赤字の拡大の中で，町村合併への誘因のために地方財政措置が利用されるという状況である[7]。「林野庁は森林への財政措置を勝ち取ったというが，交付税総額が減少している中で，財政から独自予算を獲得するのはますます困難化している」と言われている。

　参考までに，熊本県94市町村の97年度から2001年度における普通交付税額の推移を民有林規模と人口規模に集計を行った（表13-2）。熊本県は平坦部にも人口が少ない小規模自治体が存在しており，人口規模と森林面積（即ち小規模自治体＝山村）との関係は明確ではない。しかし，表から次の

点は指摘できる。民有林1万ha以上の自治体でも国土保全対策による財政措置がなされた98年度でも，交付税総額としてみると前年度比で3.5％の増加であり，99年度をピークに2001年度はほぼ97年度水準となっている。また，民有林面積規模と交付税総額との明確な関係は読みとれない。一方，交付税の動向は人口規模別にみると，人口が少ない自治体程，減少幅が大きいことが明確に示されている。1,500人未満の町村では97年度の88.1％である。6,000人未満の町村では97年度を下回っている。その減少は，特に

表13-2 熊本県における1市町村当たり普通交付税歳入額推移 （単位：百万円，％）

		民有林面積規模別			
		1万ha以上	5千～1万ha	2～5千ha	2千ha未満
金額	97年度	2,712	2,280	3,308	1,785
	98年度	2,806	2,326	3,555	1,832
	99年度	2,888	2,357	3,784	1,870
	00年度	2,883	2,374	3,882	1,893
	01年度	2,733	2,232	3,677	1,777
推移	97年度=100				
	98年度	103.5	102.0	107.5	102.6
	99年度	106.5	103.4	114.4	104.8
	00年度	106.3	104.1	117.4	106.0
	01年度	100.8	97.9	111.2	99.6

		2000年国勢調査時の人口規模別						
		1,500人未満	1,500人～	3,000人～	6,000人～	1万人～	3万人～	10万人～	40万人～
金額	97年度	1,046	1,408	1,592	1,763	2,416	3,946	6,060	34,129
	98年度	1,035	1,420	1,606	1,817	2,469	4,101	6,380	40,019
	99年度	1,012	1,414	1,616	1,857	2,559	4,347	6,729	43,526
	00年度	1,008	1,423	1,626	1,874	2,596	4,473	6,910	44,344
	01年度	921	1,318	1,538	1,763	2,476	4,157	6,513	42,144
推移	97年度=100								
	98年度	99.0	100.8	100.9	103.1	102.2	103.9	105.3	117.3
	99年度	96.8	100.4	101.5	105.4	105.9	110.2	111.0	127.5
	00年度	96.4	101.1	102.1	106.3	107.5	113.3	114.0	129.9
	01年度	88.1	93.6	96.6	100.0	102.5	105.4	107.5	123.5

資料：熊本県地方課資料，2000年国勢調査，2000年世界農林業センサスより作成。

2000～2001年度が特に顕著になっており，先に述べた合併誘因としての交付税という側面が露骨になっていることがわかる。山村自治体は軒並みその暴風雨圏内に入っている。

本章をまとめると，地方財政措置とは「補助金から交付税措置へ」という流れで，森林管理や林業振興における地域独自施策の展開を促すという「分権化」の側面と，国の行財政改革全体の中における地方財政「硬直化」の側面を把握することが必要だといえる。その上で更に，森林と林業の役割を日本の社会経済システムの中でどのように位置づけるのか，あるいは循環型社会における課税とその分配の有り様を真正面から議論することが求められよう。炭素税，水源税などの新税も視野に入って来ようが，その前に納税者に責任ある森林・林業の姿を示すことが条件であることは間違いない。

(佐藤宣子)

注及び引用文献

1) 川瀬憲子『市町村合併と自治体の財政―住民自治の視点から―』自治体研究社，2001年，179頁。
2) 佐藤宣子・岡森昭則「『分権化』時代における自治体林政の展開―熊本県の間伐対策事業の分析―」『林業経済研究』46-2，2000年，32頁。
3) 小原隆治「合併が深める市町村のモラルハザード」『世界』No. 705，2002年9月。
4) 同資料は都道府県の事業についてはほぼ網羅されているが，市町村の事業については提出率（県によって，大きなばらつきがある）が低いという制約を有している。
5) 各県別の事業内容については，森信宏・佐藤宣子「森林整備における地方自治体の役割―間伐における地方単独事業の分析―」『九州森林研究』第55号，2002年を参照のこと。また，志賀和人・成田雅美編『現代日本の森林管理問題』全国森林組合連合会，2000年にも各都道府県の独自施策について詳しい分析がなされている。
6) 前掲2) を参照のこと。
7) 地方交付税に関しては，関野満夫「都市・農村と地方交付税」重森曉他『地域と自治体27集，地方交付税の改革課題』自治体研究社，2002年を参考にした。

(付記) 本章は，森信宏・佐藤宣子「森林整備における地方自治体の役割―間伐における地方単独事業の分析―」『九州森林研究』第55号，2002年，1～5頁及び佐藤宣子・岡森昭則「『分権化』時代における自治体林政の展開―熊本県の間伐対策事業の分析―」『林業経済研究』46-2，2000年，31～36頁を加筆・修正したものである。なお，修士課程2年生だった森信宏君は2002年4月に急逝されました。記して哀悼の意を表します。

第14章　山村対策とデカップリング制度の導入[1]

はじめに

　日本の林業は1960年に丸太輸入が自由化されて以来，国際競争にさらされており，林業経営は常に厳しい競争のもとで営まれてきた。1985年のプラザ合意による急激な円高はそれまで以上に林業に打撃を与えた。この影響を具体的な数字でみると1985年に3,300万m³あった国産材生産量が5年後の90年に3,000万m³を割り，98年には2,000万m³を割ってしまった。加えて85年には36％であった木材自給率も87年には30％，97年には20％を下回った。このように85年以降，日本の林業生産活動は一段と弱体化を示していると言えよう。また木材価格も低下し続け，本書で取り上げているように立木代で再造林費がまかなえず，伐採後の植林放棄が危惧されている例も増えている。同時に担い手の面からも林業の先行きには不安がある。戦後から現在にわたる常に厳しい環境の中で木を植え育ててきた世代がリタイアの時期を迎えており，林業の後継者確保が危惧されている。

　こうしたことから林業に対して直接所得補償[2]をはじめとしたデカップリング的施策の導入の声が高まってきた。2001年6月の国会で林業基本法改正案に直接支払制度をも視野に入れた修正が加えられた[3]。そして，2002年度から「森林整備地域活動支援交付金制度」がわが国ではじめての林業に対する直接支払制度として導入された。この制度は直接支払いを林業分野に導入した意義はあるものの本格的な所得補償制度とは言いがたい。

　本章では，デカップリング的な施策や概念がどのような背景や経緯のもとで形成されたかに触れる。そしてすでにこの種の施策について10年以上の経験をもつドイツのバーデン・ヴュルテンベルク州の林地平衡給付金制度を事例に見る。最後に森林整備地域活動支援交付金制度にふれ，わが国における林業に対する直接支払い，直接所得補償制度の今日的な意義について述べ

第1節　林業のデカップリングの意味

1. デカップリングとは

　もともとデカップリングは，生産，消費，貿易を歪曲しない方法による農業支持をあらわす概念である。農業政策において重要な課題は農家を農産物価格の変動から守ることである。しかし，価格を安定させることは同時に農産物の生産と消費にも影響を及ぼし，農産物の貿易や資源分配を歪曲させる。EU諸国での農産物価格支持によってもたらされた過剰問題はその典型である[4]。

　デカップリングの必要性が高まってきた背景には1980年代の世界農産物貿易の状況変化が挙げられる。80年代に入って農産物需要が伸び悩み，輸出減と価格低迷にみまわれ，多くの国で農業と農業関連産業が苦境に立った。そのため，各国は農民支援，価格支持など自国の農業保護を強めた。しかし，このことが農産物を増産させることになり，貿易摩擦に拍車をかけることになった。また自国農業の支援強化は農業支持に費やす支出を増加させ，財政を逼迫させた。例えばEUでは価格支持を行っていたが，それによって農産物生産が増加し，価格支持のための財政支出がさらに増加するという悪循環におちいった。同時に価格支持政策のもとでは増産のために環境への負荷の大きい農法がとられ，環境保護の上でもこのような生産を刺激するような政策は疑問視されるにいたった。こうした背景のもとで1980年代以降，デカップリングという概念にもとづきこれまでの農業政策を見直す必要性が高まったのである。

　デカップリング的な施策として，EUの条件不利地域対策がよく知られている。EU共通農業政策に条件不利地域対策が取り入れられたのはイギリスのEC加盟が契機となっている。イギリスでは従来から直接所得補償をふくむ丘陵地農業対策を実施していた。イギリスのEC加盟にともない条件不利地域対策がECの政策として認知され，1975年のEC指令によって導入が決まった。もちろんフランスやドイツでもそれまでの選別的な規模拡大によ

る構造政策の限界を認識していた。60年代の高度経済成長を通じて山岳地域をはじめとした条件不利な地域で過疎化や他地域との格差拡大が進み，選別的な構造政策ではこうした地域問題を解決できなかったからである[5]。

このような背景のもとでEUにおいて条件不利地域対策が導入された。この導入は第1にEU共通市場での効率性の追求は地域主義という原理との整合性の上で行われるべきことを明確にしたこと，第2に農業は単に食料を生産するだけでなく，生産をつうじて環境や景観保護へ貢献すること，あるいはすべきことという方向性を示す意味があった。そして第3に農業支持の方法として直接所得補償が導入されたことである。この直接所得補償による農業支持は，前述したように80年代以降，農業支持とその生産，消費，貿易への影響とを切り離す，もっとも厳密な方法と判断されている[6]。

2．デカップリング的施策としての直接支払制度

OECD（経済協力開発機構）によると直接支払いの一般的な特徴として，①納税者が直接負担すること，②支払いの金額は原則として固定されていること，③支払いが生産のインセンティブにならないことを挙げている。加えて，一般的に励行される点として，第1に直接支払制度への参加は自由意志によるものであること，第2にこの制度が他の政策目標にマイナスの影響を及ぼさない方法で，また目標が重複しない方法で実施されるべきとされている。そして，こうした直接支払いが適用される助成分野として，OECDは構造調整プログラム，農業の所得安定化計画，災害復旧施策，最低所得保障のための支払い，環境財に対する直接支払いを挙げている[7]。

上記の直接支払いの適用分野のうち，近年とくに重視されているのは環境財に対するものである。これにはEUの共通農業政策において典型的に見られるように，価格支持による農業政策の限界が見え始め，それを乗り越えるために環境保全を考慮した農業政策，すなわち農業環境政策への方向を強めてきたことが背景にある。具体的にいうと環境への配慮が行われていない農業に規制を加えようとするものである。近年，EUの農業環境政策において農業者に環境保全のための基準を課し，その基準が守られている場合に限り，農業保護を行おうという考え方（クロス・コンプライアンス）が導入されて

きている。もっとも，こうした方法は環境保全の基準をどこに持ってくるのか，どのような農業を保護すべきかなど多くの課題を抱えている。現時点でEUは最低限の環境保全基準として「適切な農業活動」を直接支払いの前提にしようとしている[8]。

3．林業と直接支払い

　最近になって，わが国では林業の不振と森林の管理水準の低下による森林の公益的機能低下への危惧から，林業への直接支払制度が議論されるようになった。しかし，林業に対する直接支払制度の実施例は国内外を見わたしてもきわめて少ない。それは次のような理由があると推測される。第1に林業政策と農業政策の展開の違いである。日本においてもEUにおいても，農産物は保護の対象であったが，木材は早い時期から自由化され，保護対象にはなり得なかった。これはEUにおいても日本においても森林所有者の大部分が農家であり，農家の支援によって森林所有者が同時に支援されると見なされてきたためであろう。そのため多くの国々では林業に対して価格支持のような林家への直接的な支援は行われず，森林造成，保育への助成をとおして間接的な支援が行われてきた。

　第2に過剰問題の現れ方の違いである。農産物は保護対象となった結果，価格支持され，生産が促進され，過剰問題が生じた。しかし，木材についてはこうした過剰問題が生じなかった。加えて木材の場合はその供給源である森林には農産物のような定まった収穫期がない。したがって価格に対して木材の方が柔軟な供給が可能で，過剰問題が生じにくい。

　第3に生産と環境保全との関係の違いである。農業においては概して生産増加と環境保全はトレードオフの関係にある。一方，林業は木材生産だけでなく，森林の造成を通じて水土保全や保健・休養の場の提供など公益的機能を提供すると広く理解されている[9]。したがって，農業に比べ林業政策では元々，環境保全と生産促進の間の矛盾が少なく，最近の農業政策のように生産とデカップリングしながら環境保全を目的化する必要性に乏しかった。

　以上のような農業との違いにより林業に対する直接支払いはあまり議論にはならなかった。しかし，直接支払いの林業への適用は今後意味をもつよう

になると考えられる。とくに環境支払いという意味でその重要性は高まると推測される。農業において多面的な機能が認知されつつあり，「適切な農業活動」によってこれが担保されるという理解がなされるようになってきた。こうした事情は林業，とくに育林過程においては農業よりも有利な立場にある。すなわち，林業においては，生産のために薬剤などの化学物質もほとんど使わず環境への負担が小さい上に森林の持つ公益的な機能は古くから認められており，農業に比べるとはるかに国民的な理解を得やすい。同時にこうした機能を維持してきた林業生産活動が打撃を受けている中で，「適切な林業活動」を維持する必要性が高まっている。もっとも，林業においても針葉樹一斉林の行き過ぎた造成や育成林の管理放棄，無秩序な伐採など問題がないわけではない。林業保護（直接支払い）の前提となる森林管理水準をどこにもってくるかが課題となる。

　以下では，バーデン・ヴュルテンベルク州（以下，BW州）の事例からこうした点を含めて見てみることにする。

第2節　ドイツのBW州の林地平衡給付金制度の背景と意義

1．1991年度林地平衡給付金制度の概要

　林地平衡給付金制度の目的は自然的条件によって林業収益が少なく，経営が困難な地域の林業経営への貢献と自然環境と農村景観を維持・保護するために不可欠な農林業経営の維持に寄与することである。助成対象となるのは，州内に200 ha以下の森林を持つ個人の農林業経営者で，州政府に指定された条件不利地域内に森林があることが条件である。また，農林複合経営林家の場合は，条件不利地域内に森林を少なくとも3 haもつこと，林業専業林家（農用地3 ha未満）の場合は，同地域内に森林が少なくとも5 haあることが条件となる。休耕プログラム，農地平衡給付金，初回造林補償金制度による助成を受けている土地においてこの助成を重複して受けることはできない。また，森林管理については「森林は秩序正しく経営」されていなくてはならないとされている。助成金は基本金，手当A，手当Bの3つからなる。基本金の1 ha当たり年額はシュバルツバルト地域で90マルクまで，オーデ

ンバルト地域で75マルクまで，その他地域が50マルクまでである。手当Aは統一課税評価額200マルク/ha未満の森林が対象で，1ha当たり年額は30マルクまでである。手当Bは土地保全のための森林が対象で，同じく30マルクまでである。これら基本金，手当A，Bは重複可能である。また，給付金は最大100ha分に対して助成され，これが給付金の上限となっている。

この制度は1997年に変更を受けた。変更は受給資格，給付金額，給付金の上限についてであった。この変更の最も大きな理由は，州の財政難であった。

2．2000年度改正林地平衡給付金制度

2000年には，林地平衡給付金制度は大幅に変更された。変更の動機はこの制度をEU基準に適合させることとそれによるEUからの財政支援獲得にあった。主な変更点は，第1に市町村界によって括られたシュバルツバルト，オーデンバルトなどの条件不利地域の区分の廃止である。第2にEU規則1257/1999の32条に抵触する収益に左右される手当Aの廃止，第3に借地規定の廃止，である。これら変更の結果，林地平衡給付金は土地保全林ではない森林を対象とする補償金A（41ユーロ/80マルク）と土地保全林を対象とする補償金B（72ユーロ/140マルク）の2種類となった。補償金BはEUから50％の財政援助を受けられることとなった。2000年の林地平衡給付金は15万ha（うち，5万haは土地保全林）の私有林に対して1,230万マルク（補償金Aが約900万マルク，補償金Bが約300万マルク）が支払われた模様である。

変更点として第4に森林管理について，立地に適した方法と自然に近い林業という基本に加え，土地保全林での皆伐放棄，自然な更新方法の優先，択伐林経営の優先など具体的な義務が明記された。同時に森林維持管理状況に対する行政機関のチェックとそれが達成されていない場合の罰則が準則に明文化された。これらは平衡給付金がバラ撒きではなく，給付金受給林家の義務の明確化とそれに対するチェックの強化を示している。このように2000年から林地平衡給付金制度の仕組みと内容は大きく変わった。しかし，この

制度の目的が変わったわけではなく，本質的にはこれまでと同様に同州の農林業経営の存続維持にあることは変わらない。

3．林地平衡給付金制度の背景と意義

この制度が導入された背景として次の点が挙げられる。第1に1980年代以降の林業経営の収益状況の悪化である。これに加え80年代初頭から問題となっている大気汚染による新種の森林被害（酸性雨被害）の恒常化，生態系を考慮した自然に近い林業の要求により林業経営の負担は増している。第2にBW州の農林業の経営構造が背景として挙げられる。同州の農林業経営は他の州とくに北部州に比べて小規模であることと山間部の農林家は比較的小さな農地しか所有していないかわりに山林を比較的多く所有している。そのため，既存の農地平衡給付金制度による恩恵が小さく，林地に対する同様の施策の必要性が高かったことが挙げられる。

さて，林地平衡給付金制度は導入後10年間の実績からこの制度がいかなる意味を持っていたかをみよう。まずBW州の林業助成の強化である。同州の林業助成支出は1980年代は約200～600万マルクの範囲にあったが，91年の支出は林地平衡給付金だけで約1,500万マルクに達している。林地平衡給付金の受給条件が厳しくなった97年においても約940万マルクであった。他方，個別経営からみた場合，とりわけ1991～93年にかけて90年の大風害の影響で木材収入が減少した期間において林地平衡給付金は農林家の収入を補充する意義が大きかったと言える。しかし，何よりも重要な意義はこの制度が自然環境と農村景観を維持・保護するためには農林業経営の存在が不可欠で，農林経営の存続維持をその目的としていることで，2000年からの新たな制度にもこの理念は引き継がれたことである。しかも新たな制度によってEUの林業助成基準をもクリアーし，より普遍的な制度となったことも意義として挙げられる。

第3節　日本における林地への直接支払制度導入の意義と課題

わが国における林地への直接支払い，直接所得補償の意義について整理し

(百万 DM)

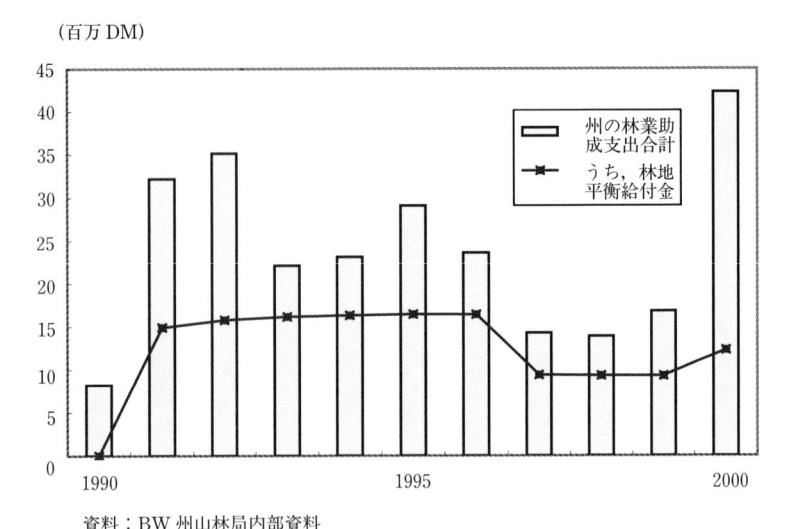

図14-1 BW州の林業助成支出に占める林地平衡給付金の割合
資料：BW州山林局内部資料

てみよう。第1にこれまでの森林，林業政策は林業振興と森林保全とを直接的目的としており，山村社会の維持はその成果として達成されるものとされてきた。直接支払い，直接所得補償は林業振興，森林の保全の前提である山村社会そのものの支持を目的とする。その意味では林業政策において新たな理念を示す意義を持つ。第2にわが国の山村地域においては，農地はほとんどなく森林が大部分を占める。したがって，農地に対する直接支払い，所得補償よりも森林に対する直接支払い，所得補償の方がわが国においては意味があるといえる。第3に山村地域の重要産業である林業はその持続的な展開の上できびしい状況にある。ある程度森林資源が充実し，木材流通・加工などの施策の展開が期待される地域はともかく，こうした展開可能性の余地がない絶対的な条件不利な地域において，直接支払い，直接所得補償のような新しい試みは意味があるといえよう。第4に山村への資金が流れるチャンネルとしての意義である。行財政改革の中で公共事業費が削減される傾向にある現状においては，こうした資金の流れは山村社会にとって必要となるであろう。

さて，2002年度から林業への直接支払制度として「森林整備地域活動支

援交付金制度」がはじまった（事業実施期間2002～2006年度の5ヵ年間）。この制度の目的は「森林の有する多面的機能の持続的な発揮の確保を図る観点から、森林施業の実施に不可欠な森林現況調査等の地域活動を確保すること」[10]である。この交付金によって「地域活動が適切に実施され、適時適切な森林施業が行われることにより森林整備が促進されること」[11]を期待している。

　交付金の対象となる森林は、森林法第11条第4項の規定に基づき認定された森林施業計画の対象森林（30 ha以上の団地的まとまりを有する森林）である。交付対象者は、対象となる森林の森林施業計画の作成主体で、市町村長と後述する協定を締結した者で、森林所有者、森林組合、素材生産業者などである。

　交付対象者が交付金の交付を受けるためには、あらかじめ市町村長と協定を締結しなければならない。協定の内容は、交付の前提となる対象行為、交付金の交付方法、協定を廃止した場合の措置などについてである。ここでいう対象行為とは、施業の実施に必要となる地域活動で、具体的には、施業の実施区域、作業方法を決定するために必要な森林の現況調査、施業実施区域を明確にするための境界確認、刈り払い、杭やペンキによる標示、区域の位置、形状、面積を把握するための簡易測量、施業箇所にいたるまでの作業道や歩道の刈り払い、補修、その他これらに係わる取りまとめ、連絡などの作業が含まれる。

　なお、交付金額は、1 ha当たり1万円であり、この事業の2002年度の総事業費の予算額は232.8億円（国、地方自治体計）である。

　森林整備地域活動支援交付金制度は、先述したように直接支払制度を持ち込んだという点で日本の林政上、大きな意味があったといえる。しかし、本格的な直接所得補償制度までにはいたっていない。

　以下では、この交付金制度をBW州の例と比較しながらいくつかの観点から見ることにする。第1の観点として交付金の対象となる森林である。BW州の林地平衡給付金は、個人所有する森林が対象であるのに対して、わが国の交付金制度では30 ha以上の団地的なまとまりとなった森林である。この場合、単独の所有者も考えられるが、多くの場合、複数の森林所有者に

よる集団である。これは2000年度から始まった傾斜農地などを対象とした中山間地域等直接所得支払制度において集落協定を結んだ集落営農のようなグループが主体となっているのと同様の考え方といえよう。こうした形は所得補償というよりも集団による土地管理への報酬というニュアンスが強いように感じられる。また，団地の場合，個々の所有者の森林面積は零細なため，個々の所有者に支払われた場合，交付金額は所得補償といえるほど多くはない。

第2の観点として誰に支払うべきかという問題である。ＢＷ州の林家は自営林業をほぼ自家労働力でまかなっており，森林所有者と森林の経営，管理作業の担い手は同じとみなされる。そのため林家に対して直接所得補償する方法にはあまり問題がない。他方，わが国の交付金の場合は，交付金を受け取るのは市町村長と協定を締結した者，すなわち施業の前提となる作業を実際に行う者である。林家の高齢化や後継者の他出などにより林家の作業委託が増えると考えられており，実際に作業を行う者に交付金が払われる仕組みという点では公正であるといえる。しかし，森林という財産に対する権利と義務を負っているのは所有者である。この交付金制度には誰に森林管理を任せるかをも含めて所有者に自らの森林経営の責任を自覚させるような方向性に乏しい。こうした点ではこの交付金制度は，森林所有者の権利と義務に切り込むことをうまく避けている印象を受ける。

第3の観点として，何に対する報酬かという点である。ＢＷ州の例では農林業経営が自然環境と農村景観の維持・保護に貢献しているとし，立地に適した方法による林業と自然に近い林業が行われていることに対して補償金が支払われている。これに対してわが国の交付金の場合には，森林施業の前提となる管理作業に対する報酬であって，森林の多面的な機能の維持，確保のための施業が行われていることに対する報酬ではない。

以上の点から，わが国における森林整備地域活動支援交付金制度は，直接所得補償制度といえるほど踏み込んだ制度ではない。むしろ，直接支払制度を林政に導入した点に意義がある。

今後，直接所得補償制度に踏み込むには，森林施業のあり方が十分考慮される必要があるであろう。すなわち，現状において林家による森林管理状況

は十分であるとはいえない。仮に林家を直接所得補償するとしたら林家による森林整備水準が改善され，多面的機能への貢献を明確にする必要がある。さもなければ，この制度は単なる「ばらまき」あるいは社会的扶養とも受け取られかねない。また，森林へのアクセス権なども議論が必要となるであろう。さらに，既存の補助金制度との関係も重要な論点である。すでに森林に対しては公益的機能の維持を理由に様々な助成が行われてきた。こうした既存の助成と直接所得補償との整合性をいかにつけるかも課題となるであろう。

おわりに

　戦後林政において，中小林家をどのように位置づけるかが重要な論点であった。そのきっかけは1960年の農林漁業基本問題調査会答申「林業の基本問題と基本対策」において「家族経営的林業」が評価されたことによる。中小林家の位置づけには2つの観点があった。一つは林業生産力発展の担い手としてであり，もう一つが中小規模林業経営の振興による農山村地域における農林家の生活安定という観点である。戦後林政の流れでは前者の観点が主流であり，中小林家の植林活動が停滞するのと軌を一にして，林政の中での中小林家の位置づけが後退した。

　林業への直接支払いもしくは直接所得補償制度は，上記の流れの中で言い換えれば中小林家に関する後者の観点に注目したといえよう。その意味で戦後林政の長年の懸案に応えた制度と位置づけられる。

（堀　靖人）

注

1）本稿は，拙稿「林業における中山間地域対策の現状と課題」『林業経済研究』47(1)，2001年，19～26頁の直接所得補償の記述部分をもとに加筆して，拙稿「林業とデカップリング」『山林』No.1408，2001年，2～9頁にて公表した原稿にさらに新しい情報を加筆したものである。

2）本文中で所得補償の側面が強い制度の場合に「直接所得補償」という表現を使い，それ以外は「直接支払い」という表現を用いた。

3）2001年6月13日の衆議院農林水産委員会で林業基本法改正案の一部修正の上可決された。修正では森林への直接支払制度をより明確に位置づけるため，第12条にある森林整備を推進する規程の中で，国が支援対象とする活動を「森林の現況の調査

等」に加え,「その他の地域における活動」を明記した(日本農業新聞, 2001 年 6 月 14 日付)。
4) 矢口芳生「『デカップリング』の概念と農政上の位置付け」『農業と経済』58 (12), 1992 年, 5～15 頁, および, W.M.マイナー & D.E.ハザウェイ編, 逸見謙三監訳『世界農業貿易とデカップリング』日本経済新聞社, 1988 年。
5) 是永東彦・津谷好人・福士正博『EC の農政改革に学ぶ』農山漁村文化協会, 1994 年。
6) 注5に同じ。
7) 合田素行「農政の転換と農業環境政策」合田素行編著『中山間地域等への直接支払いと環境保全』家の光協会, 2001 年, 19～29 頁。原典は OECD「Agricultural policy reform : New approaches The role of direct income payments」OECD, 1994, pp. 16-17.
8) 市田知子「ドイツにおける農業環境政策の展開」合田素行編著『中山間地域等への直接支払いと環境保全』家の光協会, 2001 年, 61～112 頁。
9) ただし, 森林の利用をめぐってまったく競合がないわけではない。森林が土壌保全をある程度達成した場合, 生産的利用, 保護的利用, レクリエーション利用との間では競合がみられる。古井戸氏は, これらの森林利用をめぐる競合に関する議論をゾーニングの観点から整理している(古井戸宏通「ゾーニングをめぐる諸問題―林地利用に対する公的関与―」『林業経済』633, 2001 年, 15～29 頁参照)。
10) ㈳全国林業普及協会「森林整備地域活動支援交付金制度のあらまし」㈳日本林業協会, 2002 年。
11) 注10に同じ。

第15章　森林バイオマス利用
―― 炭素固定とエネルギーとしての商品化 ――

はじめに

いうまでもなく林業とは森林から木材を生産することを目的とする生業である。現在の多くの発展途上国，あるいは日本を含む燃料革命前のかつての先進諸国では，燃料材としての木材利用が圧倒的に多かった。しかし，現在のわが国でいう木材とは，製材用丸太と製紙用チップであるといってよい。それらを生産することが本来の林業なのである。

大変な不況にあえぐ国内林業であるが，それは丸太やチップの生産においての話であり，全く違う方面からは大きな役割が期待されるようになっている。主要な温室効果ガスである二酸化炭素の吸収源としての森林，あるいはカーボンニュートラルなエネルギー源である木質バイオマス燃料生産のための森林・林業に対する期待である。森林はただ単に二酸化炭素を吸収・固定し成長する存在であるということだけでも評価される，そんな時代になろうとしている。森林バイオマスという形で，炭素固定とエネルギー生産という側面からの森林の役割を評価することがこの章のねらいである。

第1節　京都議定書批准の意味

1．議定書の合意内容

地球温暖化防止のため，1994年に大気中の温室効果ガスの濃度を安定させる気候変動枠組み条約が発効した。締約国が1997年12月に京都で開いた第三回締約国会議（COP3）において，温暖化防止の国際ルールとして京都議定書が採択された。京都議定書は二酸化炭素などの温室効果ガスの排出削減を先進国に対して義務づけるものであり，2010年時点（2008～2012年）において1990年と比べて日本が6％，米国が7％，欧州連合（EU）が平均

8％の排出量削減を行うというものである。日本では，2002年6月に議定書の批准に関する国会の承認を得て，国際連合への寄託が行われた。2002年7月に環境省が発表した2000年度（平成12年度）の温室効果ガス排出量は，13億3,200万トンであり，基準年の総排出量に比べて8.0％も増加していることが明らかとなった。総量では最も多いものの，産業部門の排出量は1990年レベルとほとんど変わらなかったのに対して，民生部門，運輸部門の排出量は，それぞれ約20％の増加となっている。

ここで大切なことは，日本政府は日本で取り決められた京都議定書に対する公約を達成するために最大限の努力をしなければならないということである。目標達成のため2002年3月，日本政府は地球温暖化対策推進大綱を定めた。基準年排出量の3.9％分の枠が森林の吸収分として確保されており，温室効果ガス吸収源対策として森林・林業対策の推進は当然であると考えられている。2001年7月の森林・林業基本法の改正を受け，2001年11月5日に森林・林業基本計画が閣議決定された。基本計画の中には京都議定書に基づく温室効果ガス排出削減において，森林の整備による吸収源対策を推進することが明記されている。では具体的にどのような森林の整備が，どの程度行われなければならないのか検討しよう。

2. 温室効果ガスの排出量インベントリー

ところで地球温暖化問題への取り組みのためには，まず，できるだけ正確に温室効果ガスの排出量を評価する必要がある。ここで，温室効果ガス排出量の算出方法について簡単に説明してみよう。

各国の温室効果ガス排出量については，気候変動枠組み条約に基づき，日本も毎年の排出・吸収目録（インベントリー）を作成し，1996年以降条約事務局へ報告している。インベントリーの内容は温室効果ガス（二酸化炭素，メタン，一酸化二窒素，HFC，PFC，SF_6）およびその前駆物質の区分ごとに排出量・吸収量を取りまとめたものである[1]。ただし，バイオマス起源の二酸化炭素排出量は排出量の合計に含めないこととされている。二酸化炭素の排出量の算出は，次の方法によって行われている。なお，排出係数を表15-1に示している。

第15章 森林バイオマス利用

表15-1 二酸化炭素排出係数 （単位：Gg-C/10^{10} kcal）

化石燃料	排出係数	化石燃料	排出係数
石　炭		石油製品	
原料炭	0.9900	軽油	0.7839
一般炭（国内）	1.0422	A重油	0.7911
一般炭（輸入）	1.0344	B重油	0.8047
無煙炭	1.0344	C重油	0.8180
（平均）	1.0062	円滑油	0.8047
コークス	1.2300	その他製品	0.8693
原　油	0.7811	製油所ガス	0.5924
石油製品		オイルコークス	1.0612
ガソリン	0.7658	LPG	0.6833
ナフサ	0.7605	（平均）	0.7611
ジェット燃料	0.7665	天然ガス	0.5639
灯油	0.7748	LNG	0.5639

出所：「気候変動に関する国際連合枠組み条約に基づく日本国報告書」1994年

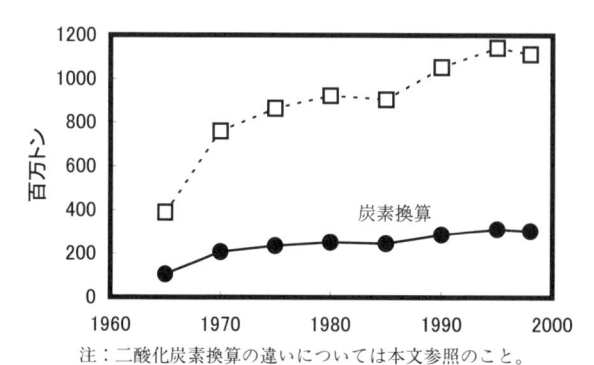

注：二酸化炭素換算の違いについては本文参照のこと。

図15-1　日本の二酸化炭素排出量推計値の推移

　　CO_2 排出量＝エネルギー消費量（熱量表示）×CO_2排出係数
　　　　　　　　＝エネルギー消費量（固有単位）×熱量換算係数×CO_2排出係数

ここで，日本における二酸化炭素排出量の推移を図15-1に示す[2]。1998年時点の排出量は，二酸化炭素換算で11億1,360万トンとなっており，1965年比で2.86倍の排出量となっている。ちなみに，二酸化炭素換算は炭素換算の，12分の44倍（約3.5倍）となっている。国際的な統計において

も炭素換算，二酸化炭素換算の両方が使われており，国際連合では二酸化炭素換算が，国際エネルギー機関（IAE）では炭素換算が使われる。炭素税の議論では炭素換算が，また排出権取引では二酸化炭素換算トンが使われている点[3]には注意が必要である。

3．議定書における吸収源に関する条項

2000年に出されたIPCC（気候変動に関する政府間パネル）の第3次評価報告書では，森林に農耕地等の生態系も含めた陸上生態系で，今後2050年までに1,000億トンもの炭素吸収が可能であるとしている。その中で森林を気候変動緩和に用いる方法として次の3つに大別している[4]。

① 保全：現存する森林を維持することにより，森林からの炭素放出を防ぐ。
② 吸収：森林の拡大，成長の促進により吸収量を増加させる。
③ 代替：化石燃料の代わりに用いるか，あるいは化石燃料消費型の資材を木材で代替することにより，化石燃料からの二酸化炭素放出を減少させる。

以上のように，森林には巨大な炭素の貯蔵庫としての役割に加え，積極的に大気中の炭素を吸収・固定することも期待されている。

COP7での合意事項にも，森林の成長による二酸化炭素の固定を排出量の削減分とみなすという考え方が含まれている。具体的な炭素吸収源に関する条項には次のように定義されている[5]。

3条3項にはまず森林の新規植林，再植林，森林減少に関する定義がある。

新規植林とは，少なくとも過去50年間森林がなかった土地に直接人為的に森林に転換（植林）することであり，再植林とは過去には森林であったが，1989年末の時点では森林でなかった土地に，直接人為的に森林に再転換（植林）することとなっている。また，森林減少とは森林である土地を，直接人為的に森林以外の土地利用に転換することとされている。1990年以降に行われた新規植林と再植林による吸収量から，同期間内の森林減少分による排出量を差し引いたものが，第1約束期間（2008〜2012年）の吸収量として算定できる。3条3項で吸収源と定義されている新規植林と再植林はわ

が国においてはまれなケースであり，実はほとんど存在しない。

　京都議定書では3条3項以外の吸収源活動を追加的人為活動として3条4項に定義して認めている。3条3項にある3つの活動以外の人為的活動（森林経営，農地管理，放牧地管理，植生回復）で，1990年以降に実施された分についてその吸収量を計上できるとされている。このうち森林経営とは，持続可能な方法で森林の多様な機能を十分に発揮するための一連の作業と定義されている。具体的には，植栽，下刈り，除・間伐といった森林整備を行うことが森林経営に該当している。

4．森林経営による吸収量の評価

　先進国の中でも有数の森林大国であるわが国の場合，基準年排出量の3.9％，炭素換算量で1,300万トンが森林による吸収分として認められている。わが国における吸収源の大部分は植林によってではなく，森林経営で確保することとなる。

　そこで，議定書の3条4項に規定されている森林経営の中身について見てみよう。皆伐後再植林する育成単層林における，植栽，下刈り，除・間伐といった森林整備や保育作業が森林経営に該当する。育成複層林においては，抜き伐り，地表かきおこし，樹下植栽，下刈り，除・間伐などの整備が該当する。また，天然生林においては，保安林や自然公園といった法的規制を通じた保全管理（林地転用の規制），あるいは災害の復旧・予防の措置を講じていることが森林経営に該当するとなっている[6]。

　具体的な森林経営による森林吸収量算定の手順は次のようになる。まず，①森林経営を行っている対象森林の特定とその面積の確定を行い，次に，②成長量と伐採量の算定を行う。③成長量と伐採量を炭素重量へ換算する。炭素重量への変換は次の関係から求められる。

$$\text{炭素吸収量（放出量）} = \text{幹材積成長量（伐採量）} \times \text{枝根係数} \times \text{容積密度} \times \text{炭素含有率}$$

　ここで，枝根係数は1.7～1.9，容積密度は0.4～0.6，炭素含有率は0.5とされている。右辺の積を炭素換算係数と呼んでおり，枝根係数と容積密度の中央値を使って計算した場合0.45となる。すなわち材積成長量を0.45倍

すれば炭素吸収量となる。炭素換算係数は0.34～0.57程度の範囲であるとされている。

森林吸収分として認められた1,300万炭素トンの実現のために，平成13年に決定された森林・林業基本計画で示された森林整備がすべて行われることを前提としている。すなわち，全国のすべての育成林（1,160万ha）において，下刈り・間伐等の施業が行われること，さらに育成複層林化が計画的に進められること，とされている。天然生林（590万ha）においても，保全措置あるいは災害の復旧・予防措置が確実に講じられることとされている。

樹種・林齢ごとの成長量を加重平均して求めた炭素吸収量への換算係数は，育成林で1.77 Ct/ha，天然生林で0.90 Ct/haとされている[7]。これらの炭素吸収量への換算の結果，育成林で2,050万トン，天然生林で530万トン，合計で2,580万トンの炭素吸収量と見積もられている。同期間の木材供給予測量を炭素換算すると1,270万トンであるから，差し引き1,310万トンを吸収量として計上できるということになっている[8]。

しかし，以上の算定はあくまでも森林・林業基本計画の計画通りに森林整備が進められるということが前提であり，1998～2000年の森林整備の実績ベースで算定すると，最終的な森林による吸収量は970万トンとなり，排出量の2.9％分しか削減効果がないことになる。

5．排出権取引と海外植林について

京都議定書では，国内の対策だけではなく，他の国で削減したものを自国で削減したものとカウントできたり，他の国から排出削減量を買ったりする制度を使って，議定書の削減目標を達成することが認められている。これが共同実施（JI：Joint Implementation），クリーン開発メカニズム（CDM：Clean Development Mechanism），あるいは排出量取引（ET：Emission Trading）という制度で，「京都メカニズム」とよばれている。この制度により，各国は自国で温暖化対策を行うより安い費用で排出を削減できる場所で対策を行ったり，安い排出枠を購入したりすることで，より経済的に削減目標を達成することができると考えられている[9,10]。

仮に温室効果ガスの取引相場を，1トン当たり20ユーロ（1ユーロ110

円として2,200円）から33ユーロ（同3,630円）として，これを木材の場合にあてはめて換算してみる。二酸化炭素を1トン排出した場合25ユーロ（2,750円）とすると，炭素換算で1トン排出が約10,000円となる。木材重量の半分が炭素と考えられるので，木材（乾燥）2トンが10,000円に相当する。スギの容積密度は0.35トン/m^3であるから，木材2トンに相当する5.7m^3が10,000円となり，木材1m^3当たり1,750円と算出される。すなわち，スギ林で1m^3成長することが1,750円の排出権に相当しているといえる。広葉樹は一般に容積密度が高いため，仮に0.50トン/m^3であるとすると，1m^3が2,500円に相当することになる[11]。

　この考え方を利用して，企業の省エネ対策で排出量削減の達成が困難な場合，植林事業でCO_2削減分を排出権市場に販売，それによって得た排出の権利を自社が削減できなかった分に補塡するという企業が現れている。わが国では製紙会社が約30年前から，原料調達を目的として海外での植林を展開してきた。近年では，製紙会社を中心としているものの，商社，電力会社，ガス会社，自動車会社，銀行などの企業連合による大規模な海外植林が行われている。いずれも数千haから数万haの規模であり，CDMとして日本における排出権に組み込まれるようになれば，大きな国益となる[12]。

　以上のようなCDM等における排出権の取引の際には，排出削減量あるいは森林などによる吸収量の科学的な評価と，その国際的な認定を得る必要がある。近年，森林による二酸化炭素の吸収量を査定・認定するビジネスが展開されはじめているのは注目に値する。

第2節　木質バイオマスエネルギー利用への期待

　前節までは樹木の成長が二酸化炭素を吸収し，樹木中に固定するということ自体が森林の大切な役割であることを述べた。ここでは木材を燃焼させエネルギーを得ること，つまりバイオマスエネルギー源としての木質燃料への期待について触れてみたい。木質燃料は燃焼時に二酸化炭素を排出するものの，森林を更新するたびに排出量と等量の二酸化炭素を吸収することから，カーボンニュートラルな燃料であるといわれている。木質燃料からのエネル

ギー供給割合が増加するほど,相対的に化石燃料の使用量が減少することが期待され,結果として温室効果ガスの排出量削減につながるはずである。

バイオマスエネルギーという視点から森林に,樹木に木材価格以外の木質燃料の価格という新しい値札をつけることができるのか。特に,拡大造林政策の途中経過としての間伐対象林齢からのスギ間伐材を木質燃料の対象として扱うことは可能か検討してみる。その前に,バイオマスエネルギーの先進国であるスウェーデンを調べることにしよう。

1. バイオマスエネルギー先進国スウェーデン

スウェーデンの国土面積は日本の1.2倍の4,100万ha,人口は約860万人で,九州全体から福岡県と沖縄県を除いた人口とほぼ同じ程度である。スウェーデンのエネルギー供給上の注目点は,再生可能エネルギー源,特にバイオマスエネルギー源が大きな割合を占めていることであろう[13]。総エネルギー供給量の約15％をバイオマス燃料が占めており,水力,風力を含めた再生産可能なエネルギー源では27％を占めている。バイオマス燃料による発電は2000年時点で0.8％未満であり,大半は地域熱供給のために利用されている。

バイオマス燃料は1990年代に入って,特に地域熱供給部門において利用量が増大している。その大部分は森林由来の木質バイオマス燃料である。このような大幅な増加の理由として,1991年から導入された環境税（炭素税と硫黄課徴金）が挙げられる。バイオマス燃料にはそれらの環境税が課税されないのである。課税後燃料価格は図15-2に示すように,石炭と木質燃料との価格が逆転している。石油・石炭といった化石燃料に課税するという政策的誘導の結果,スウェーデン国内でのバイオマス燃料の消費が増加したのは間違いない。

ところで,スウェーデンの森林率は55％と高く,ヨーロッパアカマツ,トウヒ,カンバが主要な樹種となっている。森林面積は日本よりも若干小さいものの,年間の伐採量は2000年時点の素材換算で6,180万m³となっており,林業が大変盛んであることがわかる。以上の森林資源とそれを利用した林業からの廃材がバイオマス燃料として利用されている。廃材以外の木質燃

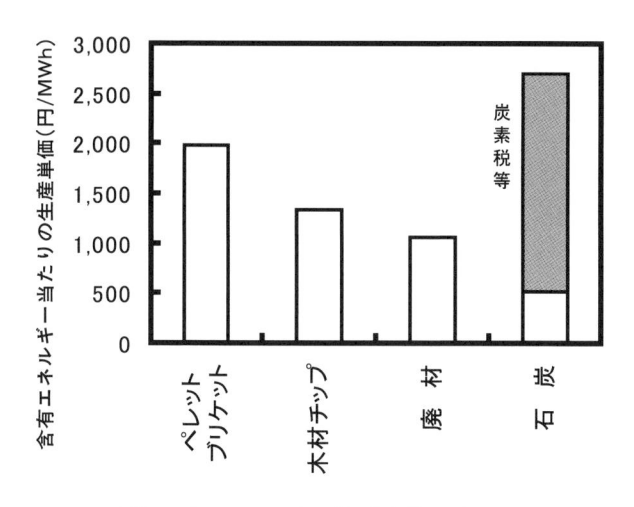

出所：スウェーデンエネルギー庁資料1999年
注：石炭での濃色部分は炭素税等の課税額を示す。
図 15-2 木質燃料と石炭との価格比較（スウェーデン）

料は森林伐採時に発生する末木枝条を粉砕したもの（GROT）と早生樹種であるヤナギ（Salix）である。スウェーデンの林業は高度に機械化されており，労働生産性が非常に高い。ハーベスターによる伐採・収穫は大量の末木枝条を林地へ残すこととなる。Bohlinら[14]は木質燃料生産に対する森林所有者の考えを調査した。森林所有者が木質燃料として林地残材を提供している理由として，燃料代として新たな収入源を求めているのではなく，更新時に障害となる林地残材の除去が目的であることを挙げている。また，林地残材の除去が林地の養分収奪を早めると考えている森林所有者は，林地残材の燃料としての供給に消極的である，と指摘している。今後，木質燃料供給を増加させるためには，燃料生産者が直接森林所有者と契約することや，焼却灰の林地散布により林地養分保全が可能であることなどを積極的にアピールしていくことが必要であるとしている。

　ヤナギのエネルギープランテーションは一種の減反作物として，約14,000 haで栽培されている。植栽後（挿し木）4年サイクルで収穫が可能

であり,乾重で約10トン/haが収穫される[15]。植栽,施肥,収穫に至るまではほぼ機械化されているため低コスト生産ではあるが,末木枝条燃料(GROT)に比べて1割程度価格が高い。

スウェーデンにおける木質バイオマスエネルギー普及の理由についてまとめると,①炭素税の導入による木質燃料の競争力強化,②発電というよりは地域熱供給へ利用していること,③バックグラウンドとしての豊富な森林資源と盛んな林業生産活動の3点を挙げることができよう。

2. エネルギー資源としてのスギ間伐材について

(1) 放置間伐材と炭素税

最後に,日本におけるバイオマスエネルギー利用の実現可能性について,スギ間伐材を具体例として取り上げて検討する。

統計的な数値は明らかではないが,間伐材が林内に放置される,いわゆる切り捨て間伐が相当量存在するものと推察される。これらの放置間伐材を木質バイオマス燃料として利用することは可能であろうし,林業・地域産業振興のためにもおそらく良いことであろう。一方,京都議定書批准の道筋が付けられ,ヨーロッパ諸国で導入されている炭素税がわが国においても現実味を帯びてきた。石炭などの化石燃料に炭素税が課せられた場合,非課税対象であるバイオマス燃料は価格面において競争力を持つようになる。

そこで小型林内作業車を利用した間伐材の搬出システムを想定し,スギ間伐材をバイオマス燃料として伐出を可能とする林分条件を提示してみる。

(2) 間伐材バイオマス燃料生産モデル

ここで想定している燃料生産モデルは次の通りである。①鹿児島県の間伐指針に準じて,33年生のスギ人工林の間伐林分を対象とする。②チェンソーによる伐倒・造材を行い,小型林内作業車により搬出する。③素材を土場において移動式木材粉砕機でチッピング後,エネルギープラントへトラック輸送する。なお,生産対象森林はエネルギープラントを中心とした半径30〜40 km圏内である。

(3) 燃料単価の算出および比較方法

複数の燃料の経済性比較は,燃料の含有するエネルギー量当たりの価格で

行われる必要があり，今回は MWh 当たりの燃料（生産・取引）価格を用いることにした。なお，石炭の燃焼プラントは木質燃料用に比較的簡単に転用可能であるため，木質燃料との比較対象は石炭とした。エネルギー効率の問題はあるが，エネルギー当たりのプラント到着時の価格で比較が可能である。

石炭は大部分が輸入品であるため，貿易統計から一般輸入炭の価格を利用した。また，炭素税導入シナリオ[16]で想定されている，炭素排出1トン当たりの税額を35,000円までと仮定した。したがって，炭素税を考慮した石炭の価格（P_c：円/MWh）は(1)式で求められる。

$$P_c = \frac{T}{10.6473} + P_{cinp} \tag{1}$$

ここで，P_{cinp}（円/MWh）は石炭輸入価格，T（円/t・C）は炭素排出1トン当たりの税額である。

間伐材の燃料としての生産単価は，伐出経費（C_{for}：円/m³）とチッピングと輸送の経費（C_{ct}：円/MWh）で構成される。伐出経費は集材路開設，伐採，集材の経費で構成される。これらの算出にはプロメテウス MF[17]を用いた。チッピングと輸送の経費は，林業廃材である末木枝条を対象とした算出方法[18]と同様の方法で求めた。なお，間伐材伐出のための経費（C_{for}）は理解を容易にするため，最終的には生産材積当たりの単価に換算している。

木質燃料と石炭との生産価格の比較は(2)式によって行った。(2)式における左辺が右辺よりも小さくなる C_{for} を求めればよい。

$$C_{for} \times V_{MWh} = P_c - C_{ct} \tag{2}$$

ここで，V_{MWh}（m³/MWh）はある含水率に応じて1MWh のエネルギーを含有するために必要なスギの材積を表しており，(3)式で表される。ここで，MC はスギの含水率(%)である。

$$V_{MWh} = 0.0078 \times MC + 0.5675 \tag{3}$$

(4) **燃料単価の比較結果**

木質燃料と石炭の含有エネルギー当たりの燃料単価を図15-3に示す。

石炭の輸入価格 P_{cinp} は540円/MWh であった。ここで，炭素排出1トン当たりの炭素税額を35,000円とした場合，エネルギー当たりでは3,287円/MWh となり，石炭の価格（P_c）は3,827円/MWh へと上昇する。一方，

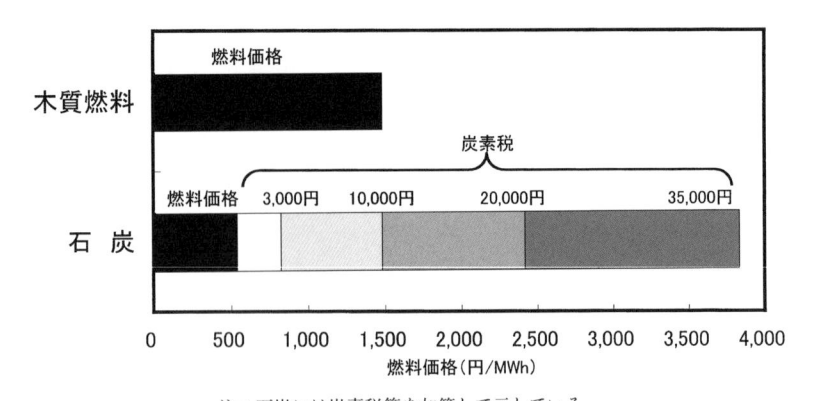

注：石炭には炭素税等を加算して示している。
図15-3　エネルギー量当たりの燃料価格の比較

木質燃料のチッピングと輸送の経費（C_{ct}）は1,479円/MWhであった。したがって、石炭と木質燃料との燃料価格の差額（$P_c - C_{ct}$）は2,348円/MWhとなった。この差額をV_{MWh}で除することにより、伐出経費（C_{for}）を求めると、2,956円/m³となった。このC_{for}の値が間伐による木質燃料生産費の上限値となる。

(5) 間伐による燃料生産可能林分の条件

　$C_{for} \leq 2,956$円となる間伐対象林分の条件を、プロメテウスMFにより求めた。伐出経費の算出には間伐材積、木寄せ距離、林地傾斜、搬出距離、搬出傾斜などが関係する。今回は土場までの搬出距離と林地傾斜のみで条件を検討した。なお、集材路開設、間伐に係わる補助金を含めた形で算出した。

　その結果、林地傾斜25度未満で搬出距離100 m以内の林地、および林地傾斜15度未満で搬出距離が200 m、5度未満で搬出距離が300 m以内の林分という条件下で2,956円以内での間伐材の伐出が可能であることがわかった。間伐の伐出経費が約3,000円/m³以内という対象林分を搬出距離と林地傾斜の条件でGISにより抽出することは容易である。バイオマス燃料の集荷圏は半径30～40 kmと考えられるため、この範囲内で間伐により供給されるバイオマス燃料量を、実際の特定地域を対象として見積もることができる。しかし、あまりにも生産費が高すぎるのである。林道・作業道密度が低いこ

とが第一の要因であろうが，あまりに高価な燃料となってしまう。また，木材資源（丸太）としての間伐材利用との調整についての十分な検討が必要であることはいうまでもない。「天然資源は経済的合理性を伴ってはじめて資源として利用される（利用価値がある）」のである。あまりに高価な燃料は存在しているだけで，利用できないのである。

おわりに

　温室効果ガス排出削減を他分野でおこなうことはより困難であり，森林による吸収分は当初から当然の削減量であるとみなされてきた。したがって，京都議定書での公約達成のためには，必要となる森林の整備を確実に実行することが至上命令である。ここにおいて，森林は（二酸化炭素を吸収・固定し）成長すること自体に，存在意義があると言えなくもない。ここにおいては皆伐後の再造林放棄などあってはならないことである。人工林を育成林として健全に生育するように，維持管理し続けなければならない。その森林から木材を生産するのであれば，できるだけ有効にしかも長期間にわたって木材を利用していくことが求められている。

　また，バイオマスエネルギーがカーボンニュートラルであるということを保障するためには，バイオマスの再生産を持続させなければならない。すなわち，特に主伐後の再造林が確実に行われる体制作りが不可欠である。バイオマス燃料としての利用が林業にどの程度の恩恵をもたらすか，また，炭素税がどのような形で導入されるのかは不明である。しかし，バイオマスエネルギーの利用は温室効果ガスの排出量削減のための効果的かつ積極的な方法である。わが国がバイオマスエネルギー利用を促進するかは今後の動き次第であるが，利用しようとした際に，本当に日本の森林から供給可能となるよう準備が必要であろう。

（寺岡行雄）

注および参考文献
1) 日本エネルギー経済研究所計量分析部編『図解エネルギー・経済データの読み方入門』省エネルギーセンター，2001年，47頁.

2) 同上，50頁。
3) 同上，51頁。
4) 天野正博「IPCC第3次評価報告書における森林分野の概要」『緑の地球』64, Vol. 12-3, 2002年, 11~12頁。
5) 地球環境保全と森林に関する懇談会（環境省・農林水産省設置）資料
   (http://www.env.go.jp/nature/biodic/shinrin/index.html)
6) 同上
7) 育成林のha当たり年間立木幹材積成長量を3.93㎥とし，前述の炭素換算係数0.45を掛け合わせて求められる。安全のためか成長量を少なめに見積もっているようである。
8) 林野庁『平成13年度森林・林業白書』, 2002年, 45~48頁。
9) 環境省行政資料：京都メカニズム情報コーナー（地球温暖化関連ホームページ資料）(http://www.env.go.jp/earth/ondanka/ghg/index.html)
10) 全国地球温暖化防止活動推進センター（ホームページ資料）
    (http://www.jccca.org/cop/7/index-F.html)
11) 第1節での炭素換算係数は立木状態のバイオマス量と炭素量との換算であったため，枝根部を含めるための枝根係数（約1.8）を掛け合わせていたことの違いに注意が必要である。
12) 『紙業タイムス年鑑2001』紙業タイムス社, 2001年, 132~133頁。30件にも及ぶ海外植林CO_2排出権問題は未決定。
13) Hillring, Bengt (2000): The Impact of Legislation and Policy Instruments on the Utilization of Wood Fuels. Ecological Engineering 16 : pp. 17-23.
14) Bohlin, Folke and Roos, Anders (2002): Wood Fuel Supply as a function of Forest Owner Preferences and Management Styles. Biomass and Bioenergy 22 : pp. 237-249.
15) Danfors, B., Ledin, S., Rosenqvist, H. (1998): Short-Rotation Willow Coppice Growers Manual. Swedish Institute of Agricultural Engineering, Uppsala, p. 40.
16) 中央環境審議会地球環境部会目標達成シナリオ小委員会報告書, 2001年。
17) 鹿児島県林務水産部林業振興課『プロメテウスMF取扱説明書』, 2001年。
18) 寺岡行雄ら『第112回日本林学会学術講演集』, 2001年, 106頁。

第4編

森林資源に関する合意形成の社会化

第16章　求められる森林・林業のすがたと合意形成

第1節　森林・林業の未来

1．特殊な産業形態からの脱却

　歴史をふり返ってみると，20世紀の半ば以降，林業対象地は急激に拡大していった。これは当時，木材需給が逼迫するとともに，農業的な林業が存立しうる条件が揃い，集約型林業への期待感が高まっていたからである。戦後日本の復興と経済成長の過程で，木材価格が高騰する一方，低労賃で支えられた労働集約型の林業（皆伐新植）は，当時，広いエリアで成立し得るものと想定された。

　しかし，昭和40年代に入ったとき，それらへの期待は徐々に危うくなっていった。労賃も上昇しはじめ，昭和50年代以降は木材価格の長期低迷によって，厳しい状況がつづくことになった。

　今日，西日本を中心にはじまっている再造林放棄は，当地での皆伐新植林業がリセットされる見込みがないことを表している。放棄された造林地は，戦後早くから造林されたいわば優良造林地で，林道などの基盤整備も整っている。そのような場所から，再造林放棄がはじまっていることの意味は大きい。これにつづく伐採予定地はもっと条件の悪いところに立地しており，今後さらに放棄されていくことが懸念される。

　労働集約型の林業がリセットできる林地は，ますます限定されてきている。密植型の皆伐新植林業は，日本の場合，私経済的にはわずか20年ほどの間だけしか有効でなかったのかもしれない。この方式の産業活動は，今後，限られた場所でのみ成立しうる特殊な作業形態だと位置づけられよう。

　産業的には林業のかたちを変えていくこと（リセットできるかたちのもの）が，新しい林業には求められている。少なくともそれは皆伐新植とは別の作業方式のものである。

2．新政策の「角度」

　森林に対する国民の期待も変化しつづけている。森林であれば何でもよいわけではなく，いわゆる公益的機能をきちんと評価した上で，各々の森林が発揮すべき機能に即した助成をすべきだというふうに変化してきている。

　そのためには，森を峻別していくこと――である。新しい森林・林業基本法は，そのことを第一歩としていることに注目しておきたい。

　かつてのように「木材生産の機能の高い森林は公益的機能も高い」という予定調和のレトリックは通用しなくなり，新しい森林・林業基本法においては，個々の森林が期待される機能ごとにゾーニングされることとなった。求められる機能を高度に発揮していくためには，森林の属地的な性格（機能）を適正に評価しつつ，おのおのの機能に応じたゾーン区分を行い，必要な助成を講じていくことが今後の森林・林業政策となった。

　森林管理の担い手も，多様な支え手に向かっており，森林所有者だけを想定しておればよいというわけにはいかなくなってきた。これまでの森林政策，山村政策が伝統に対してもってきた「角度」と，今回の新政策がもつ「角度」は明らかに異なっている。

　さらに私経済活動として，積極的に林業生産活動を行っていくエリアが狭まってきたという事実を踏まえれば，それ以外のエリアについては，治山事業や緑資源公団，各都道府県の林業公社等によって担われるということを意味していく。つまり，公的関与が欠かせなくなってきているということである。今日，保安林化が徐々に進められているという実態は，森林というものの公共色がより鮮明になってきているという証左にもなっている。

3．私経済化と社会資本化

　立木や林地という不動産について，歴史的にいうならば，戦後の拡大造林期や入会林野の近代化の時期というのは，森林・林業の私経済化（私的経済化）が進んだ時期であったといえるだろう。その意味は，入会林（共用林等）や財産区有林などの公有林が減り，個人や企業に所有権が移ったということもあるが，むしろ，経済的な収穫を期待し森を取り扱っていくことを急いた時期であったという意味からである。

一山当てるため，30〜40年後の伐採収入が期待できるからというわけで，だれもがこぞって山への投資をつづけていった。その傾向は，国公有林にあっても同様だった。

　これに対して，ここ20年来の動きは逆に公共性，社会性を強めてきている。富を産みだす経済財という性格は薄らぎ，森林はむしろ社会資本や公共インフラとしての意味合いを強めてきている。今回の森林・林業基本法では，「森林所有者に対する責務規定」が新たに盛り込まれているが，このような観点は今後，公的助成と引き換えに要請されるケースが増えてくるものと見込まれる。

4．社会化が進む森林

　中長期的に歴史をたどれば，森林はもともとそういった資源であった。

　江戸期まで遡れば，藩有林や共用林などの公有林の割合が現在よりも高かったし，当時，全人口の9割を占めていた農民とかかわりが深かった里山は，ほとんどが共用林などの入会林野であり，集落の共有資源であった。生活必需品用の資材を生み出してくれる里山は，恒続的に利用されるコミューナルな資源として厳格な規則のもとに管理されてきた。

　当時，林業という営為は限られた一部の地域で専業的になされたが，その施業は大半が自然植生を活かしながらの無理のない持続的な林産物収穫であり，それは戦後広がったような工業的かつ農業的な労働集約型の皆伐林業ではなかった。一部，京都の北山林業などは集約的な特殊林業地域となっていたが，それを除くと大半は里山——集落の裏山であり，そこでは林業らしい林業は行われていなかった。

　ところが，それが戦後の一時期，旺盛な需要に応えるため，急遽，農業的要素を加味し，几帳面な地拵えと密植からはじまる皆伐人工林作業を取り入れることになったのである。山を庭のようにみなし，幾何学的に美しいスギやヒノキの人工林を生み出していった。ただ，そのような取り組みは歴史的にみると，長くはつづかなかった。途中で，思うような採算が上がらないことがわかってきたからである。

　おそらく今後は，再び戦前のような森林・林業環境へとまた戻っていくこ

とが見込まれる。かつてと異なるところは，支える公的主体の単位が集落や財産区などではなく，市町村など自治体や国家が担うようになってきている点である。また流域や近傍の都市民，企業からのボランタリーな力が少しずつ広がってきたことである。

　これらは単純に公共による助成，公的管理への回帰と呼ぶよりも，社会全体に多様な主体が登場し，なかば自発的な者も管理に加わったという点で，「社会化」されはじめたと表現する方が的確かもしれない。森林がきちんと管理されるよう社会全体でリセットしていこう，「社会化」していこうというわけで，それは森林を私的財として所有（林業経営）し，収益を上げるというかつての夢が叶わなくなった昨今の環境の中から，必然的にはじまってきた流れだともいえよう。

5．やはり支え手は山村

　こう考えていくと，森林は社会的なインフラ——社会資本的な性格へと変化しつづけているといえるだろう。当然，林業関係者という人たちの範囲も変わってきており，森林所有者ばかりが政策対象ではなくなり，生産管理活動を担っていく事業体も今回の新政策の中で，森林施業計画の作成者の中に含められることになった。森林管理者の意味が少しずつ広がってきている。

　ただ，現実問題として冷静に山側の状況を眺めわたしたとき，一抹の不安も隠しえない。森林所有者に対する責務規定について言えば，私有財産権を越えた管理放棄懲罰論には限界があり，社会的にはやはり万全ではないのである。集落ぐるみで補完しようとしても担い手が見当たらない辺境も少なくない。かといって都市側に対して過剰な期待もかけられない。必要なときに必要な場所への支援が間に合うかどうか……。不十分さは免れないのである。

　都市民が有力な支え手であることに違いはないが，労働力的には，すべての森林が協働という力によってカバーできるものではない。コスト負担を都市側，あるいは国が講じながら，実際は山村に暮らしつづける人が，その暮らしの中で森林を管理していくと考えるべきである。

　森林・林業基本法は次のように規定する。

　「森林の適正な整備及び保全を図るに当たっては，山村において林業生産

活動が継続的に行われることが重要であることにかんがみ，定住の促進等による山村の振興が図られるよう配慮されなければならない。」(第二条第二項)

6．競争原理の欠落

もう一つ。支え手を考える上で重要なことは，競争原理である。

この視点は，山村という辺境部にあって欠落させてはならないものだ。

多くの山村では役場と農協と森林組合が行政からの助成を一手に受けつつ，事業を実施している。その仕組みでうまくまわっている山村も確かにあるが，型通りの事務処理をこなすだけの組合も少なくない。

担い手対策が森林組合だけに偏することなく，また競う意味での対抗業者を並立させていく手法が必要ではないだろうか。森林管理のみならず，不動産管理サービス業務を行う株式会社，労働者協同組合（ワーカーズ・コレクティブ），農事組合法人，地元NPOなどが新しい対抗組織として考えられる。最もやる気があり，すぐれたシステムを有する組織が参入できるよう条件整備を進めることも必要である。

そういった新規参入者を迎え入れることによって，中長期的には山村は活性化すると考える。長期低迷は，産業としての農林業の低迷がいちばん大きいが，制度やシステム疲労によるところも少なくない。ムラの序列を変える刺激が不足している。

7．虚業からの脱却

ここまで振り返ってみるに，森林・林業政策や山村政策がこれまで目指し，歩んできた道は，本来目的としたところから少し逸れはじめていなかっただろうか。

いうまでもなく，よき社会とは，私たちがごく普通の幸福を感じつつ，ほどよく満足して暮らせるような社会である。そういった社会へ近づけるために行政は取り組んできたはずだが，補助・金融・税制はそういった支え手に効果的に行きわたったであろうか。目標を具体的に持ち，しっかりしたものに限定し，粘り強く持続して追求してきたであろうか。一部の者だけが潤ったり，不公平な配分のままであったり，あるいは後年，効果のないと言われ

かねない投資を続けてはこなかったろうか。

　このことは森林・林業政策や山村政策だけに限定されることではない。行政は将来にわたっても有為である対策を講じなければならない。

　現在と今後において懸念され，また期待される点は，森林・林業をめぐって，実業の部分がしだいに薄くなっていき，虚業の部分に深い理解が得られるようになってきたことである。〈生業的な森〉が緩やかに後退し，代わって〈風景としての森〉や抽象的な〈環境としての森〉が台頭してきている。森の施策が都市に近づくにつれ，その存在感が薄まっていき，淡い感覚的なものへと変わっていくような気がしてならない。

　地に着いた政策とは，将来ビジョンが確かに描かれていることである。森林の支え手と山村は，将来，どのように変化することになるのか。過たない予測がなされなければならない。

　改めて，この50年来の林政をふり返ってみるとき，労働資本投下型の工業・農業タイプの営為に林業も取り込まれ，単一型の施業がくり返される一方，それ以外の工夫はなされたであろうか。さまざまな近代化や機械化はもちろん必要であったが，それらがすべてではなかったはずだ。生産し，販売するモノやコトにも変化がなければならない。

　過疎化と高齢化を数十年，いや数百年かけて実践してきたヨーロッパ諸国。彼の地の辺境社会——山村や離島が，高付加価値化商品の生産とツーリズム（農泊，教育），そして国防以外の目的では成り立ってきていないことを冷静に見極める必要がある。

8．高付加価値化は必須

　ではわが国の場合，どういった観点からの自立が可能なのであろうか。

　例外なく言えることは，ヨーロッパの辺境対策と同様の策が最も確率が高い打開策になるということである。

　それは林業・山村という分野にもあてはまるだろう。高付加価値化商品の生産とツーリズム（農泊，教育）——これが解答である。将来の国内林業，山村が歩むべき途の姿がこれなのである。もう少し正確にいうなら，何らかの高付加価値化が工夫できない分野への私的投資は控えなければならないと

いうことである。また，公共的意味合いや社会的な要請で公的助成が期待できる分野のものも生き残るから，それへの計画的な取り組みが必要になるということである。

　スローライフが進む中，現在さほど気づかれていないが，林業は最もスローなインダストリーである。しかし，スローがブームの時代背景だから，追い風だからと手を拱いていては，過去の産業になるばかりだ。新しいものは流動する生きた社会からしか生まれてこないことを知るべきである。漫然とした旧来の枠組み内の取り組みでは目標は達成できない。

　具体的には林業の場合にあっても，今後は高付加価値化が可能なものしか生き残れない。木材という国内生産物の場合，延命策は他にはないものと私は見込んでいる。付加価値の中身は乾燥工程であったり，地域限定材というブランド化，希少化である。あるいは最終製品との連携を強固にしていくことだ。最終商品をイメージし，それを目の前の対象資源（原材料）に反映させる工夫と確かな販路が必要である。

　高付加価値化には科学的先進性はもとより，歴史学，民俗学，文化人類学などに基づいた知見も必要になってくる。こういった新しい取り組みは社会に実際存在するものを，ある方向に位置づけ，組織していくことがまずは第一歩である。また，モノの価値はスローフードに代表されるがごとく，時空の価値を付加することから生まれ出るものだが，それは消費者が理解できるものでなければならないし，その説明情報は生産者側がきちんと提供しなければならない。

　もちろん，これらができない森林・木材資源の多くは，一代限りの生産で終えるしかないだろう。その時，再造林というリセットはなされず，その森は天然生林に戻しつつ，「再自然化」を図るしかない。付加価値のつかない木材加工という分野も，この国から消えていくことになるだろう。

第2節　合意形成の社会化

1．伝統的な合意形成手法

　現在では当たり前になっている多数決の方法は，明治の文明開化とともに

アメリカから入ってきた。人種，出身地が混成集団という欧米社会にあって，別々の感性と思考を従属させるためには，全員一致は難しい。欠点があろうとも多数決はやむを得ないシステムであった。

これに対して，共同社会の意思決定はわが国では「寄り合い」で決められた。何か「もめごと」や不満があれば，一人の敗者も出さないよう，またしこりを残さないよう事前に根回しする。その後に「寄り合い」でとことん論議を尽くし，全員一致をめざした。どうしても決着がつかないときに限り「入れ札」による投票（多数決）を行った。取り決め事における日本的伝統はそのようなものであった。

宮本常一は『忘れられた日本人』の中で対馬の事例を紹介している。そこでは丸二日をかけ，皆が納得するまで協議していた。それは中世の封建的遺制として片づけてしまうルールではない。

一般的に寄り合いにおいて最も心したことは，まず「足揃え（全員出席）」であり，そして意思決定が全員一致となるようにすることであった。一致しないときは日を変え，場所を変え，顔ぶれを変えて相談（根回し的なもの）がつづけられた。全員が一致すると見込まれれば，再度，寄り合いが招集され，取り決めが行われた。そこで決着した全村一致の取り決めは書き物にされ，施錠の上，帳箱に収められた。それを開く時は必ず二人で開けることとなっていた。

こういった伝統的な合意形成の方法は，明治以降のわが国の民主主義に優るとも劣らない合意形成の仕組みであった。お互いの顔が見える範囲の者が集まり，時間をかけて納得いくまで議論する。いわば先進的な「社会技術」がそこにあったといえる。

2．落ちてきた「精度」

翻って現代は，かつてのムラがこなしてきた自治の役割を公共（市町村・都道府県・国）が肩代わりするようになっている。道路開設や修理，水利，福利厚生……など，地域社会の公共的な活動は，税金を元手に行政が外注化するようになっている。

ただ，その執行システムの「精度」が寄り合いの頃に比べて落ちてきては

いないだろうか。「精度」が変化したのは，行政制度をめぐる環境変化など，理由はいくつも考えられるが，一つには，その方針決定や分配構造がかつてのムラ社会の時のように合理的でなくなったからであろうか。それとも，環境変化についていけない制度的な疲労が蓄積してきたためだろうか。

悲劇はミスリードが続いてきた場合である。既得権益の保持のために旧態依然とした取り組みが続けられたり，住民たちの無関心によって，老害や多選がもたらされた場合，執行システムの「精度」は著しく劣るようになるのである。

こういった状況の中，かつての寄り合いの仕組みや村の伝統に刻まれていたコミュニケーションの技法を再考することが有用である。なぜなら，一昔前のムラは，いかにお上や為政者が強い統制の時代にあっても，少数者切り捨てという機械的な発想にはならなかったからである。

コモンズ（例えば入会林野など）の例を挙げるまでもなく，何百年や何千年以上も生き残ってきたルールというものには，それなりに合理性があるもので，私たちが寄せ集め的に頭の中でつくった論理よりも，はるかに重要な真理というものが隠されている。そのルールは，いわば高度な自治システムであり，借り物でない本物の民主主義であったのだ。ところが，そういった慣習を疎ましい前近代的なルールとして位置づけ，片隅に追いやってしまったのが，明治期以降，とりわけ高度成長期以降の経過ではなかったか。

やはり，集団社会というものの〈意思決定〉に関していうなら，市町村やコミュニティという地域レベルでは，少し時間をかけてもいいから，全員が顔の見える範囲で論議することがのぞましいのではあるまいか。その次の規模となる広域市町村圏（イタリアでは CM：山岳自治体連合）や県（州）では意思決定に至るスピードが要請され，国家になるとよりスピーディな処理（防衛，外交などの分野）が要請されるだろう。トップによる決断の部分が増えてくるからである。

3．開発と保護

視点を森林管理にかかる合意形成に戻してみよう。

制度上，森林管理のあるべき形態は，森林計画制度によって規定されてい

ることになっている。けれども，最終的には森林所有者の意思にゆだねられているといってよい。保安林化することも森林施業計画を樹立するのも，また開発のために転売することも森林所有者の意思による。

　ただ，森林所有者がもつ経済的意図と，公共として望ましいと見られる方向性が一致しない場合も出てくる。

　いくつかの個別問題ケースをたどってみると，開発圧と保護圧の調整はまことに多様で，一元的な処理は容易ではない。水源林の保全要請は流域内の直接受益者からなされるし，生物多様性の観点から貴重種の生息域保護を訴える者は，その居住エリアを問わずに登場してくる。これに対して，開発者側は経済活動優先，地域振興，地元雇用への貢献といったカードを切り出し，自らの正当性を主張する。

　かくなる対立が生じた場合，両者の利害調整が必要となってくる。その作業はこれまで公共機関が直接担ってきたが，昨今は少しずつ改善され，以下にみるような住民参加による合意形成手法も加わってきている。

4．住民参加の合意形成

　対立があった場合のかつての調整方策は，多くの場合，審議会という席での「専門家による技術的な判断・可能性」にゆだねられていた。しかし，その手法のみでは，a) 一般の人々の価値観に基づく社会的な需要を取り込んだことにはならないし，b) 種々の情報がすべて公開されておらず，交渉力が平等ではないなどといった欠陥も指摘できることから，いくつかの改善の方向が打ち出されてきた。

　例えば，1998年度の森林法改正によって，1999年度より国有林の地域管理経営計画及び民有林の地域森林計画については一定期間（30日）が公告・縦覧期間とされ，その間，だれもが意見を述べることができるようになった。

　この場合，意見をいうための資格要件はない。だれもが意見書を提出することができるのだが，厳密に言うのなら，問題とする森林の各機能ごとに関係者は限定されるべきものなのかもしれない。裏山水源林の伐採にかかる関係者とレクリエーション用の雑木林の伐採にかかる関係者が同じレベルであるとは考えにくいからだ。

事実，保安林の指定・解除にかかる関係者（直接利益を受ける者等で意見書を提出できる者）は，保安林の種ごとに区分されている。水源かん養保安林では，「溢水」による浸水のおそれがある区域内に居住する者等であり，土砂崩壊防備保安林では崩壊土砂が流下し堆積するおそれのある区域等である。一方，保健保安林のうち，「市民のレクリエーション等の保健，休養の場」を目的とするものについては，その効果，効用の及ぶ範囲は極めて不特定かつ広範囲に及ぶものであり関係者に該当する者はいないとされている（平成3年6月林野庁治山課長指導文書）。

5．発言者は平等ではない

合意形成の一般的なプロセスで言えることは，本来，発言者は平等ではないという点が軽視されている点ではないだろうか。たとえが適当でないかもしれないが，寄り合いでそれぞれ意見を述べ合う場面があるが，この場合，多数決という一見平等にみえるような手法はとらない。労働能力，技量，意思によって発言権が異なっており，最終的に各案件について一番責任能力をもつものが結論を下す。反対者は不満だけれど次の寄り合いまでは従う。次の（あるいは翌年の）寄り合いのときには，前回の結果をもとに議論できるからだ。……だからあの時，私は反対した。言ったとおりになったではないか……と。

これに対して，匿名性をもつ都会の場合，特に不特定多数の意見を代弁するような機能をもつ特定団体の場合は，責任の所在という点で曖昧になるケースが少なくない。マスコミ論調も同様で，当該森林がもつ機能ポテンシャルと周辺地域の社会的経済的諸条件とのかかわりにおいて，比較考量しなければならないが，議論が抽象的，断片的，あるいは情緒的に流れることがままある。

社会化された森林の管理にあっては，まさしくこのような所在不明確な論議を避けることが必要である，各自が自らの責任の範囲において発言し，当該森林とのかかわりを持つべく働きかけていくという姿勢が不可欠であると私は考える。

本章でいう「合意形成の社会化」がめざすべき方向性は，民主性実現の中

での万人にとっての最良状態である。しかし，森林・林業の社会化，そしてそのプロセスとしての合意形成の社会化は，もちろん限界があることを知るべきだろう（パレート最適という状態が実は論理的には存在しないのだが，それでもより望ましい方向性が問われなければならない）。

ただ，一つ心しておかねばならないことは，声の大きいものの意見だけを反映するにとどめないことである。多数の声を拾い，集約していくことが公的機関の役割だが，ややもすると易きに流れがちになる。また，特定利益の利害代表者の声だけを偏重していかないことも重要である。「緑」は政党運動やその他の諸活動にとって，恰好の売名用小道具になるからだ。

6．合意形成と情報化社会

近年の情報機器の発達にはめざましいものがある。めざすべき森林管理を考えようとしたとき，またその経過と結果を知ろうとしたとき，すばやく瞬時に情報に接することができるようになった。これ一つとっても，合意形成の社会化については，環境条件が整ってきたといえる。

ただ，情報の多元化が図られてきているものの，反面，都会発の都会情報が逆に，より一元化され，発信される傾向にもある。人々の思考形態が都市化していき，また多数決の所産か，都市側の論理が様々な分野で中軸になろうとしている。

しかし，林業という営みにかかる本質的な課題解決がなかば放置されたままの，こういった表層的レジャー化傾向は森林・林業問題を矮小化しかねない。合意形成のプロセスを社会化していくということは，その過程においてブームの矛盾さえも解くものでなければならず，したがって多元化，広域化された情報がより正確に，多くの関係者に伝搬されなければならない。

7．協治的管理

近年，政策評価の重要性が指摘されてきた背景に，公共事業の投資効果に対する社会的批判が高まってきたことが直接的な要因としてあるが，合意形成における技法が未整備であることも要因の一つに挙げられるだろう。

「現行の行政システムには，住民たちの声を効果的に反映する道筋にまだ

バラツキがある……」

　こういった批判には耳を傾けなければならない。

　今後，最終分配の単位である市町村は，合併によってさらに大きな単位（約3倍）になるわけだが，効率性だけの市場経済の原理では，つまり，強者の論理だけでは市町村内の行政システムは効果的に作動するまい。その欠陥を補完するシステムは，さらに小さな単位の集落や町内会のネットワークであろう。そこが積極的に発言していかない限り，住民の声をうまく拾い出し，行政に反映させていくことはできない。

　ところがわが国の場合，そういった小さな単位の活動が低調であるばかりか，合意形成の技法や民主的運営上の効果的な処理システムの開発が遅れている。さらに言えば，そういった分野におけるこれまでの有益な成果（人文社会学的成果）が少なく，辺境社会の将来に活用できる調査や研究も多くはない。

　市町村合併という統合主義のはじまりの中で，政策決定を行政と議会だけに委任するようなところでは，真の意味での地域の再生は期待できないのではないか。確かな人間関係による住民主体の政策決定への関与が求められている。真に今後の森林資源を支えていく主体は，協同組合，NPO，共同体組織などの連携団体であり，また，それらの活動の触媒となり得る企業体であろう。これらの連合組織による「協同統治（協治）的管理」のような考え方が，今後は必要になってくるわけで，これら関係組織の育成に関心を寄せなければならない。

8．合意形成の社会化に必要なもの

　個人化を推し進めてきた20世紀だったが，考えてみれば確かに，極端になりつつある個人主義を抑え，社会全体の福祉の増進に資するよう，また社会正義（公正性）に適うような動きを復活させていくことが求められてくるだろう。

　その際，忘れてはならないことは，「社会化」運動の過程において，直接訴えかける対象が常に個人であるという点である。社会化の目的や目標が経済生活や経済組織の改良にあろうとも，やはり対面する相手は直接的には個

人であり，その改良が出発点となり，また到着点にもなる。その個人群が変わらないことには，その所属する社会も変われない。

　社会学上の原義がそうであったように，「社会化には個人に対する養育や教育などの規制的な措置が必ず伴う」が，本章でいう森林・林業の社会化においても，関係者自身の覚醒がなければ実現はおぼつかない。個人が変わらなければ，真の社会化は達成できないのである。それゆえ，社会化には必要な規制措置と併せ，学習するための地道な取り組みもまた不可欠であると強調しておきたい。いわば，新しい社会観を体得していけるような取り組みが必要なのである。

　　　　　　　　　　　　　　　　　　　　　　　　　　　　（平野秀樹）

第 17 章　持続可能な育林技術——帯状複層林の可能性——

はじめに

　1992年の地球サミットで「持続可能な森林経営」の理念が世界的に合意されて以来，その実現に向けたさまざまな取り組みが国内外で行われている。わが国でも1999年におよそ半世紀ぶりの国レベルの森林資源調査が開始され，国際比較を主目的とした様々なデータが蓄積されつつある。また，「持続可能な森林経営」が行われているかどうかを民間レベルでチェックする認証制度も注目され始め，わが国でも少数ではあるが林業会社や森林組合で認証を受けてきている。しかしながら，第1編で明らかにされている再造林放棄地の実態は，わが国における「持続可能な森林経営」の実現が危ぶまれていることを示しているように思える。

　上記のように「持続可能な」という用語は国，地域，経営体など様々なスケールで用いることができる。この章では主に針葉樹人工林を対象とした単位生産林地での育林技術，すなわち育林方式（silvicultural system　森林作業種）[1]の持続可能性に焦点を絞る。第5編終章で提案されている「長期伐採権制度」が実行されたと仮定してみよう。伐採権を取得した林業事業体等は伐採後の更新のみならず保育までが義務づけられ，更新から保育までは公的資金が投入される。この場合，これまでの労働多投型の一斉皆伐方式をそのまま採用してよいのだろうか？　今後，国民の合意が得られる育林技術とはどのようなものか？　本章の課題は，渡邊[2]の提唱する「持続的経営林の要件」を引用しながら，宮崎県諸塚村に造成されている帯状複層林での調査データ[3]をもとに，「森林資源管理の社会化」時代に認知されうる人工林の育林技術について考察することである。

第1節　一斉皆伐から帯状・群状伐採へ

　周知のように，わが国の約1,000万haの人工林の多くは，戦後の拡大造林政策のもと画一的に進められてきた大面積連続皆伐方式により造成されてきた。その世界一高いといわれる育林コスト，なかでも下刈作業に要する経費は，現在の立木代ゼロ[4]の主原因ともいえよう。そして，皆伐による地力の低下等さまざまな弊害が報告されるようになり[5]，1990年代以降は一斉林の複層林化が推進されてきた。しかし，複層林の一般的な林型である二段林では，上木の伐採・搬出による下木の損傷が多いこと，下木の形状比（樹高/胸高直径）が大きいこと，そして，下木に対する光環境を適切に保持させるためには上木伐採を頻繁に繰り返す必要があるため一斉皆伐方式よりもかなり集約となることなどが問題となっている[6]。

　藤森[7]は樹高程度の幅で帯状および群状の伐採が行われる作業を広義の複層林施業と考え，帯状および群状複層林施業と定義している。森林作業種の定義からすると，これらは小面積帯状皆伐方式，小面積群状皆伐方式といったほうが適切かもしれないが[8]，欧米諸国の帯状皆伐で採用されている50～200mの伐採幅の作業と区別するために，ここでは藤森の定義に従うこととする。二段林と比較したときの帯状・群状複層林の大きな利点は伐採の容易さにある。そして，注目すべき点は，平成13年度森林・林業白書にも紹介されているように，高知県山本森林㈱の大苗植栽によるスギ・ヒノキ帯状複層林において下刈作業が省略できる可能性が示されていることである[9]。これらのことから，帯状・群状複層林施業は木材価格の低迷や林業労働力不足が続くなかにあって，効率的かつ持続的な施業として，今後の普及が期待されるといえよう。これらの複層林施業の有効性をさらに検証するためには，作業の効率に加えて，下木の成長を長期的視点で評価することが重要である。

　渡邊[2]は「持続的経営林の要件」として①高蓄積，②高成長量，③高収益，④多目的利用，⑤生物多様性の維持の5つを示している。これら5つの要件は互いに矛盾しあっている。例えば，高蓄積の森林の成長量は低く，また高い成長の森林は蓄積が低いのが一般的である。しかし渡邊は東京大学北海道演習林での天然林施業試験地の30年にわたる実験結果から，原生林

蓄積の70〜80％の水準で森林を維持すれば，高成長，高収益が可能となることを示している。また，人工林についても皆伐よりも高い生産性が可能となる「中層間伐」を提案し，その有効性が立証されている。そこで次節では，宮崎県での帯状複層林下木の成長に関する調査・解析結果[3]を紹介し，一斉林や二段林の特性と比較しながら持続的経営林としての帯状複層林の可能性を考察する。

第2節　宮崎県諸塚村における帯状複層林での調査事例

1．調査地の概要

　調査対象林分全体の面積は6.02 haであり，標高約730〜790 m，平均傾斜13度，西向きの尾根に近い平衡斜面に位置する。当林分では1911年にヒノキが植栽された。ヒノキが65年生となった1975年に，天然下種更新を図るため，等高線に対して直角方向（東西方向）に保残帯幅25 m（×9列），皆伐帯幅20 m（×8列）の交互帯状皆伐が行われ，同時に保残帯では間伐が実施された。1977年に，皆伐帯ではスギ（品種：オビアカ）とヒノキが2,100本/haの密度で植栽され，保残帯ではスギが補植された。すなわち，ヒノキ更新木については天然更新したものと人工植栽したものが混在しており，一方，スギはすべて植栽されたものである。調査時点で既に帯状皆伐後26年が経過しており，現存の帯状複層林の中では，帯状複層林の長期的な施業効果を確認できる貴重な林分である。また，皆伐帯では植栽後1〜6年目に下刈り，7，11，14年目に枝打ちが実施され，保残帯では1987年に雑木除去と77年生ヒノキの抜き伐りおよび枝払いが行われた。なお，ここでは1911年に植栽されたヒノキを上木，それ以外のスギ・ヒノキ更新木を下木と呼ぶ。

　上木が90年生になった2000年10月に50 m×100 mの方形調査区を設定し，胸高直径5 cm以上のスギ・ヒノキを対象に立木位置，樹高，胸高直径を測定した。また，皆伐帯中央部からスギとヒノキを各2本（スギ：s1，s2；ヒノキ：h1, h2），皆伐帯周辺部からヒノキ1本（h3），保残帯からヒノキ2本（h4, h5）を選定し，樹幹解析を行い，下木の樹高と形状比の

第17章 持続可能な育林技術

図17-1 立木位置図

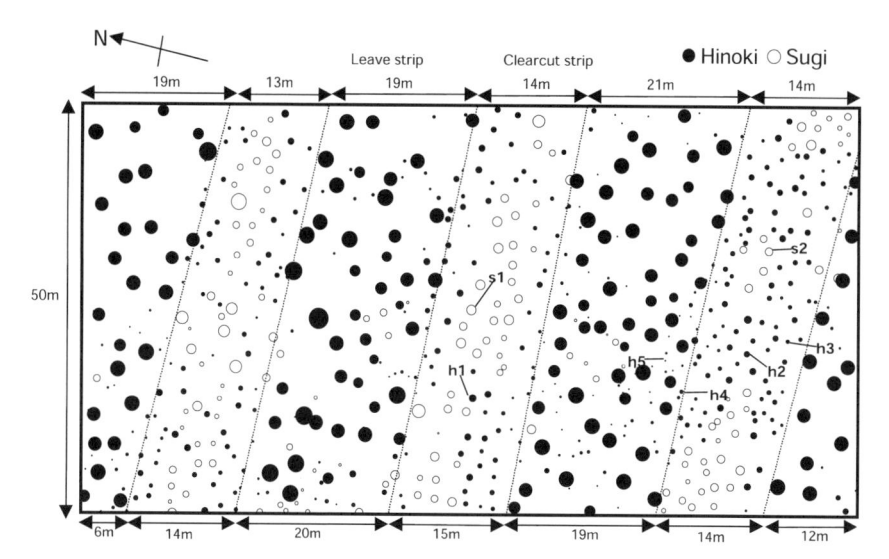

出所：溝上展也・伊藤 哲・井 剛「宮崎県諸塚村における帯状複層林のスギ・ヒノキ下木の成長特性」『日本林学会誌』Vol. 84，2002年。
注：図中の丸印の大きさの違いは，胸高直径の相対的な違いを示す。

経年変化を調べた。さらに，一斉林の植栽木と比較するため調査区の斜面下方に隣接する18年生スギ（品種：オビアカ）一斉林内の凹型，平衡型および凸型斜面からそれぞれ1本，合計3本の試料木（e1～e3）を選定し，樹幹解析を行った。

図17-1に全個体および樹幹解析木の立木位置とヒノキ上木の立木配置をもとに判定した皆伐帯と保残帯との境界線（林縁）を示す。この調査区の皆伐帯幅と保残帯幅は平均でそれぞれ13.6 m，19.3 mであり，先述した帯状伐採時の基準幅よりも小さかった。

2．下木の樹高成長

個体サイズはこれまでも報告されているように保残帯中央から皆伐帯中央にかけて増大していた（図17-2）。図17-3は林縁距離ごとの下木の優勢木樹高を示している。ヒノキについては林縁距離ごとの優勢木樹高は皆伐帯中

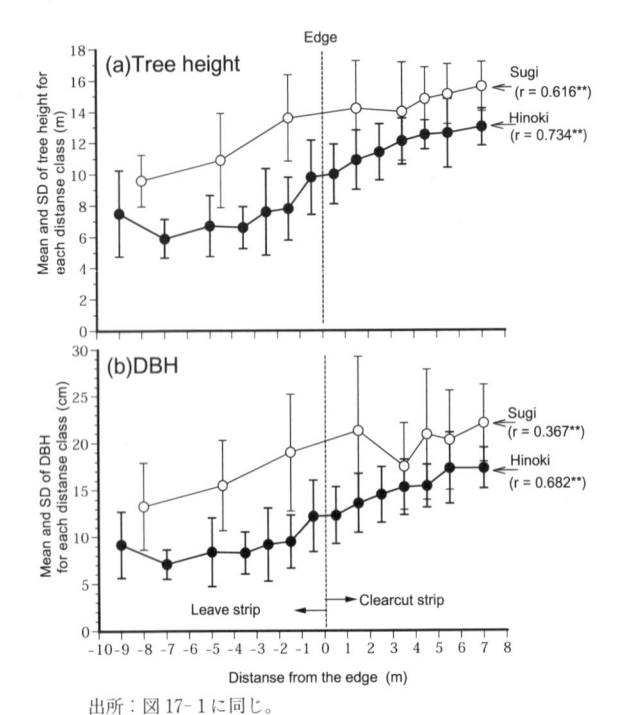

図17-2　林縁距と(a)樹高および(b)胸高直径との関係

央部で収穫表の地位級1に，林縁付近では地位級3に相当した（図17-3 a）。一方，保残帯の90年生ヒノキ上木は地位級3～4に相当する（図17-4）ことから，このヒノキ上木が収穫表の樹高成長曲線に沿って成長してきたと仮定すると，26年生時付近で比較した場合，ヒノキ下木の樹高は皆伐帯周辺部では上木と同程度であり，皆伐帯中央付近では上木の樹高を上まわっていると推察される。収穫表の値は必ずしも現実の林木の成長過程をうまく表現しているとは限らないが，図17-4に示した樹幹解析木の樹高成長曲線の傾きから判断しても皆伐帯の下木の樹高成長は良好であり，少なくとも上木より劣っているとはいえないだろう。スギ下木の優勢木平均樹高は皆伐帯では林縁距に関係なく地位級1～2に相当し（図17-3 b），2本の樹幹解析木の樹高は皆伐帯全体でのスギ優勢木平均樹高16.3 mに近い値であった。また，

第 17 章　持続可能な育林技術　　　　　　　　　　287

図 17-3　宮崎県林分収穫予想表の優勢木平均樹高と林縁距階ごとの優勢木平均樹高（上方四分位）（a, ヒノキ：b, スギ）および立木本数（c）

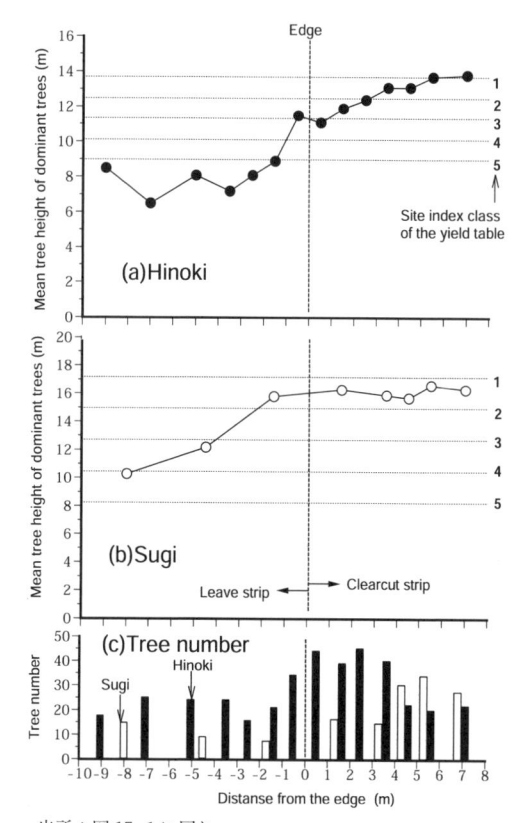

出所：図 17-1 に同じ。

　皆伐帯中央部で採取されたスギ試料木の樹高成長経過は立地条件の等しいスギ一斉林平衡斜面の試料木（e 2）と同等であった（図 17-5）。すなわち，スギにおいても皆伐帯中央部のみならず周辺部においても樹高成長は一斉林と同等であることを示唆している。これらのことから，帯状複層林の皆伐帯に生立するスギ，ヒノキ下木の樹高成長は，同じ立地条件で比較した場合，一斉林の樹高成長と同程度であると推察できる。

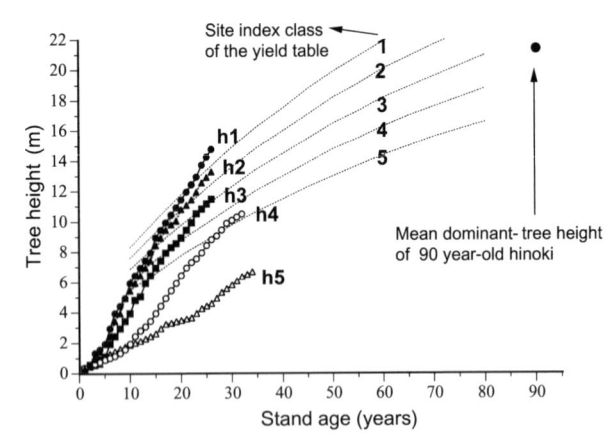

出所:図17-1に同じ。
図17-4 ヒノキ下木の樹高成長と90年生ヒノキの優勢木平均樹高

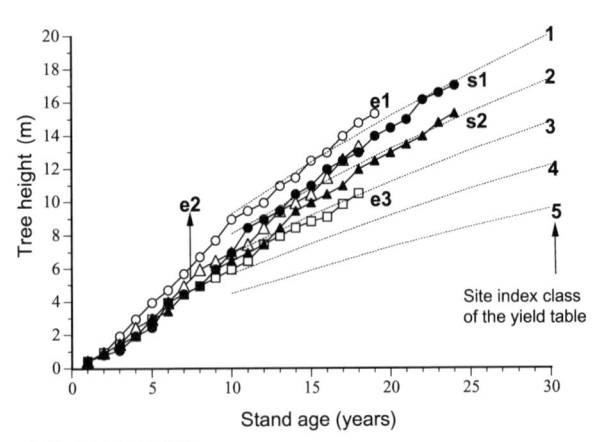

出所:図17-1に同じ。
図17-5 スギ下木(s1, s2)とスギ一斉林の試料木(e1〜e3)の樹高成長

鈴木ら[10]は上木および下木の樹齢が今回の対象林分に近い二段林（上木スギ：84年生，下木スギ：22年生）における下木の成長を調査し，上木の密度が高いほど下木の成長が抑制されることを報告している。鈴木ら[10]の調査した二段林の上木の密度は48〜128本／haと極めて低密度であり，本調査地の保残帯の上木密度（455本／ha），および皆伐帯部も土地面積に含めた場合の上木密度（264本／ha）よりもはるかに低密度であるが，いずれも下木の成長が一斉林よりも劣ると報告している。これに対して，本調査地の皆伐帯下木の樹高成長が一斉林と同程度であったことは，林分全体として上木の密度，すなわち蓄積をある程度維持しながら，皆伐帯の下木の良好な成長が確保されていると評価できる。このことは，渡邊[2]の提唱した持続的森林経営の要件（高蓄積，高成長）に，二段林よりも合致することを意味している。

本調査地では，皆伐帯の平均帯幅は約14 mであり，収穫表から判断すると帯状伐採時の65年生ヒノキの優勢木平均樹高は約18 mであることから（図17-4），皆伐帯幅は伐採時の優勢木平均樹高の約80％であったといえる。すなわち，優勢木平均樹高の80％に相当する本調査地での皆伐帯幅は，皆伐帯内の下木の樹高成長を抑制しない適切な幅であったと評価できる。この原因として，第1に，下木の成長に必要な受光量が十分に確保できる幅であったことが挙げられる。藤本[11]は孔状更新地の形状と林孔内の光環境との関係を調べ，林孔が南北より東西方向に長いときの方が林孔内の平均相対積算日射量は多くなることを示している。したがって，本調査地では帯方位が東西方向であるために十分な受光量を確保できたことも考えられる。その他，受光量に関与する因子としては，斜面方位や傾斜，そして，上木の樹齢や立木密度も考慮する必要があろう。

また，植物個体は孤立した状態にあるよりも閉鎖前後程度の個体間距離にある方が成長が促進される場合があり，この現象は，個体が集団で存在することで光や水などの資源を他個体と分かちあう損失よりも風衝による成長阻害や乾燥による水ストレスを回避できる利得の方が大きい場合に成立するといわれている[12]。そして，諫本[13]は樹下植栽木の樹高成長が上方からの庇陰を受けない一斉林植栽木の成長より優る事例を報告し，その原因の一つと

して，上木の庇護による微気象緩和が受光量の減少による成長減退を上まわっているためと推察している。本調査地は尾根付近に位置するため，風衝や乾燥によるストレスを受け易い立地条件にあるといえる。したがって，本調査地の皆伐帯での成長が良好であった原因として，皆伐帯幅が広すぎなかったために，保残帯上木の微気象緩和効果が庇陰による皆伐帯下木の成長減退を相殺した可能性も考えられる。これに対して，一般的に下木の成長が劣ると報告されている二段林では，上木による微気象緩和効果は十分に発揮されていない例が多いと推察される。

3．下木の形状比

スギ・ヒノキ一斉林の形状比に関してはこれまでに，密度管理の違いによって変動することや生育段階初期に急激に減少する傾向があることが報告されており，若齢時を除くと概ね50～100の範囲で推移し，相対幹距が17％前後の中庸密度管理林分では平均的には70～80の値であるといわれている。一方，二段林下木の形状比は一斉林と比較して大きくなる傾向がある。これは，上木の庇陰による下木の成長減少率は樹高よりも直径の方が大きいからであり，この原因は光が上木の葉層を透過する際の光質変化にあるとい

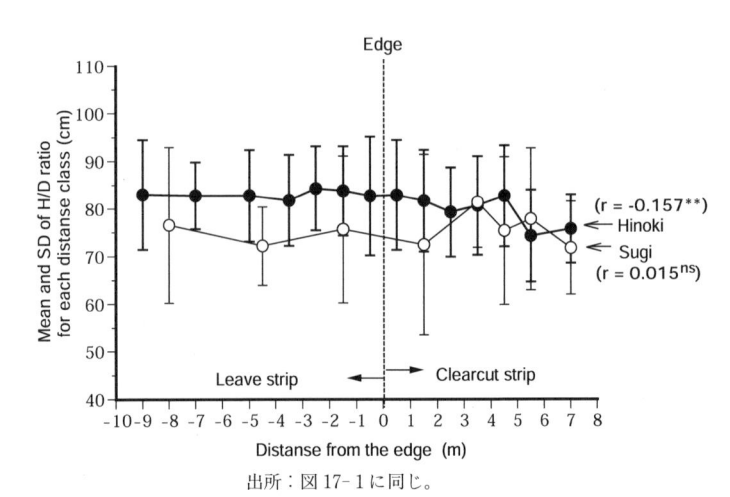

出所：図17-1に同じ。

図 17-6　林縁距と形状比の関係

第17章 持続可能な育林技術

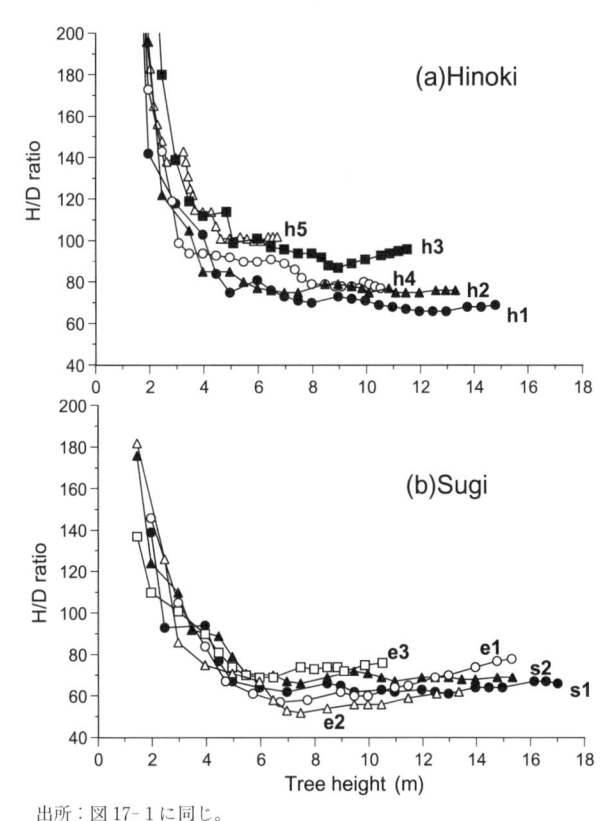

図17-7 成育段階にともなう形状比の推移：(a) ヒノキ, (b) スギ

出所：図17-1に同じ。

われている[14]。

本調査地ではスギとヒノキを合わせた皆伐帯下木の相対幹距は17.0％であった。また，隣接するスギ一斉林の相対幹距は凹斜面で低いものの全体としては15.7％であり，両林分とも中庸密度管理にあるといえよう。そして，皆伐帯での形状比は個体サイズにみられたような林縁効果はなく（図17-6），その平均値はヒノキで80，スギで76であり，一方，スギ一斉林の形状比は平均で72であった。すなわち，両林分ともその平均形状比は中庸密度管理のスギ・ヒノキ一斉林でみられる平均的な値の範囲内にあるといえる。また，

下木の形状比の経時的推移はスギ一斉林の試料木（e1～e3）と類似しており（図17-7），生育段階初期に急激に減少し，その後は比較的安定して推移する傾向にあった。以上のことから，帯状複層林皆伐帯でのスギ・ヒノキ下木の形状比は同じ中庸密度管理下にある一斉林でみられる平均的な値にあるといえる。一般的に形状比が高いほど風雪害を受けやすくなるといわれており，落合ら[15]は二段林下木の形状比が110を超える直径階で冠雪害率が高いことを示している。風雪害には，形状比のみならず立地条件や個体サイズなども影響するので，風雪害への抵抗性指標として形状比の閾値を断定することは困難であるが，本調査地では形状比が100を超える個体はほとんどみられなかった（図17-6）ことから，ある程度の風雪害への抵抗性を持っているといえよう。

　このように皆伐帯下木の形状比が密度管理が同等の一斉林での平均的な値と同程度であったことは，下木にとっての光質変化が二段林の場合と比較して十分に小さかったことを示すと考えられる。すなわち本調査地での優勢木平均樹高の80％に相当する皆伐帯幅は皆伐帯下木が上方および側方からの直達光を受けるのに十分であったといえる。しかしながら，直達光の量に関与する因子にも，帯幅のみならず帯方位や上木の林分構造等が考えられるため，任意の林分の最適幅を示すには更なる調査，解析が必要であろう。

4．持続的経営林としての可能性

　今回の調査事例では，上木の蓄積をある程度維持しながら，皆伐帯下木の樹高成長は立地条件の等しい一斉林の成長と同程度であること，そして下木の形状比は密度管理が等しい一斉林の値に近いことが明らかになった。すなわち，帯状複層林皆伐帯では二段林で一般的に認められる下木の成長抑制および形状比の上昇が起こりにくいことが示された。これに加えて，先述したように高知県での帯状複層林を調査した井上ら[9]は下刈作業が省略できる可能性を示している。また，村本ら[16]は帯状伐採前後でヒノキ壮齢林の下層植生を比較し，帯状伐採1年後の下層植生の被度と種数は，皆伐帯，保残帯ともに伐採前の2倍以上に増加することを示すとともに，帯状伐採の伐採・搬出効率は通常の間伐と比較して高いことを明らかにしている。したがって，

帯状複層林は持続的経営林の要件を満たす可能性が高いといえよう。つまり，今後の針葉樹人工林の目標林型の一つとして位置づけることができる。

しかしながら，帯状林への誘導にあたっては注意すべき点も少なくない。特に，帯状伐採前の林木の形状比が高い場合，すなわち樹冠長率（樹冠長/樹高）が低く，林木がひょろながの場合には，風害の危険度が高くなることが予想される。また，帯幅が広すぎる場合は上木による微気象緩和機能が小さくなり，狭すぎる場合には受光量不足による成長減退や光質変化による形状比の増加が考えられるため，両者のバランスがとれた帯幅の最適域が存在すると考えられる。微気象緩和機能は，立地条件の違いによるストレスの発生しやすさ，すなわち地位によってもその発揮の度合いが異なると予想される。また，受光量に関与する因子としては，帯幅以外にも，帯方位，上木の林齢や林分密度，斜面方位や傾斜角など様々なものが考えられる。したがって，帯状複層林の持続的経営林としての可能性をさらに高めるには，多くの事例調査を実施するとともにモデル・シミュレーションを行うことによって，任意の林分における帯幅の最適域を解明する必要があろう。

おわりに

本章では，今後の持続可能な育林技術として帯状複層林施業が有効であることを示した。しかしながら一斉皆伐方式をすべて否定する意図はない。地域の自然・社会条件によっては，一斉皆伐方式の方が有利なケースもあるであろう。そして，すべての一斉林で帯状や群状伐採が有効であるとは言えないことも強調したい。平成13年度から開始された「長期育成循環施業」助成の対象には，単木的な抜き伐りのみならず帯状や群状伐採も含まれている点は評価に値するといえる。しかし，少なくとも形状比が高い林分の場合は帯状・群状伐採は控え，まずは単木伐採によって形状比の低い林分に誘導する必要があると考える。

戦後，わが国の針葉樹人工林では労働多投型の一斉皆伐方式が「林業常識」であり[5]，一部の林業家や林学者が考案した低コストな林業技術は「まれ」な存在として専門誌等に取り上げられてきた。帯状・群状複層林施業の

ような低コストな合自然的林業[5]が「常識」となり，一方，これまでの一斉皆伐方式が「まれ」な存在となる時，わが国における「持続可能な森林経営」の実現も近いかもしれない。

　なお，本論の執筆にあたっては九州大学の今田盛生教授と宮崎大学の伊藤哲助教授より有益なコメントを頂いた。ここに心よりお礼申し上げる。

（溝上展也）

引用文献

1) 今田盛生「「育林プロセス」という概念の明確化」『森林計画学会誌』Vol. 31, 1998年, 85〜89頁。
2) 渡邊定元「持続的経営林の要件とその技術展開」『林業経済』No. 557, 1995年, 18〜32頁。
3) 溝上展也・伊藤　哲・井　剛「宮崎県諸塚村における帯状複層林のスギ・ヒノキ下木の成長特性」『日本林学会誌』Vol. 84, 2002年, 151〜158頁。
4) 堺　正紘「再造林放棄問題の広がり―立木代ゼロに呻吟するスギ林業・望まれる森林資源管理の社会化―」『山林』, 2000年3月, 27〜33頁。
5) 赤井龍男『低コストな合自然的林業』全国林業改良普及協会, 1998年, 1〜143頁。
6) 岡　信一「現場からみた複層林の問題点について」『森林科学』No. 1, 1991年, 72頁。
7) 藤森隆郎『多様な森林施業』全国林業改良普及協会, 1991年, 1〜191頁。
8) 今田盛生「「森林作業種」についての一考案」『北方林業』Vol. 29, No. 11, 1977年, 14〜18頁。
9) 井上昭夫・岩神正朗・田淵隆一・川崎達郎・酒井　武・竹内郁雄「下刈りを省いた帯状更新地におけるスギ・ヒノキ下木の成長」『高知大演報』No. 23, 1996年, 1〜10頁。
10) 鈴木　誠・龍原　哲・南雲秀次郎「スギ二段林下木の成長―低密度の上木による庇陰が下木の成長に与える影響―」『日本林学会誌』Vol. 78, 1996年, 50〜56頁。
11) 藤本幸司「スギ人工同齢林への群状択伐作業導入に関する研究」『愛媛大紀要』Vol. 29, 1984年, 1〜114頁。
12) 清和研二・菊沢喜八郎「トドマツ人工林における樹木の大きさごとの空間分布の林齢にともなう変化」『日本林学会誌』Vol. 69, 1987年, 465〜471頁。
13) 諫本信義「中部九州における原野造林の現状と今後の課題」『森林立地』Vol. 22, 1980年, 15〜21頁。
14) 藤森隆郎『複層林の生態と取扱い』林業科学技術振興所, 1989年, 1〜96頁
15) 落合幸仁・竹内郁雄・安藤　貴「複層林下木の冠雪害―形状比を中心とする被害の解析―」『日林関西支講』Vol. 38, 1987年, 267〜270頁。
16) 村本康治・野上寛五郎・高木正博「ヒノキ壮齢林における列状間伐の効果」『日林九支研論集』Vol. 53, 2000年, 77〜78頁。

第18章　産直運動
―― 林・住リンケージによる森林資源管理の合意形成の芽生え ――

第1節　「川下」からの森林資源管理運動へ

　本章では，林業活性化を目的とした「川上」からの市場確保・拡大策として位置づけられた「産直住宅」ではなく，1990年代後半に出現した「川下」からの「産直」方式の現状とその意義を検討し，それが新しい森林資源管理策になり得るかどうかの問題提起を目的とするものである。

　周知のように，平成11年度林業白書（「林業の方向に関する年次報告」）のタイトルは『森林の現在と未来――世紀を超えて森林活力を維持していくために――』である。この基本認識の要諦は従来型林政の限界を悟り，国民の多くが，「森林と生活に関する世論調査」という数字で示されている「災害防止」（56.3％），「水資源涵養」（41.1％），「温暖化防止」（39.1％），「大気浄化・騒音緩和」（29.9％），「野生動植物」（25.5％），「野外教育」（23.9％），「保健休養」（15.5％）等のいわゆる公益的機能への期待が高まり，他方では「林産物生産」（14.6％），「木材生産」（12.9％）機能への期待が萎んでいることから，新しい林政を提起する考えであることを公表したものと考えることができる。特に，国民，行政，マスメディアなどの採り上げ方は「森林」を「無国籍型」というべきか十把一絡げというべき用い方，論調が多い中で，スギやヒノキ等人工林の手入れ不足，「里山林」の管理放棄，「竹林」の放置化，潜在植生としての照葉樹林や温帯広葉樹林の再生・復元問題とその取り組みを「普通」の市民までもが口角泡をとばす時代である。森林づくりに関するボランティア活動の異常とも思える広がりと高まりを，これまで林政を担ってきた林野庁・国有林当局ですら，さらには中山間地域の森林所有者や農林家などの林業関係者も，森林ボランティア運動に理解を示し，連携する動きが生まれてきた。国民の「森林整備」への直接参加を「林業白書」で紹介し，一定の評価を下す時代となった。しかし，その多く

が植林，下刈り，除伐，間伐，枝打ちなどの「保育」という「森林整備」にとどまっているのが現状である。資源構成上，保育齢級が大勢を占めているとはいえ，木材資源として利用可能な齢級空間が増大していることは統計的に明らかであり，木材資源としての利活用問題は80年代以降よりも更に緊急の課題となっていることは多くの研究者や行政関係者さらには林業関係者の共通の課題ともなっている。

　80年代，人工林資源の有効活用を目指した林業活性化の取り組みは，「産直住宅」方式として脚光を浴びた。いわゆる林業山村地域では，旺盛な木材消費地であり，木造住宅の建設地である「川下」へ建築製材と大工職人とをセットで直接受注，直接建設施工する多段階型流通システムとは異質の生産と消費の直結した取り組みに活性化を展望した。

　しかし，このような「林業」と「住宅建設産業」の直結，リンケージは90年代後半以降に見直しを迫られた。その理由の多くが，「川下」にとり「産直」の旨味が消えたからである。流通段階をカットすれば「廉価」で「良質」な住宅が安心して入手できるという経済性が必ずしも生まれなかった。そこには「川上側」が森林経営の理念と理想，社会的な意義を高らかに謳わなかったからであり，謳うだけの仕組みの創設に早かったからではないか。静岡県龍山村森林組合の建築製材，住宅受注・施工への取り組みは1973年である。

　それから21世紀までの約30年弱，林業及び住宅建設を取り巻く経済的技術的環境は大きく様変わりした。木造率は40％台に低迷し，海外からの建築製品は更に工業製品化率を高めているのに対して，適期適作業は遅れ，伐期の延伸は「巨木・巨樹の森」づくりとなり，環境保全機能を高めるとして広く流布するようになり，公的支援のない正常な経済伐採行為は縮小し，「定量」供給機能は低下し，さらに伐採跡地の再造林放棄がかなり多くの地域で出現するようになった。将来の木材資源供給機能を憂い，とりわけ，再造林の適地＝比較優位条件下にある地域での放棄の経済的および生態的問題更には山村社会の存続危機につながることをも指摘して一定の条件付きで「再造林費の全額公的助成策」を提案している。事態はそこまで深刻である。

第2節 「川上」主導型産直住宅供給方式

1．住宅供給方式の類型
これまでの産直方式による住宅供給は以下の3タイプに大別される。
① 林業地の木材・木製品と大工職人を共に都市へ供給する一括請負方式（『材工一体型』）
② 林業地の木材・木製品を供給し，施工は都市の工務店が担当する方式（『材工分離型』）
③ 林業地の木材・木製品と大工職人を都市へ供給・派遣し，施工は一部（建前）のみ方式

2．産直方式の評価と課題
それではこの「産直方式」の住宅供給の評価を簡単にまとめると以下のように整理される。
① 木材市場構造が外材市場体制化が確立し，国産材の需要が縮小傾向のなかでの「川上」からの有効な市場開拓策であったこと。
② 官民一体型の希望の林業活性化策であったこと。

では，何故，産直方式が右肩上がりの戸数の増大，木材生産の増加そして地域林業の活性化を定着させることが出来なかったか。
① 圧倒的な大手ハウス・メーカーの住宅力の前で，構造改革を起こさせる程の規模の論理を発揮出来なかったこと。
② 優先する工業経済の論理，切り捨て，無視された土地の論理（自然の論理）の矛盾を克服出来なかったこと。
③ 山村の活性化，林業の活性化を標榜するあまり，「環境の論理」，森林の多面的機能の持続的発揮の論理が訴えられなかったこと。
④ 産直住宅方式を具体的に推進する人材が不足していたこと。言い換えれば，販売促進の人材を，さらには製品管理，品質管理のエキスパートを確保できなかったこと。

とはいえ，全国各地で澎湃として起こった産直住宅方式がすべて瓦解したわけではなく，現在でも，主として在村工務店主導型の産直住宅方式が脈々

と繋がっている事例がないわけではない。

第3節 「川下」からの「家づくり」

　現在，全国各地で「川下」である都市部に立地する工務店，一級建築士・工務店が「川上」との連携に活路を見いだそうと取り組んでいる。とりわけ全国的な展開を示しているのがOMソーラー協会加盟工務店，設計事務所による「近くの山の木で家をつくる運動」である。
　以下，静岡県天竜林業地帯を対象に「川下」からの「産直方式」の取組事例を紹介・分析するものである。

第4節　森と住まいの会の運動

　現在，静岡県下には行政支援型の「産直住宅」の組織として佐久間町木材振興センター（さくまの家），水窪産直住宅組合，天竜材住宅販売㈲・天竜材住宅産業協同組合（「龍山村」森林組合の家）等があり，加えて木材業者主導型の静岡プレカット協同組合（心の家），静岡県家づくり浜松協同組合（杉の家），さらには，建築士・大工工務店，製材業者がタイアップしたグループのトムハウス協同組合（天龍美林の家），木koshiの会，本研究の対象とした建築士，大工工務店，製材業，素材業及び森林所有者が連携した『森と住まいの会』，『大井川の杉で家をつくる会』，『富士・箱根・伊豆の木で家をつくるネットワーク』が活動している。以下，『森と住まいの会』（以下，「会」と略称する）に焦点を当てることにする。

1．創設の経緯

　会は，県西部・天竜流域に活動の拠点をおく若手一級建築士（「設計士」）4人が「山で木を育てる人と，木の家に住みたいという人を建築家という立場から橋渡しをしていこう」という考え方のもとで結成したもので，第1回住まいづくりサロンは1998年9月27日，代表格の住まい塾青嶋工房一級建築士事務所経営の青嶋明弘氏の自宅兼事務所で，大人6人，5家族の参加で

表18-1　森と住まいの会メンバー

事務所名	代表者名	年齢	住所
アトリエ樫一級建築士事務所	坂田卓也	39	浜松市
㈱大屋建築計画事務所	大屋広康	44	浜松市
住まい塾青嶋工房一級建築士事務所	青嶋明弘	43	磐田市
㈲番匠	眞瀬悦郎	43	浜松市

資料：森と住まいの会提供資料及びホームページから作成
注：年齢は2002年3月末現在

始まった。

2．組織構成

　会は4人の一級建築士の資格を有し，それぞれ独自に事務所を構える40代の若手建築家で，年間数棟前後の設計・施工管理を行う。会として住宅を受注建設することはない（表18-1）。

　会は，年会費5,000円の会員制であり，以下に紹介した住まいづくりサロンでの定例勉強会や現場見学会などに無料で参加できる（非会員は1回1,000円）。会員は24名（2000年度）。

　会を支えているのが，工務店，製材業者，素材生産業者及び林業家である。彼らは住まいづくりサロンを支えるメンバーであり，製材業者，素材生産業者及び林業家は従来から取引関係があり，太いパイプでつながれている。

3．活動の内容

　会の基本コンセプトは「森につながる家づくり」「お互いの顔が見える関係づくり」「無垢の木の良さを引き出す家」である。そこには住まい手の家づくりを，地域の材料を使い，地域の住まいをつくることによって，地域の環境や森林を，そこに住む人自身の手で守り育てていく活動を展開することを狙っている。

　① 会員を対象とした定例サロンの開催

　定例勉強会（年6回），4人の設計士が持ち回りで主催。地域の住まいづ

表 18-2　住まいづくりサロンの概要

開催回数・開催日	プログラム概要	参加者
第1回 1998年9月27日	参加者との意見交換会	大人6人，5家族
第2回 1998年11月15日	天竜材の家（浜松市）構造骨組み見学会，大工職人・製材工場経営者・山仕事従事者との意見交換会	参加者総数70人 （子供20人）
第3回 1999年2月7日	建築事務所アトリエ樫の見学勉強会・意見交換会	参加者総数35人 （子供10人）
第4回 1999年4月25日	天竜材の家（OMソーラー住宅）での住まいづくり勉強会	参加者総数27人 （子供7人）
第5回 1999年7月11日	国産材製材工場の土場，素材生産業者の貯木場での見学・研修会	参加者総数40人 （子供14人）
第6回 1999年9月11日	住宅設計の進め方，打ち合わせの実際，設計図のとりまとめ方，設計業務，設計施工監理などの説明会，意見交換会(ワークピア磐田)	参加者総数29人 （子供7人）
第7回 1999年10月17日	建て主，材木商，大工職人，左官職人を交えての「顔の見える家づくり」についてのフリートーク（県立森林公園内「森の家」にて）	参加者総数60人 （子供8人）
第8回 1999年12月4日	森林と伐採の現場見学会，所有者や山仕事従事者との意見交換会（樹齢150年のスギ人工林）	参加者総数60人 （子供6人）
第9回 2000年2月20日	伊藤邸の見学会，サロンアトリエぬいやの見学研修会	参加者総数53人 （子供12人）
第10回 2000年5月21日	伝統工法を生かす現代木造住宅見学会 市田邸（細江町），峯田邸（浜松市）	市田邸(総数19人，子供4人) 峯田邸(総数26人，子供4人)
第11回 2000年7月16日	建築現場見学会(磐田市)と座談会(進行役：大学教授，建て主，林家，素材生産者，製材業者，設計者，天竜林業活性化センター共催)	参加者総数45人
第12回 2000年10月8・9日	市田邸完成見学会（県林業振興室・県木連の「地域住宅産業推進事業」の「森林につながる家づくり」推奨）施主の市田ご夫妻，天竜林業地の若手製材・素材生産グループ「テンダス」（天竜材を世に出す会）や大工職人の参加を得ての意見交換会	8日22組，9日33組 地方紙静岡新聞が8日に取材

開催回数・開催日	プログラム概要	参加者
第13回 2000年11月12日	建築現場完成見学会，第11回の構造見学会の黒柳邸の完成見学会と家づくりに参加した施工担当の番匠，設計の青嶋，製材のAさん，大工棟梁のKさん，左官のMさんと施主の黒柳ご夫妻と参加者との住まいづくりについての意見交換会	参加者総数50人
第14回 2001年2月24日	山仕事見学ツアー：素材生産業者S商店（天竜市）の土場，出材現場（春野町）での乾燥問題，山仕事の重労働さ等学習	参加者総数32人 （子供9人）
第15回 2001年5月12日	住宅設計の進め方，打ち合わせの実際，設計図のとりまとめ方，設計業務，設計施工監理などの説明会	参加者総数32人 （子供6人）
第16回 2001年7月22日	家具と建具の勉強会	参加者総数22名 （子供5人）
第17回 2001年10月14日	木の家づくりセミナー ～暮らしと地域を生かす住まい～ 森の感謝祭協賛	参加者総数20名 （子供3人）
第18回 2001年11月17日	木の家づくりセミナー～伐採現場の見学～	参加者総数73人 （子供12人）
第19回 2002年3月23日	メンバー大屋の自邸の構造見学会 設計：大屋，施工：番匠，山林家Sさん（春野町），素材生産S商店（天竜市），製材Aさん（森町），大工棟梁Kさん，左官工事T工業，外構造園Oさんらと「顔の見える関係」での家づくりの説明と意見交換会	参加者総数40人 （子供6人）

資料：森と住まいの会提供資料および「森と住まいの会」ホームページから作成

くり，住まい手自身にとってふさわしい住まいとはなにか，設計士としてできることは何か等をテーマに研修や，建築途中あるいは完成住宅見学会，「森林と伐採現場の見学会」では38家族，60名，120年生のスギ人工林での伐採，この山のスギを自分で伐採できる，その木材が自分の住まいに使われる，ということを可能にする研修会でもある。参加者の多くがスギ山に入り，伐採行為を体感・体験することで，あらためて森林と人，森林と暮らし，森林と自然環境の関係を理解することが可能となる（表18-2）。

② 住まいづくり相談会
設計監理の受託
③ 職人を対象とした施工講習会
工務店,職人,設計者が集まり施工方法などの意見交換。
④ 森林と住まいのネットワークづくり
⑤ 創作活動

第5節　林住・リンケージの可能性

　2001年1月1日,近くの山の木でのいえづくり運動がNPO「緑の列島ネットワーク」として発足した。様々な職種の,様々な思いの人々が「環境」を意識し,「山」を支える地域社会とその暮らしを支えることが地球環境問題の解決の一助になるのではないかとの思いから参加したのではないだろうか。

　これまでの「産直住宅」という「川上」からの林・住リンケージは,その経済的特性を失い,転換を迫られている。建築家長谷川 敬氏が代表の「東京の木で家を造る会」は21世紀型の新しい林・住リンケージであり,林業と住宅建築のあり方を示唆する実効性のある運動ではないだろうか。その同じ地平に「森と住まいの会」を位置づけることができるだろう。運動は始まったばかりではあるが,現時点での評価を以下のようにまとめてみた。

① 建築家,それも一級建築士の主催・主導型であること。
② 既往の分業システムの持つ機能と役割を蘇らせることを結果する可能性を秘めていること。
③ 住まい方,つまり生き方の議論の延長に「家」があり,地域の暮らしがあり,森林があり,地域で育った木材を積極的に使用することが,新しい森林資源管理を創設するのではないか。
④ 森林の木材生産機能を重視した経済性追求型の林業経営が生み出した森林管理の放置化,再造林の放棄などを住まい手の立場から考え,行動する運動で,新しい林業と国民の連携が生まれ,資源管理の一翼を担うことができるのではないか。

このほか，天竜流域には，ハウス・プロデューサーが仕掛け人となった，「住まいづくりを勉強する会」（メンバーは一級建築士，山林部のある大手製材業，林業家）やトムハウス協同組合（製材業，工務店，一級建築士），テンダス（別称：天竜材を世に出す会，メンバーは山林部併設の国産材製材を代表とする若手製材経営者，天竜プレカット協同組合専務理事，素材生産業者等）等，「定時・定質・定量」の供給システムが稼働し始めた。これらの新しい取り組みが，天竜林業地帯では大きな問題にはなっていない森林管理の放置，伐採跡地の再造林放棄という全国的な課題への対応策となりうるかどうか，林家の経営マインドを再生できるかどうか，慎重に見極めたい。

留意しておきたいのは，住宅希望者を含む国民が「森林」，それも「人工林」の適正管理へ眼を向けることによって，森林所有者のみならずその協同組合である森林組合の行動を，それも「収益性基準」による施業の取り組みの有無にまで口を挟みかねない，ということである。

今後，「森と住まいの会」にとどまらず，全国各地の事例を学び，「近くの山」の新しい活かし方，新しい管理のあり方を検討していきたい。

（小嶋睦雄）

付記

1）本研究は文部省科学研究費基盤研究A『林家の森林経営マインドの後退と森林資源管理の社会化に関する研究』（代表：堺　正紘）による。
2）本研究は，2001年日本林学会で「林・住リンケージによる森林資源管理のありかた―「川下」からの「産直方式」の転換―」として口頭発表したものを一部追加，訂正したものである。
3）本研究では「森と住まいの会」でのヒアリング調査と以下のホームページを参考にした。
 http://omsolar.co.jp
 http://www.morisuma.com
4）市民を対象とした森，木，木造住宅への普及啓発や木造住宅づくりへの需要掘り起こしに関する運動が全国的に広がってきている。この情報の収集には
 http://plaza.across.or.jp/~hsgwtks/（森の窓　森林と林業の総合リンク集）
 http://green-arch.or.jp
 等を覗くことをお勧めする。

第19章　地域文化と環境財としての森林管理
　　　　——沖縄県を事例として——

第1節　問題意識と課題の設定

　沖縄本島最北端に辺戸という集落がある。人口135人，世帯数59（2002年6月末現在）の小さな集落で，行政区は国頭村に属する。
　辺戸の集落の南西側には，琉球開闢神話の安須森（黄金森）がそびえ，東側集落後方には，かつて琉球王朝時代の正月若水取りの神聖な場であったウッカー（大川）がある。また集落の北側ゾーンには，村落風水のために植えられた琉球松（蔡温松と呼ばれている）が林立する。これらはすべて琉球王朝時代に系譜をもつ文化遺産である。
　この辺戸集落と奥集落の間の海岸よりの村有林内に，1999年2月初めに国頭村の一般廃棄物処分場建設計画が突如区民に明らかにされる。
　この村の廃棄物処分場建設計画に対し，辺戸区民は，地域の合意が得られていないとして，村有林内における入会権の存続を理由に，反対運動を展開し，現在，入会権の存否をめぐって，国頭村と辺戸区民との間で，裁判闘争が行われている[1]。
　この辺戸集落のある国頭村は，一般にヤンバル（山原）と呼ばれ，戦前から戦後の一時期にかけて，薪や木材などの山稼ぎで生計を立てていたところでもある。
　また，このヤンバルには，世界でも珍しい鳥類や昆虫類などが棲息していることもあって，復帰以降，森林開発のあり方に対して自然保護団体などから，問題提起がなされてきた。
　この辺戸集落と国頭村との入会権と環境権の争いを含め，山原地域における森林開発と自然保護の有り様は，集落と森林資源管理の社会化のあり方，地域における合意形成の進め方などについて，きわめて今日的で普遍的な課題をわれわれに投げかけている。

集落を核とした地域住民の合意形成をどう図るべきか。そのための合意形成のコンセプトとは何なのか。このような視点から集落や合意形成の問題が論じられた例は，ほとんどない。これらの点を集落機能と地域文化とのかかわりで，再検討してみようというのが，本章の課題である。

第2節　沖縄の集落機能と森林資源管理の社会化

　村落共同体としての集落の機能を現代的にどう評価するか，という問題については，どちらかといえば，林政研究の中では，近代化にとってマイナスイメージとしての共同体のネガティヴな面（過疎化・排他性）のみが強調されてきたように思う。

　最近，村興し，地域自然環境のあり方，地域活性化のノウハウ論をめぐって，共同体のさまざまな人間的生活機能との連関性において，集落機能のあり方が再評価されつつある。すでに農業分野では，請負耕作，集団営農，耕地整理事業などの面で，集落機能が見直され，集落を単位とした政策が展開されている。

　数百年の歴史的実験結果を経て，現在もなお存続する各地域の集落には，以下でみるように，人間生存と結合した実に多様な機能が備わっている。その機能を現代的にどう生かすか，この視点からの集落論の見なおしが，今求められている[2]。

1．集落の自然生態系維持機能

　集落の歴史的および現状で果たしている役割の一つに，人間生活を含めた自然生態系の秩序維持機能が挙げられる。

　沖縄本島北部地域（通称ヤンバル）にはノグチゲラやヤンバルクイナなど，国の特別天然記念物が数多く棲息している。この地域はまた，歴史資料で見る限り，およそ250年以上も前から山を林業的に利用してきた事実が確認できる。しかも現在よりも，木材の伐採量は昔の方が数十倍も多かったのである。なのになぜ，今日まで貴重な生き物と林業生産活動がバランスよく，共存関係を維持してきたのだろうか。その最大の要因を，私は集落の伝統的な

林野利用にある，とみている。

　沖縄県の林野所有の本土との大きな違いの一つは，本土の私有林の比率とほぼ同じくらい，市町村有林が多いことである。この公有林の中身は，実質的には入会的管理利用で，集落の共同体規制が現在でも強く残されている。歴史的に間切（現在の市町村の行政区に対応）や村（現在の集落）の内法をもとに林野利用が規制された結果，集落周辺の里山から奥山にかけて，さまざまなタイプの林野の利用地がモザイク状に分布し，人間圧の強弱がバランスよく存在する多様な林野利用のあり方が，結果的に出来上がっていた。

　たとえば，田畑の維持管理や燃料採取地としての里山と用材供給地としての杣山（奥山）のゾーニング。旧暦4月から5月まで山に入ることを禁じた「山留め」の制度。ウタキなどの聖域の森での山拝みと村落祭祀。村落風水や山地風水維持のための，風水山や森の伐採禁止区域の設定など。このような集落を核とした林野利用の存在が，昆虫や鳥類などの食物連鎖を維持するビオトープ空間系をつくりだし，一つのまとまった生物生態系の循環機能を形成していた，と考えられる。

　本土の場合，集落機能の負の面ばかりが強調され過ぎて，旧来の林野利用と集落機能の乖離が意図的に進められ（たとえば，入会林野の解体など），また私有林が多いこともあって，大面積一律にスギ，ヒノキの針葉樹に特化してしまい，今日，地域森林環境の面で，さまざまな問題を引き起こしている。

2．集落の生産機能

　天竜林業地域などに見られるように，自由な仲間集団や地縁的な集落構成員などが，素材生産の主体，新産業（磨丸太の生産，食堂・売店経営，産直住宅等）の創成，山村と都市との提携交流などの担い手として，新たに機能しはじめている。

　今日の森林林業の社会的状況が変革期を迎えている中で，きちっと時代の流れを読み取り，どうすべきか，多様な状況に対応できる自己変革と問題意識のきわめて高い人材の存在が，熊などの天竜林業地域には見られる。これらのマンパワーと集落の持つ自然的・社会的土壌のプラスの要因がブレンド

して，この地域がよりパワフルに活性化しているように思う。

　沖縄県の国頭村奥集落には，現在でも集落直営の共同店があって，お茶の共同生産販売，日常雑貨の購買などが行われている。明治39年（1906）4月の設立というから，94年間の歴史的実験結果がある。これだけの期間，共同店が存続してきた背景には，すぐれたリーダー（人材）の存在と，生産と福祉という経営理念にもとづく集落民へのサービスの幅広い提供が挙げられる。

　戦前戦後の一時期まで，公有林の施業案にもとづいて，林産物の伐採・造林事業が集落を単位として実施され，伐採木は共同店に各個人で搬出して，その対価に日用品を受け取る仕組みになっていた。伐採木の多くは燃料用の薪であったが，切る量も，「一人一日一荷」という制限がつけられていた，という。

　今日，公有林の伐採・造林は，国頭村森林組合の事業として実施されているが，伐採・造林労働力の提供や，各組合員の生活の面でも，集落と森林組合との関わりは深く，集落機能を抜きにして森林組合の存続はあり得ない。

3．人間性回復の場としての集落機能

　本土の集落の基礎は「家」が単位になっているが，沖縄の場合は，「人」を単位に集落は機能している[3]。

　沖縄ではトートーメー（本家の祖霊神）を中心にした血縁集団が，集落構成の核になっている。村落祭祀も血縁集団を核に行われる。また村落祭祀は女性の神女が実権を握っている。この神女たちは，村落祭祀を通じて，集落を「抱く」と表現する。これは本土の祭祀の多くが，男性中心に動き，きわめて形式にこだわる構造とまるっきり違う。本土の集落機能が血縁よりも地縁的結合社会の要素が強いのは，封建国家社会の経験の差かも知れない。

　よく沖縄の文化は「やわらかさの文化」といわれる。それは言い換えれば「いやしの文化」でもある。また沖縄には「テーゲー（大形）」（いい加減とか，こだわりがない）の人生観がある。この人生観はルーズな面としてとらえられがちだが，考えようによっては，とことんまで人を追い詰めない，他者をつつみこみ生かす精神的ゆとりともいえる。これらの文化の根っ子は，

神女たちが集落を「抱く」世界観につながっているように思う。

　この母系性社会の精神が生きている沖縄の集落は，ユイマール（共同労働）による労働の喜び，支え合う生活の安心感，高齢者への福祉などの諸機能を今に伝えており，今後，森林林業をめぐる新規参入者の流入や外来の新たな森林NPOなどの育成にとって，一つの戦略的土壌を提供してくれるものと期待できる。

4．文化遺伝子プールとしての集落機能

　前述の自然生態系維持や生産や人間性回復などの集落の諸機能には，その地域の自然との歴史的体験を通してシステム化された，人間生活全般にかかわる情報が生き続けている。

　この数百年にわたる自然体験型の情報は，貴重な文化遺伝子である。この文化遺伝子の中には，人間の生存にとって不可欠の食や衣や住や精神世界に関わる諸々の情報が詰め込まれている。

　たとえば，植物の方言名や薬用，食用，用材，遊びなどの植物の様々な利用方法。山の伝統的管理手法や民俗伝承等々。

　このような貴重な価値資源を収集整理してデータベース化できれば，今後，森林の多様な利用を図る上で，情報戦略の重要な要素になりうる。

第3節　合意形成のコンセプトとしての山林風水の意義

　風水とは土地の吉凶を判断する地相術のことである。風水では，大地は一個の生命体で，その地中に気（気脈，龍脈）が流れている，とみる。その気の流れる地形の善悪を読み取ることが，風水の基本である。

　この風水は現在，南中国，台湾，香港，韓国，琉球などの主に東アジア文化圏に広がっている。都築（1990）や目崎（1990）によれば，この風水は紀元前の中国の周時代からあって，10世紀頃までには東アジア全域に伝播した，といわれている。琉球に来たのは14世紀末の「久米三十六姓」（琉球に移住した中国人の総称）の琉球渡来以降とされているが，もっと古いとみられている[4]。

この風水の考え方は，17世紀から18世紀にかけて，琉球国内で住宅，集落，墓地，国都などの造成から，山林の管理までの広い範囲にわたって国策として応用されていった。風水思想は，日本国内では，平安京造営のころに隆盛を極めていたが，近世期以降には，その考え方はほとんど残っていない。とくに山林風水に関しては，近世期の日本ではみることのできない，琉球独特のものである。

　琉球はおよそ500年にわたる中国との交流を通じて，さまざまな文化を受容してきた。その一つが風水であり，これに関する史料等も数多く残されている。これらの史料を使った琉球の風水研究は，これまでいくつか公表されているが，その多くは，墓地，集落，国都などに関するものである。山林風水については，都築（1990），篠原（1996），加藤（1997）らによって部分的に概説されている程度である[5]。

　琉球の山林風水には，林相の見方，山の形状の把握，植林の方法など，山の取り扱い方全般に関わる考え方が述べられている。この山林風水は，今日のわれわれにとって，どういう意味をもっているのか。現在の状況と対比しながら，その思想的意義について，包括的に研究された例はほとんどない。

　この山林風水研究の第1の意義は，古代日本人の自然観を探る糸口となるだけでなく，東アジア文化圏内における自然＝森林と人間との関わりのあり方を知る有力な手がかりになり得る点である。

　第2の意義は，島嶼社会における人間活動と森林環境保全の問題の解決，とくに琉球列島における人間と貴重な生物との棲み分けの実践方法が提起できる点である。

　このような問題意識にもとづいて，本節では，この山林風水の現代的意義について，人間活動とエコロジカルの視点から考察し，地域住民の合意形成のコンセプトとして提示してみたい。

1．山林風水の概要

　風水では山は龍（地脈）にたとえられる。地中には生気が流れている。その生気は風に遭うと散逸し，地中を行くと，水に界されて止まる。その生気に乗ずるには，その生気を貯めることが大切である。

風水の蔵風法では，吹き来る風を拒むのではなく，吹き去る風を貯えることが要になる。そのためには，ある地形の四周が山で囲まれ，その中央盆地が陰陽二元の冲和をなして，生気の充溢活動が図られなければならない。その生気が地脈を伝って結合する処を穴と呼び，風水でもっとも大事な場所とされる。

　四周を囲む山や丘を砂という。この砂には玄武，朱雀，青龍，白虎がある。それを四神砂という。玄武には祖山，宗山，主山があって，山の後方（北側）に位置する。朱雀には朝山と案山があって，穴の前方，南の方角に向かう。青龍は穴の左方（東側）に，白虎は穴の右方（西側）に位置する[6]。

　この風水蔵風法の考え方が，琉球の山林風水の中にも応用されている。

　現在知られている史料の中で，沖縄の山林風水思想を伝えている基本的なものは，「山林真秘」（1768）と「杣山法式帳」（1737）の2つのみである[7]。「山林真秘」は，琉球王国の三司官で風水師でもあった蔡温が，1708年から1710年の間，中国の福州で地理（風水）を学んだ際に，持ち帰ったものだといわれている。今日目にすることができるのは，1768年の筆写本のみである。「杣山法式帳」は，1737年王府から公布されたもので，その中には「山林真秘」の内容が，ほぼそのままの形で生かされている。

　「山林真秘」や「杣山法式帳」で第1に問題にされているのは，山形と気（山気）の関係である。山形の状態は気の漏洩に大きな影響を与える。気が抱護によって保持され，陰陽和合（気の調和）しているところに，樹木は立派に育つというのが，山林風水の根本的な考え方である。抱護とは，後述するように，気が散逸しないように，山々や樹木で囲まれた状態を指す地形概念である。

　このように山林風水では，山気と抱護（山形）の2つが基本要素になって，先述した風水一般でいう蔵風法の環境を作り出すことを主眼に置いているのである。

2．風水的山の取り扱い方

　どのような環境に樹木はよく育つのか。その環境を解析することから，山林風水は始まる。山林風水によれば，樹木の生育環境にとって，重要な要因

は地形である。その地形は，山気を抱護している状態が理想である，という。ここでいう山気とは，中国古来の気の概念の一つである。丸山（1989）・仲里（1990）によれば，この気とは物質であり，エネルギーであり，生命情報である，と説明されている[8]。

抱護とは，この気を散らさないように，周囲を山々（あるいは樹木）が囲んで保護している状態のことをいう。風水では，裨補（地力を補う）という考え方があって，気を抱護する地形が欠落している場合には，樹木を植えて，その欠陥を補うやり方がある。したがって，気を抱護するために植えられた樹木は，「抱護林」（明治期以降の呼称）とも呼ばれる。

山形には，山の高低によって，嶺地（平らな勾配），峰地（急勾配），潤地（谷間の平地）の3つがある。嶺地は陰陽に，峰地は純陽に，潤地は純陰に，それぞれ属する。有用な樹木は，陰気と陽気が調和した陰陽和生の地（嶺地）にできやすい，という。

山気を守る抱護には，抱護之門，抱護之閉所，抱護閉口と呼ばれる場所がある。これは諸山が重なり合って，各谷からの水が一流に組み合わさって，山外へ流れていく出口のところである。ここは山林の気脈の所である。「杣山法式帳」では，とくにこの場所について，次のように説明する[9]。

　　「杣山にとって，……抱護は重要である。とりわけその閉口は，杣山盛衰の気脈にかかわるので，とくに肝要である。そのような閉口を焼き開けたり伐り明けたりすると，山気が洩れ，山奥まで次第に傷み，前面の小木より劣って，終いには杣山が衰微する。これからは，そのようなことを心得て，抱護閉口の樹木はよく念を入れ，他所よりも早々と樹木を盛生させることを，専ら考えるべきである。」（仲間訳）

「山林真秘」では，この「抱護之門」の樹木を切って，その門を開いてしまうと，山林は次第に病気にかかり，樹木が衰える，と記している[10]。

抱護の山々のどちらか一方が欠けると，そこから風が入ってきて，そのため樹木は生長できなくなる。それを「四維之病」と呼ぶ。そういう場所には，樹木を植えて補完することが肝要である，と山林風水では説いている。

まとめて言えば，山の生命線である「抱護之門」を保全することで，山気が陰陽調和し，病気にかからない健全な山ができる，ということを山林風水では教えているのである。

3．魚鱗形の育林法

1747年，山奉行からの実験報告を受けて，王府が公認し，各地域に実施するよう公布された「樹木播植方法」という史料がある[11]。

この史料の中に，杣山内の樹木が憔悴した場所と，広い原野でのそれぞれの樹木の仕立て方が述べられている。それを要約すると，以下のようになる。

杣山内の樹木が憔悴した場所では，まずそこを魚鱗形に開く。そうすると自然に種子が入れ渡って，樹木が仕立てられるという。これは今流にいえば，魚鱗形による天然下種の更新方法にあたる。

広い原野での樹木の仕立て方では，「薄」（ススキ）と「茅」（チガヤ）の2つの原野に分けて，説明されている。

「薄」の原野では，「薄」の高さが5～6尺（1.5～1.8 m）の場合，魚鱗形に切り開く幅は4～5間（7～9 m），残す抱護の幅は3尺（0.9 m）になっている。

「茅」の原野では，魚鱗形の幅は1間（1.8 m），抱護の幅は2尺（0.6 m）となっている。

これらの数字には，何か意味があるのだろうか。

まず魚鱗形の幅は，「薄」の高さのおよそ5倍になっている。抱護の幅は，魚鱗形の面積の10％程度である。「茅」の場合の抱護の幅は，魚鱗形の面積の30％程度である。

山林風水で最も大事な点は，山気の抱護であったことは，これまで述べてきたとおりである。魚鱗形の空間内の山気を抱護するためには，風を制御する抱護の高さや幅が，重要な要因になっていることは，容易に想像がつく。

そこでこれらの数字を，今日の防風林機能の研究成果と比較してみた。耕地防風林の風速減少作用では，樹高の5倍以内でその機能を最大に発揮するとされている[12]。

先にみた魚鱗形の数字は，この防風林機能の実験結果の数字とほぼ一致す

る。つまり「薄」・「茅」の抱護の高さと魚鱗形の空間域の設定値は，理に適っている，といえる。

　魚鱗形に仕立てる場所は，風衝地などの厳しい環境である。そこでは風害を防ぎ，幼木が健全に生育する環境作りが眼目になる。植林地を抱護帯で囲み，風をコントロールして幼木の生育環境を整えるところに，魚鱗形の効用の最大の意義がある。

　魚鱗形は，切り開いた空間域が遠方から見たとき，魚の鱗の形をしていることから名付けられている。この魚鱗形は，中国では一般的に使われていた言葉のようである。たとえば，『呂氏春秋』[13)]には「水雲魚鱗」との記述がみえる。新村（1991）によれば，中国の土地台帳は，魚鱗図冊，魚鱗図，魚鱗冊などと称されるという[14)]。これは一筆ごとに土地を細分した形が，魚鱗状にみえることから，そう呼ばれている。

　蔡温が中国から持ち帰ったといわれる「山林真秘」[15)]の中にも，林相の変化を龍珠や魚鱗にたとえて記述している箇所がある。琉球の魚鱗形の考えは，中国から伝来した可能性が高いが，その実証的研究はない。

4．風水的土地利用のあり方

　近世琉球では，集落を核として，外円に田畑→山野→杣山と広がり，それぞれの場所に，さまざまな土地利用がパッチ状に分布していた。

　山野は主に田畑の緑肥，生活用薪，用材などの採取地で，集落との関わりの深い共同利用地である。その管理利用の主体は，集落から間切（今日の市町村）にまたがっている。

　杣山は琉球王府の御用木の伐出地で，杣山奉行の管理体制の下，風水思想にもとづいて，各地域で集落や間切単位で管理されていた。林野全体のおよそ70％を占める[16)]。杣山内の仕立敷（植林地）では，イヌマキ，コウヨウザン，スギなどの有用樹木が，地域住民の夫役で植えられていた。杣山は山野に比べて，イタジイなどの自然林が多く，その一部は仕立敷として利用されていたのである。

　風水土地利用の中に，御風水山・間切抱護山・村抱護山と称して，田畑から杣山にかけて区分されたところがある。この間切・村抱護山は「抱護林」

とも称される。これは風水思想にもとづいて，18世紀以降，王府の林政改革の一環として，新たにつくられた村落風水景観の要素の一つである。

村落風水では，気が散逸しないように，植林などをして，人為的に理想的な風水環境を作り出すことが，主要な課題になっていた。

この御風水山・間切抱護山・村抱護山は，間切や村の風水保全のための要の場所である。これは屋敷や村落を囲む森や地形などからなる。「久米村神山里之子親雲上様弐ケ村風水御見分日記」[17]によれば，近世期には，村落風水の保全のために，間切や村や屋敷などを囲んで，「松木」（リュウキュウマツ）や「ふく木」（フクギ）などが植えられていた。

村落風水の景観については，今日，多良間島や沖縄本島本部町備瀬集落などに，その痕跡を見ることができる。

多良間島は宮古島と石垣島のほぼ中間に位置し，面積20 km²の楕円形の島である。多良間島の村抱護（方言でポーグ）は，1742年に当時の宮古島平良の頭職（村長）であった白川氏恵通が，琉球王府の三司官である蔡温に命じられて造成した，と伝えられている[18]。

そのころに風水思想にもとづいて，多良間島同様，琉球全域の各島々・村々でも，村垣，潮垣などの「抱護林」，御嶽林などが仕立てられている。潮垣と称する浜抱護には，アダン，オオハマボウ，クロヨナ，シマグワ，ススキなどを植えるよう王府は奨励している。

多良間島の村落風水は，塩川と仲筋の両集落を囲むように，北側にクサティムイ（腰当森），南側に「抱護林」が造成されている。クサティムイは風水でいう玄武にあたる。集落を囲む「抱護林」は青龍（東），白虎（西），朱雀（南）の役目を果たす。

この「抱護林」は，仲筋集落から塩川集落まで，幅約15 m，全長1.8 kmにわたって造成されたといわれている。現在の「抱護林」内には，フクギ，テリハボク，モクタチバナを主体に，イヌマキ，リュウキュウコクタン，シマグワ，アカテツなどの植物が生育している。

このように近世琉球では，海岸域から集落，田畑，山野，杣山にかけて，風水思想にもとづいて土地利用区分が行われ，日本でもまれな風水景観を作り出していたのである。

この風水的土地利用のあり方が，実は，生物多様性との関わりで，きわめて重要な意味をもっていた。このことを次に検討してみよう。

5．モザイク状植生景観と生物多様性

　通称ヤンバル（山原）と呼ばれる沖縄本島北部地域は，県内でも有数の森林地帯である。この森林資源を生かして，琉球王朝時代からこの地域では木材生産が盛んに行われてきた。その歴史はおよそ300年にもなる。現在でもこの地域では，国頭村森林組合によって林業生産活動が行われ，同森林組合だけで年間約5,500 m^3（平成11年，県内全体では11,370 m^3）の用材生産量の実績をあげている[19]。

　この地域にはノグチゲラやヤンバルクイナなどの貴重種が数多く棲息しているために，以前から森林開発をめぐって自然保護団体などから問題提起がなされてきた。

　この山原地域の林業はさまざまな歴史変遷を辿って今日に至っているが，それを木材生産量の推移でみると，その概略は次のようになっている。

　明治38年から昭和18年までの39年間に，年平均135,947 m^3 が沖縄県内で生産されている。そのうちの90％は薪炭材である。統計では20万m^3 以上の生産高に達している年もある。そのうちの50〜70％は国頭郡（山原地域）で生産されている[20]。

　戦時体制下に入った昭和10年代には，軍事供出用の木材が更に加わって，年間18万m^3 の森林が伐採されている。戦後になると戦災家屋の復興用材や薪炭材などの需要増大で，1950年代には年間22万m^3 の木材が切り出され，このとき山原の森林からも数多くの木材が伐採搬出されている[21]。

　これら戦前戦後の木材伐採量は，現在の伐採量より戦前で約7倍，戦後の1950年代で約11倍，国頭郡（戦前）で5〜6倍多く切り出されており，森林伐採の歴史からみる限り，過去の方が森林に対する人間の干渉の度合いはかなり強かった，といえる[22]。

　ところで，このような過去における山原の森林に対する人間の強い干渉によって，森林そのものの質と量も変化しているにもかかわらず，なぜ，ノグチゲラをはじめとした山原の貴重な生物たちは，生きのびてこれたのだろう

か。そこには山原における人間活動と野生生物との長いつき合いの中でつくられた風水的林野利用システムが,大きく影響を与えていたのではないか。以下,このことについて具体的に考察してみよう。

風水の林野利用景観の特徴の一つは,さまざまな森林景観がモザイク状に拡がる土地利用の形態にある。近世期の琉球の土地利用のあり方は,奥山には杣山がコアゾーンとして位置し,里山は薪炭材や緑肥の主な供給地になり,集落周辺の「抱護林」や海岸域の浜抱護などは,今日でいうビオトープ空間を形成して,全体として生物とくに鳥類にとって意味のあるモザイク状の植生の配置構造になっていた。

たとえば,沖縄本島北部地域では,集落を核として,海岸域の「抱護林」,集落の屋敷林,田畑周辺の里山,奥地の杣山などが,モザイク状の形で存在していた。里山は田畑周辺に広がる丘陵地で,杣山は標高500m以下の山々からなる。

実はこのモザイク状の植生景観が,昆虫の種類や個体数の多様性と深い関わりをもっていることが,これまでの研究結果から分かってきた。

東(1977)は,植生環境を自然林,択伐林,皆伐林,開墾地,開墾3年林別にプロット設定して,それぞれの試験区における昆虫相の種構成と個体数密度について,西表島を事例に調査報告している[23]。

これらの調査結果によれば,各区における昆虫の目別種数は,自然林で129,皆伐林で108,開墾地で64,開墾3年林で114となって,自然林の方が種類は多くなっているが,意外なことに開墾3年林や皆伐林でも多くの種類の昆虫が棲息している。

次に各区における昆虫の目別個体数についてみてみよう。個体数がもっとも高いのが開墾地で5,151頭,次いで開墾3年林が4,743頭,皆伐林が3,515頭,自然林が3,070頭,択伐林が2,812頭の順となって,むしろ森林地帯よりも伐採地の方が昆虫の個体数は多くなっている。

つまり,自然林には昆虫の種類は多いが個体数は少なく,逆に伐採地や開墾地には自然林に比べて昆虫の種類は少ないが,個体数は多いというのが,これらの調査結果が明らかにしている重要な点である。

この調査結果は,石井ら(1993)が同様に行った近畿地方のチョウ類群集

の種類と個体数に関する調査結果[24]と，ほとんど同じである。

次に，これらの昆虫を餌としているノグチゲラの食習性[25]と，前出の東の調査資料[26]とを比較してみた。

ノグチゲラが雛にエサを運んでいるときの給餌物について，その内容を調べた沖縄県教育委員会の調査結果がある[27]。

それによると，動物性給餌物として，カミキリムシ幼虫，コメツキムシ幼虫，コガネムシ幼虫，セミ幼虫，ゴキブリ，カマキリ，コオロギ，カネタタキ，ケラ，ミミズ，クモ類，ムカデ，ヤスデ，ゴミムシ，ゲジなど，また植物性給餌物として，リュウキュウイチゴ，タブノキの実，ヤマモモの果実などとなっている。

動物性給餌物の中で鞘翅目類はカミキリムシ，コメツキムシ，コガネムシ，ゴミムシ，直翅目類はコオロギ，ケラ，カネタタキ，半翅目類はセミなどである。

前出の東資料[28]によれば，鞘翅目類，直翅目類，半翅目類などの個体数は，森林地帯よりもむしろ伐採地や開墾地など，人間が手を加えた場所に多く出現している。

植物性給餌物の中のリュウキュウイチゴなどは，林縁生マント群落の構成種で，森と草原の間，林道沿い，畑・裸地と森との間などに，よく生えている植物である。ヤマモモにしてもリュウキュウマツ林からイタジイ林への遷移の過程でよく見かける植物で，イタジイ極相林への程度が進むほど，個体数は少なくなる。さらにタブノキの場合は，山地のイタジイ林とは対照的に，低地林を形成する樹木である。

これらのことから，ノグチゲラなどの鳥類はイタジイの自然林内だけでなく，伐採地，林縁，植林地などの里山や人里環境を，幅広く飛び回って採餌している，と考えられる。

ところで，極相林と人間が手を加えた二次林とで，それぞれの生物の多様性がどうして違うのか。

石井ら[29]によれば，極相林にいろいろな生物が少しずついるのは，生物量に対して生産量の割合が小さいことに起因するという。これとは逆に，二次林で生物の個体数が多くなるのは，生物生産量（バイオマス）が相対的に

高いためである,と説明されている.
　極相林になればなるほど,植物の種類は陽性の植物から陰性の植物へと変化する.ところが二次林,林縁,萌芽地などの里山環境では,むしろ植物の種類も多くなって複雑多様化し,植物のニッチ（生態的地位）も豊富になる.植物の種類も多く,森林自体も若くて活力に富み,そのため生物の扶養力も高い.このような植物相のニッチに対応して,それぞれの昆虫相のニッチがきまり,またその昆虫を食べる鳥類相のニッチも決まってくる.
　このような里山環境は,数百年の長きにわたって,人間と自然との歴史的交流の中でつくられてきたもので,その関わりのあり方が風水的土地利用システムであったのである.

第4節　結　言

　森林資源管理の社会化への道は,より実践的で多様な方向から議論すべきである.とくに地域レベルで,森林資源管理の社会化を論ずる場合,その地域の集落機能の再評価と地域の自然,歴史文化に立脚した合意形成のコンセプトを明らかにすることが,まず前提条件である.
　その主要な論点の一つとして集落機能問題,二つ目に,地域住民の合意形成のコンセプトの問題を提起した.
　集落とは何か.この集落は過疎化や排他性など,単なる機能不全論で片付けられていいのか.この集落には現在の森林林業問題解決のヒントになるポジティヴで創造的な側面は見られないのか.これらの点を明確にするために,集落の諸機能の中身を,集落の自然生態系維持機能,生産機能,人間性回復の場としての機能,文化遺伝子プールとしての機能など,集落には歴史的に形成された実に多様な機能が備わっていることを明らかにした.
　森林資源管理利用をめぐる社会状況は大きな変革期にある.森林資源管理の社会化構築のカギは,集落の多様な機能を森林資源管理利用の新たな展開へ,どう結びつけていくかである.各地域の集落はその地域の自然や歴史文化の特質によって,その性格も夫々異なる.その再生と活用の仕方は画一的ではなく,それぞれの地域に適した多様な方向でなければ実践的有効性をも

ちえない。

　次に，地域文化と合意形成のコンセプトとして，沖縄における風水的自然観とその土地利用システムのあり方をとりあげた。

　風水では自然そのものをすべて生き物とみる。自然は様々な気からなる。その気を調和させることで自然はうまく活用できる，と山林風水では説く。その応用が抱護之門による山の取り扱い方であり，魚鱗形の育林法であり，集落を核とした海岸域から里山・杣山に連なる風水景観であった。

　風水では海，川，山，集落，田畑などを，人間活動と一体化して総合的・有機的・循環的・持続的にとらえる。これは自然を個別化・単純化・無機化してみる近代的自然観とは大きく異なる。この風水の考え方は今日地球規模で言われている循環型社会や持続的開発の理念と相通じる面がある。

　厳しい島嶼環境に適合してきたこの山林風水の考え方は，人間活動と森林環境保全との調和を図る手段として，また沖縄における森林資源管理の社会化に向けた地域住民の合意形成の共通のコンセプトとして，今日でもその実践的意義を有しているといえよう。

（仲間勇栄）

注および引用文献
1）この処分場計画は 1999 年に辺戸区民の合意を得ないまま同区の吉波山（ユシファヤマ）に決定されている。それを受けて同区は入会権・環境権をたてに，建設反対を訴え，裁判闘争が現在進行中である。
　　同区は反対の主な理由として，この吉波山が平成 8 年までは同区の水源地であったこと，また昔はこの山から薪を入会利用で採取し生計を立てていたこと，この山の下流域には吉波浜が広がり海亀の産卵地になっていること，などを挙げている。
　　その後の経緯は以下の通りである。2001 年 9 月 20 日，裁判係争の最中，村が処分場建設現場の樹木伐採を強行し区民と衝突。同年 9 月 25 日，辺戸区は入会権侵害による工事差止めで村を提訴。伐採木損害賠償請求について同年 9 月 25 日，辺戸区から村長らを相手に提訴。同年 10 月 3 日，那覇地方裁判所は処分場建設禁止の仮処分決定。2002 年 5 月 16 日，辺戸区は入会権の侵害で那覇地裁に訴状提出（同問題は本訴訟で争われることになる）。2002 年 5 月，同村宇嘉区が処分場受入れ表明。同年 6 月 27 日，国頭村議会が宇嘉区への処分場建設変更決議。同年 6 月 29 日，辺戸区が計画撤回で和解表明したが，村は応じず。
　　処分場の計画総面積は 10,500 m²（埋立面積 4,500 m²）で，埋立容量は 25,000 m³，使用期間は 20 年となっている（以上は 2001 年 9 月 20 日〜10 月 4 日，2002 年 5 月 18 日〜7 月 11 日までの『琉球新報』の新聞記事と国頭村役場からの聞き取りで記

述)。

　このゴミ処分場の事業計画は，平成13年度に，国に対し取り下げの申請が出され，事実上，辺戸区での計画は中止の状態である。
2) 以下の節は，2001年日本林学会大会で「沖縄の集落機能と森林資源管理の社会化」の題で報告したもの（大会論文集所収）をそのまま掲載した。
3) 仲地宗俊「沖縄における農地の所有と利用の構造に関する研究」琉球大学農学部学術報告41, 1994年, 50～53頁。
4) 都築晶子「近世沖縄における風水の受容とその展開」窪徳忠編著『沖縄の風水』平河出版社, 1990年, 17～18頁。
　目崎茂和「風水・風土・水土」木崎甲子郎・目崎茂和編著『琉球の風水土』築地書館, 1984年, 25～29頁。
5) 都築は前掲書。篠原武夫「蔡温の風水思想と林政」『林業技術』647, 1996年, 32～35頁。加藤衛拡訳「林政八書」『日本農書全集』第57巻　林業二, 農山漁村文化協会, 1997年, 95～116頁, 245～250頁。
6) 朝鮮総督府編『朝鮮の風水』図書刊行会, 1987年。
7) 仲間勇栄・周亜明訳著「山林真秘」『地域と文化』37・38, 1986年, 21～25頁, 『林政八書』土井林学振興会, 1976年, 1～18頁, 51～56頁。
8) 丸山敏秋『気―論語からニューサイエンスまで―』東京美術, 1989年。
9) 前掲「林政八書」。
10) 前掲「山林真秘」。
11) 前掲「林政八書」。
12) 日本林業技術協会『森林・林業百科事典』丸善株式会社, 2001年, 916～917頁。
13) 内野熊一郎・中村璋八『呂氏春秋』明徳出版社, 1976年, 160頁。
14) 新村出『広辞苑』岩波書店, 1991年, 688頁。
15) 前掲「山林真秘」。
16) 仲間勇栄『沖縄林野制度利用史研究』ひるぎ社, 1984年, 32, 184, 251頁。
17) 窪徳, 前掲書, 238～282頁。
18) 平良市史編さん委員会『平良市史　第1巻　通史編I』平良市役所, 1979年, 181～186頁。
19) 沖縄県農林水産部林務課・みどり推進課『沖縄の林業』2001年, 72頁。
20) 仲間勇栄「山原の森林開発と自然保護問題」吉田茂編著『沖縄の農林業発展の条件』琉球大学農学部, 1993年, 218～239頁。
21) 仲間, 前掲書, 184, 251頁。
22) 注20と同じ。
23) 東清二「昆虫相の変化について」昭和52年度農林水産特別試験研究費補助金による研究報告書, 1977年。
24) 石井実・植田邦彦・重松敏則編『里山の自然を守る』築地書館, 1993年。
25) 沖縄県教育委員会「ノグチゲラ Sapheopipo noguchii (SEEBHM) 実態調査報告書(3)」1977年。
26) 東, 前掲書。

27) 沖縄県教育委員会，前掲書。
28) 東，前掲書。
29) 石井実他，前掲書。

第20章　辺境社会におけるコミュニティと合意形成

第1節　憂鬱な未来

1．見捨てられる山村

　巨大都市の過密化がつづく一方，数百年にわたって連綿と引き継がれてきた僻陬の集落が，ここ10年，20年，30年のうちに解体しようとしている。1,000年以上もつづいてきた山村集落も混じるが，そういった集落群が自己調節能力を失いつつ消えている。時間の長さから考えて，今が特別な時代だというしかないだろう。

　振りかえれば，現代よりもずっと厳しい生活条件であった時代でさえ，辺境の集落は途絶えることがなかった。けれども今，これらの地域を次の世代へつなぐことができず，かつての住居から離れ，撤退していくことが時代の必然になってしまっている……。

　1960〜1998年の約40年間で消滅した過疎地域の集落は，1,712集落（522市町村）で，地域的には東北，四国，九州など比較的古い時期に形成された集落にその傾向が見られている。

　現在，全国の過疎地域には，およそ4万9,000集落が健在だが，このうちの5％（2,235集落）が消滅の危機にある。また，集落機能の維持に困難をきたしているのは，全集落数の11％。高齢者が50％以上の集落は，7％もある。地域的には北海道，中部，四国，南九州などである。

　もし，このようなトレンドが変わらないとするならば，あと20年も経つと，団塊の世代が75歳以上になり，集落の担い手はさらに減りゆくことになるだろう。辺境社会に若い血が入らず，集落の本格的な「壊死」がはじまるのだ。

　世界情勢がボーダレスになり，混迷の度を深める一方，山村などの辺境集落のいくつかは，静かに立ち消えようとしている。生物種としてヒトを見る

ならば，その個体数は極大値を間近にしながら膨張をつづける一方，棲息域は狭まり，過密な群落（都市）だけに集まり棲むようになってきている。

2．辺境の精神性

辺境社会の内情を探ってみよう。うまく引き継げなくなってきた理由がいくつかある。

過疎が進んできた要因として，就労問題は避けて通れないが，それ以上に教育進学問題は大きかっただろう。明治以来，いや一寸法師の室町時代以来，向都離村推奨型の教育は辺境をいわば都会への人材供給地とさせてきたようなものである。教育は子どもたちの精神の都市化を進めさせ，「人材が残らないシステム」を辺境につくり上げてしまった。

しだいに辺境には小社会を引っ張っていくべきリーダーがいなくなり，残りの者たちも都会に暮らす子どもたちから「ムラから出てくるように」と誘われ，いつしかその気になり集落をあとにする例が少なくない。

車社会も辺境を大きく変えてしまった要因だ。車道による移動の容易さはストロー効果とでも呼ぶべきか，辺境の若者を都会に吸い寄せてしまったし，都市への従属性を高めるのにも一役かってしまった。今や，若人たちの歓声を山村の集落で聞くことは稀になったし，そこに牧歌的な佇まいを見ることも難しい。

もう一つ。辺境社会が厭われてきたのは，当地の精神性に原因があったかもしれない。事実，若者たちは「辺境での暮らし方が古臭くていやだ」といい，街のコンビニやスーパーの灯りに憧れ，出向いていくし，「辺境の貧寒とした風景の中に居ては，意気消沈して疑心暗鬼になってしまう」と遠くの都会へ移り住んでしまう。過疎は都市への「憧れ」によって進行していったのだ。

考えてみれば，「辺境は交通手段が不便で物価も高いし，生産品の運送費が掛り増しになる。辺境に暮らす自分たちがやってきたことは，前時代的でファッショナブルでない。刺激も少なく，現金収入が少ないから医療や教育費用がまかなえない」とこんな理由を並べながら，「結局，自分たちは貧しいのだ」と思い込んでしまっている。無意識のうちにそう刷り込まれてし

まったのではないだろうか。

そういった精神性が辺境に定着して50年。辺境にある伝統的な柔らかなものを，力まかせにつぶしてしまうスタンダードは悲しい。

3．過疎は当たり前…

総じて，昭和30年代までは日本のどこにでもあったムラやまちの暮らしは，この30年あまりで急激に消えていってしまったように思われる。当時は都市でさえ，中世や江戸の頃がそうであったように木と紙と土で造られていて，豊かな伝統や技も健在だったのだが，しだいに忘れ去られようとしている。かつての暮らしとは程遠い都会の暮らしが辺境まで押し寄せ，〈魂の都市化〉は全国を覆い尽くそうとしている。

ただ，総人口が減少局面に入っていく時代が数年先に迫っている。

そうなってくると，状況は少し変わってくるはずだ。ほとんどの地域で過疎に近い現象が起こってくる。辺境の山村や漁村は今でもそうだが，近い将来，地方都市でさえ過疎が当たり前になる。

そのとき「現に今，そこに暮らしている人がいる。その人たちをどうするのか」――そういう〈存在〉の意味が問われてくるようになるだろう。当該地域に対し，延命できるようテコ入れすることは，人間の生命でいう医療行為と同じようにみなされるだろうか。

わが国土政策が柔構造と分散政策を志向するかぎり，そういった延命策は強調されてよいはずだが，果たして右肩下がりになった時代にそういった余力は残っているだろうか。それとも，「人気（じんき）のいい人が暮らしつづけるその場所は，大切に残していかなければならない」――こんな理由だけで新たに社会保護が認められるようになるのだろうか。

第2節　辺境に生きるコミュニティ

1．〈懐かしい未来〉を再定義する

今なお健在である山村や離島の場合，そこには共同体的要素も強いのだが，皆が誇りをもって働いている。そのような辺境の数は本当に少なくなってい

るが，そこには〈生まれ育った地で死することをよしとする気概〉や〈誇りをもち，その社会の中で生きつづけることの意味〉が残っている。むろん，誇りをもつには，最低限の所得がなければならないが，かろうじて成り立っているのだろう。

　もしこのような辺境での社会生活が，今なおつづけられるというのなら，私たちは『辺境』という〈懐かしい未来〉を改めて定義する必要があるだろう。少なくともそれは，甘さをかぶせただけの文化論で終わるものではなく，美しく修辞に満ちたことばばかりで成り立つものでもない。『辺境』の成立条件は，そこに暮らしつづけていくという矜持が存在することであり，また最低限の現金収入と医療が確保されていることだ。

　ところが今，都会に暮らす私たちは，自分が暮らす地域に対する愛着をもてなくなってきている。しかも多数決の論理で，近視眼的にこの国を変えようと急いでいる。構造改革の名のもと，金融・物流・小売サービスの分野に欧米外資の参入が増え，また国際商品化にともなう価格低落によって農林産物は厳しい局面に立たされたままだ。そういった外からの生産・物流の系列化，支配化が進みつづけている。

　こうした潮流の中で，辺境社会というものを後進の撤退すべき地域として捉え，繁栄の枠組みからはずされた貧しいエリアとして片隅に追いやろうとするのなら残念でならない。いかにして収入につながる仕事と，暮らしやすい人間関係をつくっていくか。このことを辺境対策の基本として講じることが必要だ。

　さらに言うなら，辺境に必要な要素は行き交う情報量ではなく，むしろその質が問題となる。生きがいを持った仕事で生活していける安定と安心。それらが保証される暮らし，そして子どもたちへの高等教育機会の創出……である。ところが，こういった条件を保証する効果的な策が難しいのである。

2．各国の辺境社会事情（コミュニティ）

　イタリアでは，特に北部に共同体（コムーネ）単位の活動が生きている。北イタリアは南イタリアに比べ，ネットワークの密度が濃く，コムーネの活動への参加が積極的だ。ここにはギルド，協同組合，サッカー・クラブ，相

互扶助協会など，長年にわたる共同体としての蓄積があり，今なおそれらの活動が盛んである。いわば水平的な結びつきによるネットワークが強く，その結果，家族と共同体を守る伝統と旧型文化と景観を大切にする伝統が残りつづけていて，ツーリズムを取り込む先進性も生み出している。

例えば，農繁期になると，都会に出ていた子どもたちが親を手伝うために帰ってくる。一人ではなく，時には田舎をもたない友人たちも連れ添ってくる。彼らが段々畑のワインの収穫を手伝うのである。イタリア中北部の農業を支えているのはこういった共同体家族と駆けつけた援農者たちだ。母のもとに集う子どもたちは，いわば「母系的家族」の働き手として労働力を貸し合ったり，お金を融通し合ったりする。かくなる伝統的な家族内の相互依存関係は500年間も変わっていない。

R. パットナムは，こうしたイタリアの事例をもとに，次のように結論づけている。「住民間に相互信頼関係がある地方は，一般的に，自発的に規則に従う雰囲気があり，住民の満足度も高い。そういった傾向は『民度』の高低――『ソフトの社会資本蓄積』の差異に起因する。」

韓国では血縁，同郷，学縁（同門），職場同僚の者たちが集まって，自分たちのスタイルで家を建て，一つの家（マンション）に暮らすという動きが根強くつづいている。音楽家，建築家，教会信者などの特定集団が，自分たちの理想村（コミュニティ）をつくり，共同生活をはじめているもので，同好人住宅と呼ばれる。今日の同好人住宅ブームはさらに広汎化し，マスコミ関係者，企業人，同窓生，証券マンなどが3～20人を単位としてチャレンジする動きにもつながっている。

ただ，そういったスタイルの共同体的生活は，韓国では新しいものではない。かつての村――マウルと呼ばれていた一般的な村――の形態は，同じ姓氏が集まって暮らす「集姓村」と呼ばれるものであったからだ。

わが国でも，一昔前まではどの集落にも共同体が健在であった。お祭りは，住民たち相互がそれぞれの存在を確認し合う共同体の行事であり，そこに暮らす人たちの人生儀礼でもあった。しかし今，共同体の記憶を共有できるメンバーがめっきり少なくなり，その共同体がもっていた特性やかつての慣習など「共同知」なる情報を理解し，やりとりできる成員がなくなってきてい

る。

3．コミュニティの大きさ

　共同体の構成員数について，各国の様子を探ってみよう。

　イタリアは1コムーネ当たり7,100人（全国に8,100コムーネ）。フランスの場合は，1コミューヌ当たり1,700人（全国に3万6,000コミューヌ）だ。これらは日本の市町村よりはるかに小さい単位であるが，個々のコミュニティが合併するという話は，仏伊いずれの国からも聞こえてこない。

　イタリアのコムーネは日本の旧村（大字単位のムラ）にほぼ等しく，それら数個が地域ごとにまとまって，山岳自治体連合（コムニタ・モンターナ：以下「CM」と呼ぶ）を形成する。この「CM」は日本のイメージで言うと広域市町村圏に近く，強固なまとまりをつくっている。しかし，日本のように消防，ゴミ，火葬場，学校給食，福祉施設，介護保険などのレベルにとどまっていない。コムーネ同士を結びつける戦略的，広域的なハード事業とソフト事業全般を計画し実施している。この「CM」には優秀な人材が集められ，その先に県，州があり，そして国がある。

　山岳地域のコムーネには，わが国と同様，過疎傾向が否めない。しかし，「CM」の人口でみると，ここ20年で増えているところも出てきている。イタリアでは若者たちは職や刺激を求めて一旦は都会や海外へ出るそうだが鮭や鱒のようにいずれ生まれた故郷へ戻ってくるらしい。その比率が8割になるという。

　フランスは，わが国が明治期に地方制度の模範とした国であるが，小さなコミューヌが今なお健在である。人口700人未満のコミューヌが2万5,000もあり，全コミューヌの約70％を占めている。このコミューヌの規模は20世紀初頭と比べ，100年間で大抵10分の1ほどになっているけれど，ここ20年くらいは特別な地域を除いて微増をつづけている。

　事情は外部からの新規参入である。現在の構成員は，おおむね80％が外から来た人で，旧来からのムラの住民は20％しかいない。コミューヌ内のコミュニケーションは，外来者にエコロジストのような厳格な人が多いためか，生え抜きの人たちとの仲はよくないケースもあるようだ。

その他の国の自治体（市町村）規模についてみると，カナダの一市町村の平均規模は3,700人，オランダは1万8,000人，スウェーデンは3万人，イギリスは12万人である。

4．日本の市町村単位は今でも大きい

これに対して，わが国の一市町村の平均規模は約3万4,000人（東京23区部を除く）と，大きい部類に入る。歴史的には，もっと小さいコミュニティで成り立っていたが，明治22年（市町村制発足時）の自治体区分で，一市町村の単位は300～500戸，人口800人が標準とされた。少なくとも一つの村に小学校が置けるようにという配慮からである。これによって，全国に約1万5,000の自治体が誕生した。一自治体当たりの平均規模は，このとき約3,000人であった。

昭和28～36年にかけては，一つの自治体に中学校をおけるようにという観点から人口8,000人以上をめどに全国を約3,500の自治体に分けた。これがほぼ現在の市町村区分の形をつくり上げている。

国土計画的観点では，第三次全国総合開発計画（昭和53年）で定住区が考えられたがそのベースとなった規模は小学校区の5,000人であった。この規模で全国を等分割すると，わが国は2万4,000ヵ所の定住区に分かれることになる。ちなみに，この規模は現在の郵便局の単位に匹敵する。

最近の新しいコミュニティとして，注目すべきはコンビニエンス・ストアだが，その数がとうとう4万店に達しようとしている。この場合，一店当たりおおよそ3,000人の消費集団が単位となる。3,000人の徒歩商圏がコンビニ・コミュニティとなっているのである。

現在，市町村の数は約3,200だが，これを市町村合併によって将来1,000自治体とするわけで，平均すると一自治体当たり11万人ということになる。この規模はコミュニティの単位というよりも，効率的な行政執務，行政サービスを追う場合ののぞましいとされる規模である。すなわち，高齢者福祉や廃棄物処理に際して，一定規模以上の市町村でなければ，専門知識を有する充分な人材が確保できず，また装備，施設も備えることができない。つまり，合併によって個々の自治体の行財政能力を強化しようというものである。た

だ，個々の行政サービスのレベルがどうなっていくか……。末端の僻陬集落にとってみれば，議論が種々分かれるところであろう。

第3節　コミュニティを問いなおす

1．家族意識が世界一弱い国

　最も小さな共同体——家族のつながりについてはどうであろうか。

　その単位の協力が，強いか弱いかという点で比較すれば，コミュニティ単位と同様，イタリアや韓国は強固であり，対するわが国は，戦後ますますその絆を弱めている。おそらく，家族意識というものが世界で一番弱い国になったのではあるまいか。この点についてわが国は深刻なレベルにあると自覚すべきであろう。家族の崩壊はいわば生活主体，拠り所の崩壊である。

　わが国におけるこのような傾向は，共同体という仕組みはもちろん，伝統的な慣習を前近代的な制度として位置づける一方，欧米型の合理的な企業仕組みこそ見倣うべきルールとして，何にもまして優先させ，切り替えを急ぎすぎたためではないだろうか。

　戦後のわが国は核家族化が進み，急激な高齢化を迎えている。その過程において，高齢者がいかに生きるべきかという命題について考え及ばず，高齢者を含む家族モデルの普遍的なすがたを描けないまま今日に至っている。イタリアなどヨーロッパ諸国が年金や介護制度を早くから整えてきているのとは対照的だ。

　繰り返すが，わが国にあっては，家族というものに代表されてきた慣習は，乗り越えるべき戦前の旧い伝統とみなされてきたのである。父や母，年輩者への尊厳なども同じく疎まれてきたように思われる。

　その結果，家族の崩壊，地域社会の解体……という傾向が加速されている。ただ，イタリアのスローフード運動に見るように，家族の協力や共同体内での相互支援のないところに，地域資源の利活用の方途は見つからないことを知っておくべきである。

2. 社会インフラとしてのコミュニティ

　総じて，グローバルな経済取引は自分たちの生活を豊かにしてくれたが，度を越した自由主義と自由取引は「スローフード」や「スローライフ」を保証してくれなくなる。辺境地域の産業構造に長期的な障害を与えかねない。商業上の自由というものを神格化させないことが重要な視点だ。

　オーストリアでは，故郷を後の世代へ継承していくことが，現世代の責務だと考えられている。何百年もつづいてきた伝統文化に彩られた日々の労働や生活——「農民的伝統」が，共同体のルールや宗教と分かちがたく結びついていて，これが国家の永続的な発展の礎になると，国を挙げて保護しようと取り組んでいる。生活の場さえ確保できれば，辺境部での暮らしは敢えてモデル・チェンジは必要ないという理由からだ。

　社会資本の基礎は，道路や下水道といったハードのものだけをいうのではないだろう。歴史的に蓄積されてきた人間関係，ネットワークまでも組み込むべきだと私は考える。コミュニティという人的ネットワークの集合体は，貴重な社会インフラであり，それを現代的な文脈の中で蘇らせていく必要性が高まっている。それに支えられる制度や政策が不可欠なのである。

　「辺境生活の理想は，意図的に遅れたままでいることを戦略にするようなライフスタイルをとりつづけていくことだ。辺境には懐かしい未来が詰まっている。人生の仕合わせ感をトータルで最大にしていこうとするなら，こういった生き方は確かな選択肢となるだろう。」

　経済的に最低限の生活が確保されていることが前提となるが，こんなふうに言うローカル・パトリオット（郷土愛国者？）の登場に期待をかけている。

3. 共有資源というツール

　そういった人的ネットワークを求めていくとき，小さな日常単位のコミュニティ・レベルでは，人対人をつなぐ共有のモノ（資源）の存在が有効である。すでに共有資源というものがあるのなら話は早い。共有資源はコミュニティの核となり，その取り扱いが協議されるべき最重要テーマとなるからだ。

　例えば，海女社会がもつ磯資源の場合，それが漁村の財産として今日まで引き継がれ，富を産みだすかけがえのない共有資源として残されているケー

スがしばしばある。人工海浜化が著しい昨今，今なお自然海浜を有する漁村は，そういったものの将来価値が見通せる良き長(オサ)と構成員に恵まれてきた共同体である。

と同時に，磯資源を絶やさぬ細かな自制ルール（浜憲法）をもっていたことが，今なお海女社会を延命させつづけた理由にもなっている。操業制限を季節ごとに時間単位で定め，さらにウェット・スーツの着用禁止のルールも用意してきた。これらの強い制限によって共有資源は持続的に再生産されてきたのである。

反面，入会林野（共有林）の場合は，1966年の法律（入会林野近代化法）によって共有地を分割し，私有化させていくことが一策として進められてきた。細切れになった旧入会林野は，林業そのものの不振によってその後の放置が目立つが，少なくとも当該集落機能は，このことによって低下していった。共同体を束ねていくためのいわばツールとしての入会林野を私有化させた集落では，共同作業の名目を失った結果，寄り合いを形骸化させていったのである。

総じて，共有資源の事例は，私有化が進められてきた「森林」よりも，物理的に区分できず私有化できなかった「磯や浜」に多い。この他，棚田の「畦畔」，屋根材や肥料材料を採る「茅場」，沿岸の「漁場」や奥山の「猟場」……などにも共有資源の事例を見ることができる。

もちろん，こういった共有資源が今日まで延命できたのは，その資源が経済的に実効性を持ちつづけたからである。構成員の利害にかかわる共有資源であったからこそ，その集団は求心力を失わず，生き残ってきたのである。

4．コミュニティの使命――**持続的生産**

共有資源，とりわけ閉鎖的でコミュナルな資源には，必ず村独自の管理ルールが存在する。そのルールをつくり，守っていく集団が共同体である。メンバー間の信頼と共有情報の存在があって初めてコミュニティは成立していく。秩序を乱すものが現れてきたときは，集団でこれを排除していく。

越後の三面地方の事例を挙げてみよう。当地の「村グリ（栗）」は共有資源として象徴的な管理形態をもっている。毎年秋にはクリ拾いの「口開け」

の日を決めるが，この時，各戸から出た人数に応じて収穫したクリの全量が等分に分配される。これを4，5回繰り返す。その後に「山をあける」ことが決められ，その日以降は村人たちが自由に拾ってよいことになる。

「口開け」という呼び名は，磯の海藻採りでも使われることばである。フノリやワカメを採るとき，磯はいわば海の畑だから，入会地と同じような慣習がある。青森県の尻屋集落のフノリ，ワカメ採りがそうである。口開けの共同操業日は，三面地方の「村グリ」と同じく収穫物の全量が等分に分配されるが，それが終わると村人たちは自由に採ることが認められる。

もう一つ。資源を絶やさないようにするため，毎年決められた量しか採らないようにしていることも共有資源の管理上の特徴だ。インドネシアのイリアンジャヤにあるアル島東海岸では，ナマコ漁が盛んなのだが，漁場である前浜を三つの区域に分け，毎年一区ずつ獲ることにしている。ナマコは2年で成熟するから実に合理的なとり決めだ。土佐藩が有していた番繰り山とも同じルールだ。さらに，アクアラングを使うことも意識的に避けている。この近代用具は金持ちと貧乏人を産みだすからだという。要するに，持続的に再生産を行うためにそうしているのである。

こういった暮らしの知恵は，いかにしてつくられてきたのだろうか。なぜ，その部分にこだわり，厳格なルールをつくることになっていったのか。そのコミュニティはいったいだれが支えてきたのか……。

第4節　ジェンダー的視点で合意形成

1．やさしいコミュニティ

韓国済州島の馬羅島には，比較的浅い磯の一画が古くから仕切られていて，「婆さまの海」と呼ばれている。そこは第一線を退いた高齢の海女や，体が弱く技術の未熟な初心者だけが入れる。このやさしい海のルールは，老人への配慮を通じて世代間交流が図られているし，弱者への配慮を共同体が担うといういわば保険的役割も果たしている。このようなことができるのも，磯という豊かな共有財産が残っていたからである。

わが国に「ヤマアガリ」という村の制度があったのも共有地が残されてい

たからである。この制度は，村で食うことに困り，租税も納めることができなくなると，その者を村の共有地（山）へ入らせ，百姓をさせながら一人前に立ち直らせるようにしたものだ。不測の事態に備え，村としていわゆる一つの余裕——共有地を用意していたのである。将来に向けての一種の保険制度でもあったといえる。

困窮島制度も同様だ。長崎県小値賀町にある宇久島にはいわゆる「困窮島」と呼ばれている制度が昭和38年頃まで機能していた。このルールは，島の貧しい2家族をこの島へ移し，経済的な立ち直りの機会を与えたものである。宇久島の住民になると，税や村の夫役は免除され，磯ものは自由に採ることができた。宇久島が〈自力更生の島〉と呼ばれる所以だ。それほど貧富の差がないムラ社会において，例えば働き手を失うなど力を尽くしてもかなわない同僚世帯が発生した場合，これを救うために，共同体単位でそのような救済・保険制度を用意したという点で，注目する必要があろう。

これらに対して，西洋近代型の貧民救済制度は，豊かな特権階級が恵まれない階級の者を救済するというタテ社会の慈善型の仕組みになっている。わが国の「ヤマアガリ」や「困窮島」制度は，そこでの人間関係がある意味ではフラットにできているが，それとは対照的だ。

現代社会は，経済原理に委ねた市場活動を基本に，その歪みについては税負担をベースに，政府や地方自治体がその調節の役割を果たしている。顔の見えない大衆を相手にした徴収と分配が行われている。とりわけ，匿名性の高い巨大都市では個々の顔はほとんど見えていない。

反面，「ヤマアガリ」や「困窮島」の仕組みは，お互いが顔を見合って，その中で一定のルールを定めてきた。いわば「習慣と道義による調節」を忘れず，お互いが尊敬し合う中で営みが可能となるよう仕向けてきた。徳をもち，道義をもって認識し合える社会を全員の力で守っていくという精神が活かされていたのである。

2．助け合いの母系社会

旧型社会が文句なしによいというわけではないけれど，そういったコミュニティ内の調整ルールがもっていた伝統技法の部分まで，近代社会は排除す

る方向で進んできたようである。

　かつての日本ならどこにでもあったであろう，「他人の困った状況を傍観するに忍びない心」や「いずれどこかのお世話にならねばならないのだから」という心情が現在，大都会へ行くほど薄れてきている。個人の打算が共同感情というものをないがしろにし，大抵の者が，せいぜい核家族単位までの関心領域しかもたない時代になってきている。

　沖縄の与那国島では，「ユイマール」という名の相互扶助システムを知った。「結」のユイと同じで，一本一本の髪を結うこと，友達，友愛という意味でもある。援助の貸し借りで成り立つ関係意識で，労働力の貸し借り，水平的な契約を指している。引き上げられた巨大なカジキマグロの解体に，8人ほどのご婦人たちが集団であたっていたが，この働きが分業化されたアルバイトではなく，「助け合い」だと聞いたとき，自分が異国の民のように思われた。

　かつて辺境には所作の良さや，やさしい心根，かいがいしさ，仕事の虫，働き貧乏……といった風情が伝統的に存在していた。こういった人たちの親切や好意，思いやりといったものは，商品として本来，生産・売買されるものではなかったものの，思えば辺境地域に備わる大きな財産ではなかったか。このような通貨に換算できない人間関係の良さや懐の深さは，近代化を進めていく中で，いつしか消えゆき，戦闘的で進歩主義的なスタイルが都市生活には求められてきたようである。

　女性が治めていた社会——母系的な社会はもっと温かで，共存的ではなかったろうか。縄文文化は母系社会であり，子どもを産み，育てることを継続するための継続社会であったのだが……。

3．ジェンダー的視点で

　本来，共同体がもつ持続性や優しさは，男たちが集う寄り合いで決められたものかもしれないが，実はその細かいルールをつくらせたのは，一家の台所をあずかる女性群ではなかったろうか。さじ加減まで含め，実権は女性群がもっていたように考えられる。それが一番円満にいく方途だったからだ。

　古い民俗を引き継ぐ中国少数民族の場合，大抵が母系社会である。子孫を

育み，豊穣をもたらしてくれるのが女性であるからだ。子孫繁栄を謳いつづける少数民族は，江南道教の場合，太陽を女性とみなしており，したがって紅（赤）は女性の色とされている。

江西チワン族自治区では，赤い紙が家の入口の両側や祖堂に貼られてあり，そこに墨で道教の神々や先祖の名が書かれてあった。自給自足的な道教社会は，社会を切り盛りするのは女性というのが当たり前になっている。気のせいか，男たちはどことなく頼りなくみえた。

安全と安心に細心の注意を払うのも女性である。母の懐や母胎は子どもたちを庇護する空間であり，それゆえ，環境変化に女性は敏感だ。玄界灘や伊勢湾の海女の多くから，近年の海の濁りや汚れについて話を聞いたが，そういった生来の感覚が優れているからにちがいない。

象の社会を見ればよい。この社会は母系社会からなる。リーダーはおばあちゃんだ。ムラの共同体社会と似ていて，群れの行動決定に際しては全員のコンセンサスを得る。かなり複雑な音声言語をもっていて，その場でゆっくりと話し合って，皆が納得し合ってから動きだす。賢明なことに，象は雄が雌を獲得するとき以外は戦わない。やはり，母系社会は平和を好むのだ。

わが国では，江戸中期以降の農村経済を支えてきたのが女性群であった。養蚕，綿作，紙漉き，お茶摘み……そういった商品作物を栽培加工し，収入を上げていった。農村部の女性たちが頑張らなければ，その稼業はこなせなかったのである。

最近施行された農業基本法（第26条）と水産基本法（第28条）の条文にも，女性が登場していて安堵の念を抱いた者も多かったろう。「女性の参画の促進」という条項がそれぞれ掲げられてある。今でも女性は，そういった農漁業の業務に不可欠なのである。

現在，山間部だと50〜100万円程度しか農林業収入を上げられない場合が見られる。その収入を，なんとか300万円へ引き上げていくこと。これが山村のおける目下のテーマと考えている。この場合の主役は，実は女性ではあるまいか。「農泊」ということばがあるように，今後，都会からの来訪者をもてなし，現金収入の道を拓いていくのは，やはり一家の山の神——女性であろう。増えゆく都会生まれの都会育ちは，田舎をなくした世代でもある。

彼らに対して，彼女が新しい親戚づき合い──疑似的家族づき合いをはじめていくことが，山村での新しい収入の途になることだろう。

それにつけても，女性群は今後活躍すべき一番の潜在勢力である。生業にかかるジェンダー的視点や彼女らの日常的な暮らし方について，そのディテールが明らかにされていかなければならない。

圧倒的な勢いでグローバル化が進みゆく現在，ややもすると片隅に追いやられかねない少数派や弱小派は，ただ生きまどうしかない。混迷の度合いを強めていく昨今の環境の中にいると，太古からの母系社会的な安定と安心の世界が，私たちの意識の中で，なおさら力強く浮かび上がってくるのである。

合意形成の主役にジェンダー的視点を積極的に導入していくことが必要である。

4．人材の後方支援を！

もう一つ。これからの辺境社会を考えるとき，かつての共同体コミュニティの幻想に頼るだけでは，むろん限界がある。それだけではまわっていかない。伝統的ルールに加え，戦後システムを超えたいくつもの新しい取り組みが社会の合意形成には必要になる。

近年のスローライフ運動で条件的にやや明るさが広がったかもしれないが，現実的にはより便利で，快適に……という基本線を追う人たちが，やはり都会に流れている。敢えて辺境へと向かう人，あるいは暮らしつづける人は少数派でしかなく，一つの誇りや意気地を持った人に限られる。そして，多くの辺境社会にあって，リーダーの不足が致命的な問題になろうとしている。単なる人口減以上の影響が現実の社会にはでてきている。

辺境社会に人材難がつきまとっているのは，わが国だけではない。

アイルランドにおいては，高齢者の多い辺境社会の住民を動機づけ，勇気づけているのは「地域開発協同組合」のマネージャーである。しかし，彼は満足な処遇も与えられないまま，長時間働くことを余儀なくされ，気の減入る任務をこなしつづけている。要請される技能は，マーケティング，PRに関する知識，業務全般にわたる指導力と起業能力，それに心ない批判をやり過ごす忍耐力である。また資金繰りも頭痛の種であり，すべて自分で処理す

る。しかもそれらを最小の称賛によって果たさなければならない。その辺境地域は，いわばそのマネージャーの長時間低賃金労働によって助成されているといってもよい。

　総じていうならば，結局，辺境社会の芯になる人がいなくなりつつあるということに尽きるのである。芯が不在だから，スムーズな合意形成がなされなくなる。山村地域活性化の隘路が，もしそれであるのなら，そういった芯になる人材を後方支援していく必要がある。例えば，人材のリクルートにはじまり，コミュニティ内での教育，経営評価のシステム習得などへの支援が不可欠だ。そういう教育システムを辺境社会のマネージメントの中へ導入していくことが必要である。

　一定の商業活動には小さすぎる市場環境の中で，改めて地域産業を創りだし，その輪を広げていこうとするなら，まずはコアになる人材の確保がどうしても必要だ。合意形成のために地域社会をリードし，集約していくためにも核がなければならない。人間社会のしがらみも含め，総合していける経験と実感のある人が求められるわけで，そういった人材を確保するための採用制度や派遣システムなどの体制づくりが急がれなければならない。

　　　　　　　　　　　　　　　　　　　　　　　　　（平野秀樹）

第5編
森林資源管理の社会化と林業経営主体

終章 「社会化」の受け皿としての
長期伐採権制度の構造と法的性格

はじめに

　わが国では戦後の造林による人工林資源が成熟化し，その利・活用が課題となりつつあるが，林業経営を取り巻く条件の引き続く悪化の中で，大量に存在する要間伐林分において適切な間伐が行われない林分が増加している。さらに，南九州を中心に1980年代後半以降人工林の主伐がかなりの規模で行われるようになったが，「立木代ゼロ」[1]という状況の中で，皆伐跡地が再造林されずに放置されるケースが数多く見られ，持続的な森林資源管理や森林の多様な機能の高度発揮等への支障が懸念されている。

　すなわち，「森林所有者の自発性だけで森林整備が進むことを期待しがたい状況」[2]であり，その背景には，造林利回りの悪化，後継者の不在，気象害や獣害等がある。「森林を社会全体で支えていく」[3]ことが必要になっているのである。

　「森林を社会全体で支える」ということは造林・保育等の森林整備の費用や労働力を社会的に負担するということに他ならないであろう。しかし，すでに造林補助制度や森林施業計画制度における減税措置等が行われており，特別の条件がない限り社会的負担の拡大は難しい。少なくとも森林資源所有（利用）の一定の社会化，すなわち「伐らない自由・植えない自由」等の社会的コントロールが必要であろう。要するに，新たに追加的な助成措置を講じるためには，森林資源管理のこれまで以上の社会化が必須条件となるのである。

　森林資源管理の「社会化」の具体化の条件並びにその受け皿として，長期伐採権制度が考えられることはこれまでにも述べてきたところである[4,5,6]。そこで，森林資源管理の社会化に関する議論を総括する意味で，長期伐採権制度の構造及びその権利の法的性格，並びに問題点及び今後の課題について

検討しておこう。

第1節　木材利用の公共性と森林資源管理問題

1．木材利用の公共性──木材利用の環境機能──

地球環境問題の深刻化の中で，森林や木材の機能への期待が高まっている。1999年の国民世論調査では，森林に期待する機能として，山崩れ・洪水等の防止（56％），水資源の涵養（41％）に次いで地球温暖化防止（39％）が上位に挙がっている。また，建築資材としての木材の魅力についても，湿度を調節する働き（72％）に次いで，断熱性が高い（49％），軽い割に強い（43％），衝撃を緩和（42％），地球温暖化防止に貢献（42％）などが挙がっており，関心は高い。

木材は，その加工に要するエネルギーが少ないため環境に与える負荷が小さいし，住宅や家具，書籍等の形で炭酸ガスを長期間にわたって貯留することも可能である。また，森林の伐採跡地に新たに植林すれば，樹木の成長とともに空気中の炭酸ガスの固定が行われ，地球温暖化防止の一端を担うことになる。皆伐が行われたとしても，伐採された森林は住宅や家具あるいは書籍という形で第2の森林（都市の森）に姿を変えるにすぎない。第1の森林は，伐採跡地において更新林分が成長し，温暖化ガスを固定し続けているのである。さらに，森林資源を主要な地域資源とする山村地域では，木材等の森林産業の占めるウェイトが大きく，安定的な素材供給に対する期待が高い。

このように，木材利用は環境の保全と市民生活の向上，ひいては地球温暖化の防止にも寄与している。木材利用は公共的な側面を持つものであり，その拡大が望まれるのである。

2．林業生産活動の担い手とサービス事業体

木材利用の拡大のためには林業生産活動の活発なことが条件であるが，近年の厳しい林業環境の中でその担い手像は大きく変化しつつある。林業の中核的担い手とされてきた森林経営者，とりわけ林家の機能の低下が著しいのである。

表終-1 林業事業体等の経営形態別林業生産活動　　　　　　　（単位：ha，%）

経営形態別		植林	下刈り	間伐	主伐	立木買	主伐計
実	森林経営者	13,498	147,690	84,619	6,584	―	6,584
	内林家	11,125	114,832	68,243	4,172	―	4,172
	内その他経営	2,373	32,858	16,376	2,412	―	2,412
数	サービス事業	34,765	359,499	179,553	35,413	51,732	87,145
	内森林組合	21,628	259,328	124,242	6,234	5,344	11,578
	内その他事業	16,220	141,210	70,949	30,053	48,410	78,729
	総合計	48,263	507,189	264,172	41,997	51,732	93,729
構	森林経営者	28.0	29.1	32.0	15.7	―	7.0
	内林家	23.1	22.6	25.8	9.9	―	4.5
	内その他経営	4.9	6.5	6.2	5.7	―	2.6
成	サービス事業	72.0	70.9	68.0	84.3	100.0	93.0
	内森林組合	62.2	78.7	69.2	17.6	10.3	13.3
比	内その他事業	37.8	21.3	30.8	82.4	93.6	86.7
	総合計	100.0	100.0	100.0	100.0	100.0	100.0

資料：2000年林業センサス。

注：1）森林経営者は，林家（3ha以上）とその他経営者（林家以外の林業事業体で10ha以上）との合計で，委託・請け負わせ面積を除く。
　　2）サービス事業体は，再委託を除く実実施面積。
　　3）森林組合とその他事業体（森林組合を除く林業事業体〈素材生産量は50㎥以上〉）はいずれも再委託面積を含む。したがって，その合計はサービス事業体の数値を上回る。
　　4）構成比の森林組合及びその他事業体は，サービス事業体を100％とする比率。

　そこで，2000年林業センサスによって林業生産活動を森林経営者（森林所有者）と林業サービス事業体（いわゆる請負業者）とに分けてみると，事業量ではあらゆる作業種において林業事業体が68〜100％と高いウェイトを占めている（表終-1参照）。すなわち，森林経営者が直接実行しているのは，造林保育事業でも，植林28％（うち林家は全体の23％），下刈り29％（同23％），間伐32％（同26％）にとどまり，主伐は7％にすぎない。一方，サービス事業体のシェアは，植林72％，下刈り71％，間伐68％であり，主伐は93％と圧倒的に高い。要するに，森林経営者の林業生産活動はこのような請負事業体の存在に支えられているのである。

もっとも，サービス事業体について森林組合とその他の事業体に分けてみると，大きな相違がある。造林保育事業では，森林組合が植林62％，下刈り79％，間伐69％と大きなウェイトを占めているのに対して，主伐事業では，その他事業体が87％で，森林組合のシェアは13％にすぎない。林業生産活動の担い手としてはサービス事業体のウェイトが高く，その中でも森林組合によるところが大きいが，森林組合の事業は造林保育作業に限られ，主伐生産についてはその他事業体（素材生産業者等）の比重が圧倒的に高い。しかも，その他事業体は，植林，下刈り，間伐などの造林保育事業にも携わっているのである。

また，2000年度『林業白書』は4林業事業体の取り組み事例を示し，うち3事業体が新植，保育に取り組んでいることを述べているし，2000年林業センサスから素材生産事業体の生産規模が大きいほど下刈り，間伐面積も大きいと述べている。さらに「7割を超える林業事業体が，今後，森林所有者から森林の施業や管理を複数年にわたって引き受ける『長期施業委託』を行いたい」意向を持っていることを明らかにしている[7]。

要するに，主伐主体のその他の事業体でも，労働力や技能の面でそれなりの造林保育作業の実行能力を備えているのである。人工林資源の利・活用の担い手としてはこれまではもっぱら森林組合の振興が進められてきたが，今後は，その他事業体の育成についても留意されるべきであろう。

3．再造林放棄問題と新たな経営主体の創出

木材価格の低迷に伴う立木代の低下，これと連動する造林利回りの低下（実体的にはマイナスの利回りとなっている），さらには林業従事者の高齢化による労働力基盤の崩壊，獣害や台風災害等の自然災害の激化等によって，伐採後の林地の中で再造林せずに放置されるところが増加している。その面積は，筆者らはアンケート調査結果等からおおよそ伐採面積の3割程度ではないかと推定している[8]。

ところが，2000年林業センサスによると事態は想像以上に深刻である。すなわち，再造林放棄は伐採面積と更新面積の差として捉えられ，これは，表終-1では主伐計と植林の差の約45千haとなり，主伐計面積の48.6％に

達する。人工的に更新の行われているのは伐採跡地の5割強にすぎず，実に半分弱が植林されずに放置されているのである。もちろん，これらの中には天然林伐採や天然更新を目的とするものも含まれていると思われるので，すべてが人工林皆伐跡地における再造林放棄地というわけではない。しかし，人工林の皆伐面積の統計が手元にないので断定的なことは言えないが，相当の伐跡地が再造林されないままであることは明らかであろう。

このような大量の再造林放棄地の発生は，従来の造林補助金によって林家の経営マインドを喚起するという形の森林資源政策の限界を示唆している。また，上述のように林家等の森林経営者自身による植林は全体の3割弱にすぎないことも，過疎化や高齢化によって労働力基盤を失った林家に代わる経営主体の創出の必要性を示していると言えよう。

新たな林業経営主体としては，伐採から植林保育までを一体的に実行・管理できる新たな経営主体の創出が必要であると考える。このことに関連して，森林・林業基本法は，森林経営・管理に意欲のある林業経営体ないし林業事業体を育成し，その下に意欲のない経営者の森林経営・施業を集中し，彼らを森林施業経営計画の策定主体とする方向を示している。旧・林業基本法が林家等の森林所有者を林業経営の担い手と位置づけてきたのとは対照的である。

そして，このような林業経営主体としては，先にも示唆したように，高い素材生産力を有し，経営内外の労働力を造林保育作業にも振り向け，伐採後の再造林を担当できる，素材生産業者のような林業サービス事業体がふさわしい。森林組合はもちろん，所有林の枠を越えて伐採や造林保育事業を行う能力のある「機械化林家」等も含めて考えるべきであろう。

第2節　森林資源管理の社会化

1．社会的支援による森林の整備

わが国では森林の多くは，個人や家あるいは企業が自由に処分できる私有財産であり，このような私有財産の造成，整備に国民の税金を投じることに対する抵抗感は根強い。しかし，近年，その感覚も大きく変化しつつある。

『森林と生活に関する国民世論調査』の「森林整備費用負担のあり方」に対する1996年と1999年の回答を比較すると，「主に（または全額）森林所有者が負担すべき」が50％から41％に減少したのに対して，「主に（または全額）税金で負担すべき」が46％から55％に増加している。多くの国民が森林整備を林家のマインドに委ねることに限界性を感じ，税金や公的資金の投入を是認していることの現れであろう。また，企業・団体の森林整備支援やボランティア活動も活発化しており，森林整備や再造林の経費の全額を社会的に助成することをかなりの国民が受け入れる状況になっていると思われるのである。

しかし，森林経営者が森林に対する社会的要請に反する行動ないし森林管理，例えば恣意的な伐採，施業放棄あるいは森林の転用等，を行う場合には社会的支援を期待できないことはいうまでもない。つまり，森林所有者が再造林経費の公的助成の拡充等の形で社会的支援を受けるためには，森林資源に対する地域住民等による管理，すなわち社会的規制の強化（＝社会化）が前提となるべきなのである。

2．森林資源管理の社会化

森林資源管理の社会化とは，森林を社会全体で支えることに他ならないが，これには次のように3つの段階がある。

① 森林資源所有（利用）の社会化

「所有（利用）の社会化」とは，私有財産制度の下にある森林資源の利用に対して一定の社会的制約を加えることであり，「所有と経営の分離」といわれることもある。法的に規制する場合と契約によって権原を委譲する場合とが考えられ，前者には，森林法の森林計画制度や保安林制度，自然公園法や自然環境保全法の地域指定による利用制限，後者としては分収林制度等がある。

しかし，保安林等の地域指定による利用制限はともかく，森林施業計画等はごく一部の例を除いて実質的に機能しているとは思えない。また，分収林制度については，「立木代ゼロ」あるいは「マイナスの造林利回り」によって，すでに存在理由を失っているように思う。森林・林業経営の新たな担い

手が「所有と経営の分離」という形で構想される所以である。「森林・林業基本法」では，伝統的に森林所有者（すでに経営マインドの後退が著しい）や森林組合とされてきた担い手像を，新たに意欲的な林業事業体や素材生産業者を加える形で大きく転換している。「所有の社会化」への途が広がったのである。

② 森林造成・整備費用負担の社会化

「費用負担の社会化」とは，上下流の提携や企業・団体の森林・林業支援やボランティア等によって社会的負担を拡大し，森林経営者の負担を大幅に軽減することである。

伝統的には造林補助金制度があり，造林投資の長期性や公益的機能の確保の観点から造林利回りと郵便貯金利子との均衡化を図ってきた。しかし，間伐等の採算性悪化に伴ってこれが行き詰まり，森林所有者以外の者による森林整備が目立つようになった。森林の多面的な機能の高度発揮を目指して，水源林造成のための分収造林をはじめ，水源の森基金等による間伐助成や伐期延伸，森林整備資金の水道料金への上乗せ徴収，市町村独自の間伐促進対策，漁民の森（森は海の恋人）運動，企業の林業支援（メセナ活動）等，多様な取り組みが行われるようになったのである。

人工林を健全に整備し，伐採跡地の確実な更新の実施によって森林資源の循環的利用を確保するためには，これらを充実，発展させ，「所有の社会化」と連動させながら，造林補助金制度の改善を含め，森林造成維持費用の社会的負担制度の抜本的改革を行うことが望まれる。

そのためには造林補助金制度の再編成が2つの点で課題となる。1つは，造林補助金の対象を，従来の森林所有者から前述の新たな林業経営主体に変更することである。この点については，基本法の改正に関連して林業事業体の育成が打ち出されており，その方向に改善されることは確実であろう。2つは，補助金等の支給方法を，造林技術の革新や森林整備コスト削減等のモチベーションの働く方向に改善することである。個々の造林保育作業への補助という考え方を，樹冠の閉鎖した若齢林（閉鎖林）の造成への助成（出来高制）に改め，その過程における作業形態を自由化し，造林コスト縮減を促進すべきであろう。

③　森林資源管理に関する合意形成の社会化

「合意形成の社会化」とは、「森林管理への住民参加」と同義である。森林法では全国森林計画及び地域森林計画の策定に当たっては森林審議会等に諮問することになっているし、さらに「計画案」の縦覧制度を設けることによって、一応、住民参加の形式をとっている。しかし、こうした手続きを経ているにもかかわらず、林道計画や森林開発等に対して多くの異議申し立てが行われているのが現実である。現行の制度では森林への要請の多様化に対処することができず、住民の意思を的確に把握できていないと言わざるを得ない。形骸化が著しいのである。

このような問題に対処するには、林業経営者の策定する林業経営計画の決定過程のすべての段階、すなわち経営目標の策定から最終案の段階に至るまでの過程に参加し、関係者とで合意形成を図る体制を整えるべきであろう。

第3節　長期伐採権制度の構造

1．伐採権制度

伐採権（tenure system, timber concession）とは、素材生産業者が森林所有者から譲渡された森林を伐採する権利のことで、ライセンスやコンセッションとも言われる[9]。わが国では森林所有者からの立木購入という形をとることが普通であり、殊更に伐採権と言われることはない。しかし、米国、カナダ、ニュージーランド、インドネシアなどのように国有林等の公的所有のウェイトの高い諸国では民間企業に伐採権を付与し、長期的な林業経営の展開を推進するのが一般的である。

伐採権制度は国によって様々であり、「カナダのブリティッシュ・コロンビア州では林地管理ライセンスや森林ライセンスがある。前者は民間企業に対して林地の利用・管理権を長期間委譲する制度で、後者は州政府の保続計画に基づいて伐採権を付与する制度である。インドネシアでは国有林伐採と天然更新を任せる森林事業権、パルプ用材などの産業造林を任せる産業造林事業権、そしてコミュニティ林業事業権がある。……東南アジア諸国のコンセッションは、用材生産（商業伐採）を目的としたものから、次第に造林や

参加型森林管理を目的としたものに移行しつつある」[10] といわれている。

カナダのブリティッシュ・コロンビア州の伐採権には，小規模業者向けの短期間の立木販売もあるが，総合林産企業向けの長期間（15年間以上）で伐採跡地の更新（成林＝下刈りの完了まで）を義務づけているものが多い。後者の場合，伐採権者には企業内のフォレスターによる林業経営計画の策定が義務づけられ，州森林局のフォレスターの審査・認定を得て実行に移される。立木代は，市場価逆算方式で算定され，年伐採量に応じて払い込まれる。

わが国の素材生産業者は経営規模が小さく不安定で，従業員の労働条件の劣悪な事業体が一般的である。これは，森林所有の零細分散性と家産維持的な伐採性向，かつ伐採立木の取得から伐採跡地の返還までの期間の短期性等によるものとされている。したがって，国産材自給率の向上のためには伐採立木の安定的確保によって素材供給の低コスト化，安定化を図ることが不可欠である。そのような意味でも長期伐採権制度の創設が求められるのである。

2．分収林制度と長期伐採権制度

長期伐採権制度は森林所有と利用の分離の一つの形態である。わが国には，この所有と利用の分離の例として分収造林制度があるが，両者は図終-1のようにその出発点と終点が全く異なっている。

すなわち，分収造林制度とは，造林者が，林地所有者と伐採時，立木販売収益を一定の割合で分け合うことを契約し，これに基づいて提供された林地

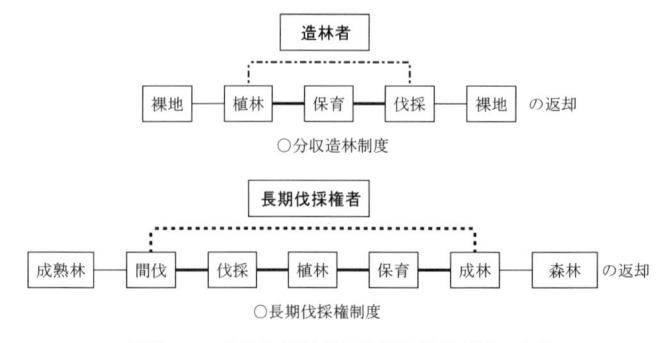

図終-1　分収造林制度と長期伐採権制度の比較

で植林，保育する。間伐及び主伐収益を決められた割合で分収し，主伐後に伐採跡地を所有者に返却する。伐採跡地の更新は林地所有者によって行われる。

　一方，長期伐採権制度では出発点が成熟した森林であるという点で分収造林制度とは根本的に異なる。長期伐採権者は，立木の長期伐採権を取得し，その際に認証された林業経営計画に基づいて間伐や主伐を行う。立木代の支払い方法は契約によって決められるが，伐採権の取得時に一括して支払う場合と伐採の都度に支払う場合とが考えられる。皆伐跡地は，長期伐採権者によって植林され，林冠が鬱閉するまで保育が行われる。こうして成林した森林を林地所有者に返還する。

3．長期伐採権制度の構造

　長期伐採権制度の概念を示すと図終-2のとおりである。

　長期伐採権者（新たな林業経営主体）は複数の森林所有者から隣接した成熟人工林の伐採権を取得する。中に間伐林が含まれることもある。伐採権者は，ある程度面積がまとまったところで林業経営計画を策定する。その計画は，地域環境との調和や地域林業との調整を図ったものとするために，流域内外の住民等と協議して合意を得るとともに，市町村連合としての流域活性化センターの認定を受ける。

　林業計画には，伐期齢，伐採方法（皆伐，択伐，間伐），年伐採量，林道・作業道計画，林業機械の種類，伐採後の更新方法（再造林・天然下種更新），造林樹種・品種，下刈り・枝打ち・除伐等の保育方法，労働力の調達，造林資金の調達等が含まれ，上述のように地域の環境や林業との調整を図ることが望ましい。

　なお，伐期齢や年伐量は森林施業計画に準ずるが，その他は伐採権者の経営安定に資する内容とすべきであり，流域住民や流域活性化センターとの協議の過程で変更されることもあろう。

　伐採権者は，こうして確定した林業計画に即して林業経営を行い，更新林の林冠が鬱閉するまで管理し，成林した若齢林をそれぞれの林地所有者に返還する。

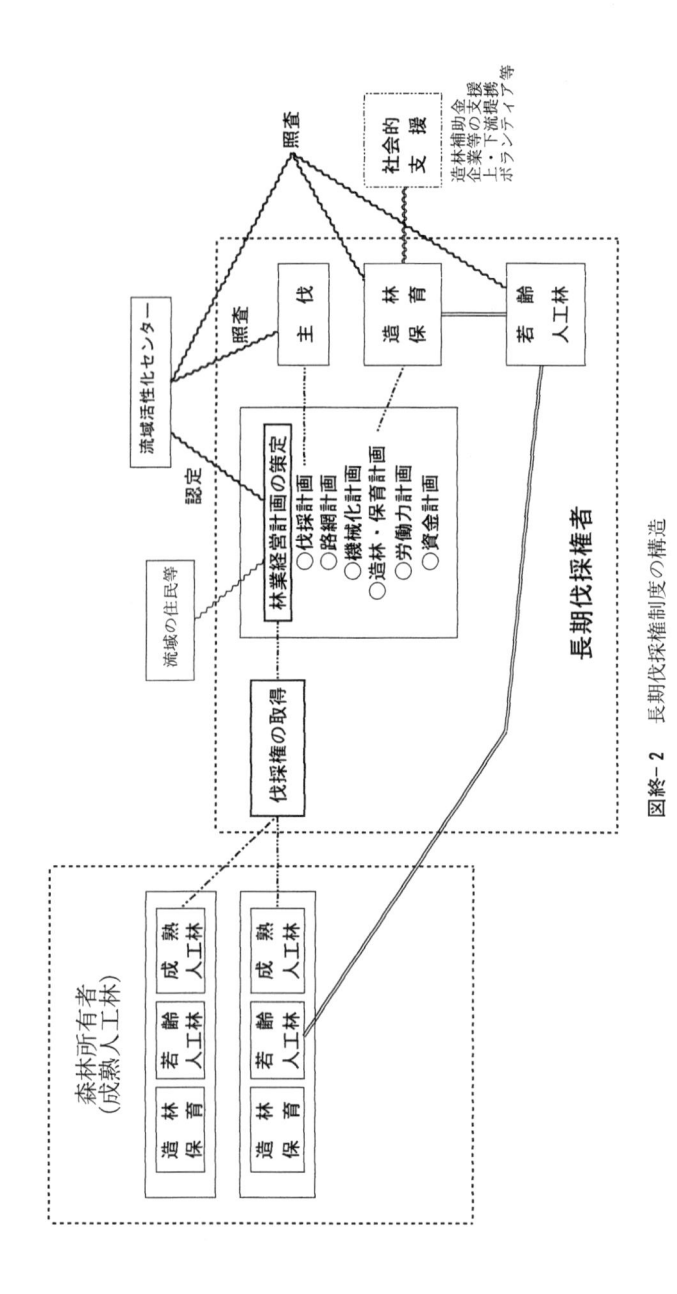

図終-2　長期伐採権制度の構造

伐採権者の主伐及び伐採跡地の更新の実施状況についてはその都度，流域活性化センターの照査を受ける。林業経営計画を遵守していることを証明してもらうわけで，これによって成林後に社会的支援（出来高払い）を受けることが可能になるのである。

4．長期伐採権制度の効果

長期伐採権制度の創設によって期待される効果として，①立木の長期的安定的確保，②素材生産の効率化・低コスト化，③素材供給の安定化と国産材製材の合理化，④国産材製材の合理化と国産材需要の拡大，⑤人工林資源の改良と更新の確保，及び⑥循環型社会の構築，等の6点を挙げることができる。

① 立木の長期的安定的確保によって，素材生産業者等の経営の安定化，路網整備及び機械化の促進並びに従事者の労働条件の改善等が可能となる。いずれも国内林業のもっとも大きな弱点とされながら克服できなかった問題であり，長期伐採権制度の最大の効果である。

② 素材生産の効率化は，①による機械利用効率の向上や林業従事者の技能の向上によってもたらされる。

③ 素材供給の安定化も①の結果であるが，同時に長期伐採権者が素材生産業者として企業家的性格を有するところが大きい。森林所有者の家計充足的伐採性向と違って，市況対応型の伐採行動が期待され，その結果，木材の価格や需給動向にマッチした素材供給が可能になるのである。

④ 国産材製材の合理化と国産材需要の拡大は③素材供給の安定化の結果である。国産材製材の小規模，高コスト性並びに製品供給の不安定性は，素材供給の不安定性による機械化，合理化投資の制約によるところが大きいからである。また，製品の供給不安定性は国産材需要拡大の最大の制約要因であり，その克服が国産材需要の動向に影響するところは大きいと言えよう。

⑤ 人工林の改良と更新の確保は，長期伐採権制度の構造すなわち伐採と伐採跡地の更新を一体的に管理することにかかわる問題である。伐採及び更新方法を指定し，その実施状況を照査することによって，現在，広範に発生しているような再造林放棄を未然に防ぐことが出来る。

⑥　循環型社会の構築は，国産材利用の拡大と伐採跡地の更新の確保が同時的に達成することによって可能となる。長期伐採権制度はその構造の中にこれらが組み込まれており，21世紀型の循環型社会を構築する上でもっとも有効なシステムであると言えよう。

第4節　長期伐採権の法的性格と問題点

　長期伐採権制度には多くの利点があるが，これを制度化するためには検討すべき問題点も少なくない。以下，それらについて論点を整理しておこう。
　まず，長期伐採権の法的性格をめぐる問題であるが，一般的な立木売買においては契約時に立木代（またはその一部）を支払っており，伐採業者が取得する権利は立木の所有権である。しかし，長期伐採権制度では，伐採権の取得時に立木代を支払う場合と，取得時には支払わず，伐採の都度，伐採量に応じて支払う場合とが考えられるが，前者では巨額の資金固定が伴うことなどから，後者のケースが一般的となろう。すなわち，長期伐採権は，あくまでも将来の伐採予約に過ぎず，代金も伐採時に支払うので，所有権というよりも債権（伐採請求権）と考えられる。
　そこで，問題点の第1は，伐採権者の権利をいかに保全するかという問題である。立木所有権は所有者名の表示などの「明認方法」を講じれば，林地所有者が林地を販売した場合も伐採権者の権利は保護される。しかし，請求権の場合にはそのような法律的利点がない。例えば，立木所有者である林地所有者が林地を第三者に販売した場合，伐採権者（債権保有者）は第三者（新たな所有者）に対して伐採請求権を主張することが出来ないのである。したがって，長期伐採権制度を定着させるためには，その伐採請求権を保全するための仕組みを法的に整備することが必要となろう。
　第2は，伐採権の取得方法についてであり，立木代の入札と林業経営計画の審査のいずれかが考えられる。立木代の入札がもっともわかりやすいが，それでは伐採権の範囲（面積や地形，地利等）が決まらない段階で立木代を推定しなければならないという難しさが伴う。
　第3は，立木代の支払い方法であるが，これは伐採量に応じて年度ごとに

支払うというのが妥当であろう。

　第4は，林業経営計画の内容についてである。経営計画は，資源管理の社会化と森林整備の社会的支援にとってのもっとも重要な担保であり，慎重に検討されるべきであろう。また，現行の地域森林計画や市町村森林整備計画，さらには森林施業計画制度等との整合性を保つことも重要である。

　第5は，林業経営計画の認定と森林施業の照査の実施機関についてである。森林計画制度では森林整備計画の策定や施業計画の認定は市町村の業務とされているが，市町村の林業行政能力は残念ながら一部を除ききわめて弱体と言わざるを得ない。一方，資源管理の社会化の受け皿としての長期伐採権制度に基づく林業経営計画の認定・照査業務は，きわめて専門的な能力を要するものであり，すべての市町村が実行できるとは考えにくい。とはいえ，林業関連業者や一般市民さらには下流住民，環境団体等との合意形成を図る見地から市町村レベルでの判断が欠かせない。このようなことから，認定・照査機関については流域市町村の連合組織としての機能を有し，かつ関連業界の調整機関であり，上・下流域の協議機関としての性格を併せ持つ，流域活性化センターが最適であろう。

　第6は，更新経費の負担方法についてである。林業経営計画の認証と実行の照査を社会化することを条件とする場合，再造林経費を全額社会的な負担とすることについて市民の同意は得やすいものと思われる。造林補助金を活用しつつ，企業・団体等の森林・林業支援，ボランティア等も組み入れる形で原資を造成し，これを流域活性化センターで運用するというシステムを作り上げることが望ましい。

むすび

　人工林資源の成熟にもかかわらず，森林・林業をめぐる経営環境の悪化の中で，国産材供給は減少傾向をたどっている。木材利用は地球環境の保全や人間生活の質の向上に大きく寄与するという意味で公共的側面が強い。しかし一方，人工林皆伐跡地の再造林放棄地が広範に見られるようになり，森林所有者の自発性だけで森林整備を行うことは難しくなっている。森林整備を

社会全体で支える体制,すなわち森林資源管理の社会化が課題となっており,その受け皿として長期伐採権制度を創設し,これを担保に再造林経費の全面的な社会的負担の仕組みを作ることには合理性がある。

長期伐採権制度では,伐採権者に林業経営計画の策定と伐採跡地の更新を義務づけ,計画の認定と事業の照査を,市町村連合であり住民組織としての機能をも併せ持つ流域活性化センターに委ねる。これによって森林資源管理の社会化並びに国産材利用の拡大と森林整備の充実が図られ,循環型社会の構築に寄与することになるのである。

(堺　正紘)

注
1) 堺正紘「林家の経営マインドの後退と森林資源管理―人工林資源の活用と保続のために―」『林業経済研究』Vol. 45, No. 1, 1999年, 3～8頁。
2) 林野庁『平成12年度林業白書』, 2001年, 4～5頁。
3) 同上。
4) 堺正紘「長期伐採権制度による国有林管理」『林業経済』No. 583, 1997年, 26～28頁。
5) 堺正紘「森林資源の利・活用と更新の確保」『林経協月報』No. 472, 2000年, 17～31頁。
6) 堺正紘「循環型森林資源管理システムの再生のために」『林業技術』No. 713, 2001年, 2～6頁。
7) 同上。
8) 堺正紘「立木代ゼロの中で拡大する再造林放棄―望まれる新たな森林資源の活用・管理主体の形成―」『会報・緑と森林』No. 37, 2000年, 2～7頁。
9) 日本林業技術協会編『森林・林業百科辞典』2001年, 318頁。
10) 同上。

あ と が き

　本書は，SOFRM 研究会によって取り組んできた共同研究「林家の経営マインドの後退と森林資源管理の社会化に関する研究」（文部科学省科学研究費・基盤研究A，1999～2001 年，代表者・堺　正紘 SOFRM）の成果を取りまとめたものである。

　1990 年代に入って目立ってきた人工林皆伐跡地の再造林放棄の実態と要因の解明によって，(A)林家の経営マインドに依拠して進められているわが国の資源政策が転機を迎えていること，並びに，(B)森林資源管理の社会化を含む新しい森林資源管理システムのあり方を明らかにし，その内実と課題を明らかにしようと試みた。

　森林・林業を取り巻く諸条件の悪化による林業生産活動の停滞は，人工林蓄積の充実の一方，人工林伐採跡地の「再造林放棄」という事態を招いている。人工林資源の持続的維持に赤信号が灯っており，これまでの森林資源政策のままでは資源の造成・維持が不可能になり，抜本的な変革が必要になっていると考えられるのである。ところで，「森林資源管理の社会化」とは「国民参加による森林整備」に通じる理念であるが，そのような考え方は「森林に関する国民世論調査」の結果を見てもすでに国民に受け入れられているように思われる。

　そこでわれわれは，この「社会化」を実証的に検討するとともに，その展望をも明らかにすることを企図した。つまり，「社会化」の現状と課題並びに方向を，「森林所有の社会化」，「森林の造成管理費用負担の社会化」及び「森林管理に向けての合意形成の社会化」という「3つの社会化」の視点から考察することにしたのである。

　なお，本書は上述の科研費に先行するいくつかの調査研究にも依拠している。林野庁「施業放棄森林に関する基礎調査」(1996,97 年，分担執筆)，科学研究費補助金「台風災害等による林家の経営マインドの後退と森林資源政策

の再編に関する研究」（1996～1998年，基盤研究C，代表　堺　正紘）及び住友財団環境助成「棚田・里山の『再自然化』とその所有経営の『社会化』に関する研究」（1998年，代表　平野秀樹）などである。

　SOFRMでは，再造林放棄の全国的な実態を13都道県の全森林組合を対象とする郵送調査及び全員参加による実態調査を北海道十勝流域，東京都多摩流域，静岡県天竜流域，高知県嶺北流域及び大分県南部流域の5流域において実施した。さらに実態認識の整理と「社会化」に係わる論点の明確化のために計5回の全員研究会を開催したが，これらを全員参加の下で行うことを心掛けた。それは，実態の適切な把握や論点の摘出のためには，共同研究者が少なくとも同じ対象を見た上で議論すべきだと考えたからである。そのため，調査や研究会はたいへん楽しいものになった。しかし，共通認識の形成という面では必ずしも成功したとは言い難い。その一端を研究会における発言によって示すと次のとおりである。

（堺）再造林放棄地の存在をどのように問題にするかについて，①なぜ伐採するのか，②なぜ造林しないのか，③造林しないとどうなるか，等の問題があるが，こうした問題整理には，なんとなく「皆伐＝悪」のテーゼがあるように思える。伐らない方がよいが，諸般の事情からそれしかないので伐採している，というメッセージが込められているように思われて仕方ない。しかし，成熟した人工林資源を伐採し，人工林材利用を拡大することこそ，絶対「善」であるということから出発すべきなのではないか。／地球市民として，国内森林資源の充実にもかかわらず圧倒的部分を外材に依存し続けることは，許されない。したがって，「人工林材利用の拡大＝善」，故に「皆伐＝善」というところから，再造林放棄地問題を考えたいと思う。したがって，中心的な論点を「成熟した人工林資源の利・活用の拡大，活性化と伐採跡地における更新の確保」に置きたい。

（小嶋）市民は税金を出している。その上にさらに負担を求めるためには材料が必要。県職員，技術者等の実務担当者は，森林の姿を示さずに「金を出せ」とは言い難い。要するに，林分構造，森林構造と森林機能との相関が見えない。

（佐藤）「成熟した人工林資源の利・活用の拡大と跡地の更新を前面に」では不十分。森林の多面的な機能を前面にだすべきだ。したがって，森林認証制度にも

触れるべきだ。
（遠藤）伐採量は住宅床面積の動きと連動しているとは言えない。現在の伐採は森林所有者の財産処分である。
（平野）これから人口の減少と生活水準の低下が予想されているが，資源利用の拡大，活性化がやれるのか。人工林を作りすぎた後始末の議論も必要だ。補助金の削減・廃止に耐える社会化の議論も必要。また，社会化の客体，例えば林家，住宅産業，市町村等向けの処方箋も必要になろう。さらに，異業種間の議論も必要。連携をキーワードにすべき。
（堀）WTO体制は続かない。関税が議論の対象になる可能性がないわけではない。環境を議論の前提にいれること。ムク材と集成材については廃棄物処理等のコストを含めて議論すべきである。
（川田）21世紀は循環型社会，住宅資材もこの点から考える。伐採は，山の論理と需要の論理が乖離している。外材集成材には強度や環境問題との関係で限界がある。
（仲間）森林の価値実現の方法として，「山原の森」の世界遺産指定も一つの方策。歴史や文化のなかで森林を位置づける必要がある。
（佐藤）所有の社会化に関連して，例えば森林組合の位置づけ，役割を明確にすべき。このほかにも執筆者間には理念・概念，現状認識について「揺れ」がある。これをどこまで調整するか。
（堺）調整はしない。執筆者の独自性を維持したい。

このように，本書では執筆者の独自性をできるだけ尊重する形で編集した。したがって，共同研究の成果ではあるが，各章（節）の間に理念や認識のずれや齟齬が見られることになった。いずれにしても編者の力不足によるものであり，読者諸賢のご寛恕を得たい。

われわれが本研究を共同で進める過程では，都道県庁の林務関係部課や出先機関，市町村役場，森林組合や木材協同組合，森林・木材・住宅関係のNPO，林家，製材工場や木材業者等の企業の方々にたいへんお世話になった。これらの方々の温かいご協力がなかったならば，本書は成り立たなかったであろう。心から御礼と感謝を申し上げたい。

また，各地での実態調査や研究会には共同研究者以外にも，森林総研本所

や同四国支所及び北海道支所の研究者，筑波大学の院生，高知大学及び静岡大学の学生，並びに九州大学の院生及び学生等の方々のご参加を得て，貴重な助言やコメントをいただいた。SOFRMの事務一般を適切に処理してくれた九州大学農学部の盆子原順さんとともに，心から感謝申し上げる次第である。

　本書を刊行するにあたっては日本学術振興会の平成14年度科学研究費補助金（研究成果公開促進費）を得た。また，出版をお引き受けいただいた㈶九州大学出版会，とりわけ藤木雅幸編集長及び編集部の二場由起美さんにはたいへんお世話になった。心から感謝し，御礼を申し上げなければならない。

2002年12月

堺　正紘

編著者

堺　正紘（さかい　まさひろ）1940 年福岡市生

1964 年九州大学農学部林学科卒，農学部助手（林政学講座），農学部附属演習林助教授，同教授，農学部教授（林政学講座）を経て，九州大学大学院農学研究院教授（森林政策学），2004 年 3 月定年退職，九州大学名誉教授

主な著書:『林業の展開と山村経済』（御茶の水書房，1972），『木材市売 30 年史』（㈳全日本木材市場連盟，1982），『スギ材産地の進路』（日本技術協会，1984），『佐賀県林業史』（佐賀県，1990），『製材読本』（日本林業調査会，1991），『流域林業の到達点と展開方向』（九州大学出版会，1999），『森林政策学』（日本林業調査会，2004）等

執筆者一覧（五十音順）

飯田　繁	（1942 年生）	九州大学大学院農学研究院教授	第 12 章
遠藤日雄	（1949 年生）	鹿児島大学農学部教授	第 2 章，第 5 章第 3 節，第 7 章，第 8 章
岡森昭則	（1947 年生）	元九州大学大学院農学研究院助教授	第 5 章第 1 節
川田　勲	（1946 年生）	高知大学農学部教授	第 5 章第 2 節，第 10 章
小嶋睦雄	（1944 年生）	静岡大学農学部教授	第 18 章
堺　正紘			序章，第 1 章，終章
佐藤宣子	（1961 年生）	九州大学大学院農学研究院助教授	第 6 章，第 9 章，第 13 章
寺岡行雄	（1965 年生）	鹿児島大学農学部助教授	第 15 章
仲間勇栄	（1950 年生）	琉球大学農学部助教授	第 19 章
平野秀樹	（1954 年生）	林野庁研究普及課長	第 16 章，第 20 章
堀　靖人	（1960 年生）	独立行政法人森林総合研究所主任研究官	第 11 章，第 14 章
溝上展也	（1968 年生）	九州大学大学院農学研究院助教授	第 17 章
山本美穂	（1966 年生）	宇都宮大学農学部助教授	第 4 章，第 5 章第 4 節
吉田茂二郎	（1953 年生）	九州大学大学院農学研究院教授	第 3 章

森林資源管理の社会化
しんりん し げんかんり しゃかい か

2003年2月28日　初版発行
2005年6月5日　初版2刷発行

編著者　堺　　　正　紘

発行者　福　留　久　大

発行所　（財）九州大学出版会
　　　　〒812-0053 福岡市東区箱崎7-1-146
　　　　　　　　　　九州大学構内
　　　　　電話　092-641-0515（直通）
　　　　　振替　01710-6-3677

印刷／九州電算㈱・大同印刷㈱　製本／篠原製本㈱

© 2003 Printed in Japan　　　ISBN4-87378-770-X

森林組織計画
今田盛生 編著　　　　　　　　　　　Ａ５判・272頁・2,800円

森林経理学に包括されている林業経営の物的組織計画部分を摘出・補完しながら体系化し，その体系が実際の計画策定に適用され得る森林組織計画手順として明らかにされている。その基本的計画手順は，調査→森林基本組織計画→森林細部組織計画→現地標示という4段階からなり，各段階に属する具体的計画手順が，育林プロセス設計・保続生産システム設計・林道配置計画・目標年伐量算定等の従来の計画策定に見られない手順も的確に組み込み，計画策定実績に基づき，実践的にかつ体系的に解説されている。

山村の保続と森林・林業
堀　靖人　　　　　　　　　　　　　Ａ５判・242頁・3,600円

林家と森林組合の存在形態と意義，問題点を実証的に分析し，また戦後の森林・林業政策における担い手策を跡づけるとともに，ＥＵ型の林地に対する直接所得支持制度とわが国における中山間地域対策に端を発した新たな担い手対策の分析をもとに，今後の林業，森林管理の担い手策の可能性を検討する。

流域林業の到達点と展開方向
深尾清造 編　　　　　　　　　　　　Ａ５判・368頁・5,200円

1991年の森林法改正で登場した森林の流域管理システム政策。この森林・林業政策の基調を家族経営的林業の確立という視角から，モデル流域とされる宮崎県耳川流域で実証的に検証。林業労働力や林野土地問題の論文を含む，17編からなる書である。

九州のスギとヒノキ
宮島　寛　　　　　　　　　　　　　Ａ５判・302頁・3,500円

九州は，古くからスギのさし木造林が盛んで，各地に多くのさし木品種がある。著者は，30余年にわたる綿密な調査・研究によって，これら品種の同定，整理を行い，林業上の遺伝的諸特性を明らかにした。また，ヒノキのさし木在来品種「ナンゴウヒ」をはじめ，ヒノキの林業品種についても詳述した。

台湾の原住民と国家公園
陳　元陽　　　　　　　　　　　　　Ａ５判・202頁・3,400円

本書は，先住民族，国有林および国家公園（日本の国立公園に相当）をめぐる3者の対立，矛盾関係を土地所有制度や林産物利用に着目して詳細な歴史的分析を行い，さらに先住民族に対するアンケート調査等による社会学的解明を行って，今後のあり方を検討・提言したものである。

（表示価格は税別）　　　　　　　　　　　　　　　　　九州大学出版会刊